零基础轻松读懂
建 筑 施 工 图

何艳艳　编著

江苏凤凰科学技术出版社·南京

图书在版编目（CIP）数据

零基础轻松读懂建筑施工图 / 何艳艳编著 . -- 南京：
江苏凤凰科学技术出版社，2023.1（2024.2 重印）
ISBN 978-7-5713-3066-8

Ⅰ . ①零… Ⅱ . ①何… Ⅲ . ①建筑制图—识图 Ⅳ .
① TU204.21

中国版本图书馆 CIP 数据核字 (2022) 第 128472 号

零基础轻松读懂建筑施工图

编　　著	何艳艳
项 目 策 划	凤凰空间 / 刘立颖
责 任 编 辑	赵　研　刘屹立
特 约 编 辑	刘立颖

出 版 发 行	江苏凤凰科学技术出版社
出版社地址	南京市湖南路 1 号 A 楼，邮编：210009
出版社网址	http://www.pspress.cn
总 经 销	天津凤凰空间文化传媒有限公司
总经销网址	http://www.ifengspace.cn
印　　刷	河北京平诚乾印刷有限公司

开　　本	787 mm × 1092 mm　1/16
印　　张	17.25
字　　数	331 000
版　　次	2023 年 1 月第 1 版
印　　次	2024 年 2 月第 2 次印刷

标 准 书 号	ISBN 978-7-5713-3066-8
定　　价	79.80 元

图书如有印装质量问题，可随时向销售部调换（电话：022-87893668）。

前 言

　　近年来，建筑行业的从业人员不断增加，提高从业人员的基本素质便成为当务之急。建筑施工图识读是建筑工程设计、施工的基础，在技术交底以及整个施工过程中，应科学准确地理解施工图的内容，并合理运用建筑材料及施工手段，提高建筑业的技术水平，促进建筑业的健康发展。

　　建筑施工图是工程设计人员科学地表达建筑形体、结构、功能的图语言。如何正确理解设计意图，实现设计目的，把设计蓝图变成实际建筑，前提就在于实施者必须看懂施工图。这是对建筑施工技术人员、工程监理人员和工程管理人员的基本要求，也是他们应该掌握的基本技能。

　　对于建筑从业人员而言看懂施工图纸是一项非常重要的专业技能。刚参加工作和工作了很多年但远离施工现场的工程师，乍一看建筑施工图会有点"丈二和尚摸不着头脑"的感觉。其实施工图并不难看懂，难就难在没有耐心和兴致看下去。

　　本书的编写目的主要有三个：一是培养读者具备按照国家标准，正确阅读和理解施工图的基本能力；二是培养读者具备理论与实践相结合的能力；三是培养读者具备对空间布局的想象能力。

　　建筑工程千变万化，在本书中我们提供的看图实例总是有限的，但能起到帮助施工人员掌握施工图纸的基本知识和具体方法的作用，给读者以初步入门的指引。

　　本书遵循认知规律，将工程实践与理论基础紧密结合，以新规范为指导，通过大量的图文结合，循序渐进地介绍了施工图识读的基础知识及识图的方法和步骤。本书通过识图实例，对各类施工图进行讲解，以便快速提高读者在实践中的识图能力。

　　本书共7章。第一章主要介绍了建筑施工图识图基础知识，第二章为建筑总平面图识读，第三章为建筑平面图识读，第四章为建筑立面图识读，第五章为建筑剖面图识读，第六章为建筑详图识读。第二章到第六章从建筑施工图识图的组成部分着手，逐个进行介绍，并配以实例辅以形象的说明和讲解，每节最后还增加了"识图小知识"模块，供读者阅读参考。最后一章是建筑施工图识图综合实例，以几套完整的建筑施工图展示了整体效果，有助于读者加强识图综合训练、掌握识图技巧并学以致用。

本书可作为从事建筑工程施工的技术人员和相关岗位人员的参考用书，也可作为高等院校相关专业用书。

本书在编写过程中，参考了大量的施工图实例，力求做到通过实例讲解使读者快速地读懂施工图。由于编写时间仓促，书中不足之处在所难免，希望广大读者给予批评指正。

编著者

● 注：本书图中所注尺寸除另有说明外，单位均为毫米（mm）。

目　录

第七章　建筑施工图识图综合实例 / 112

参考文献 /275

第一章

建筑施工图识图基础知识

第一节　建筑施工图识图的内容与方法

建筑识图及建筑说明

扫码观看本视频

建筑物主要由基础、墙（柱）、楼板层、地坪层、楼梯、屋顶、门窗等部分组成。建筑物基本组成见表1-1。

表 1-1　建筑物基本组成

项目	内容
基础	基础是位于建筑物最下部的承重结构，承受着建筑物的全部荷载，并将这些荷载传给地基，因此基础必须具有足够的强度，并能抵御地下各种因素的侵蚀
墙（柱）	墙（柱）是建筑物的承重构件和围护构件。作为承重构件，承受着建筑物由屋顶或楼板层传来的荷载，并将这些荷载传给基础；作为围护结构，外墙起着抵御自然界各种因素对室内侵袭的作用，内墙起着分隔房间、创造室内舒适环境的作用，因此要求墙体具有足够的强度和稳定性，以及必要的保温、隔热等方面性能。应满足隔声、防水、防潮、防火要求
楼板层	楼板层是房屋建筑中水平方向的承重构件，按房屋的高度将整栋房屋沿水平方向分成若干层。楼板层承受着家具、设备、人的荷载及本身的自重，并将这些荷载传给墙体或柱子，同时还对墙体起水平支撑作用。楼板层要具有足够的强度、刚度和隔声能力，对于有水的房间还要求楼板具有防水、防潮的能力
地坪层	地坪层是底层房屋与土壤接触的部分，它承受底层房屋的荷载
楼梯	楼梯是房屋建筑的垂直交通设施，供人们上下楼层和紧急疏散使用
屋顶	屋顶是建筑物顶部的外围护构件和承重构件，抵御着自然界雨、雪、太阳辐射等对房间的影响，承受着建筑物顶部的荷载，并将这些荷载传给墙体
门窗	门主要是供人们内外交通和分隔房间；窗主要是供人们采光通风，同时也起分隔和围护作用

建筑物除了上述基本构件外，还有很多细部构造，如阳台、雨篷、女儿墙、栏杆、台阶、散水、勒脚等，如图 1-1 所示。

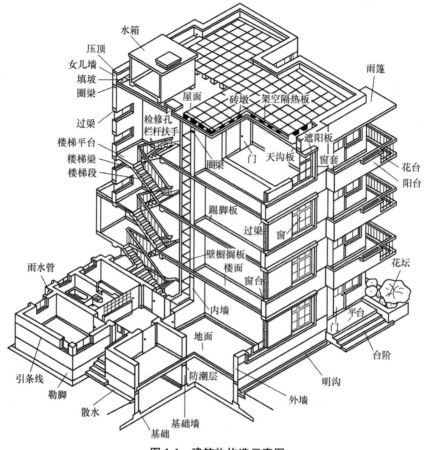

图 1-1　建筑物构造示意图

一、建筑施工图识图的内容

1. 建筑施工图的设计

建筑工程图纸的设计，是由建设方通过招标选择设计单位之后，进行委托设计完成的。设计单位则根据建设方提供的设计任务书和有关设计资料，如房屋的用途、规模、建筑物所定现场的自然条件、地理情况等，按照设计方案、规划要求、建筑艺术风格、计算采用数据等来设计绘制成图。一般设计绘制成可以施工的图纸，要经过三个阶段。

第一阶段是初步设计阶段，这一阶段主要根据选定的方案设计进行更具体更深入的设计，在论证技术可能性、经济合理性的基础上，提出设计标准、基础形式、结构方案以及水、电、暖通等各专业的设计方案。初步设计的图纸和有关文件只能作为提供研究和审批使用，不能作为施工的依据。

第二阶段称为技术设计阶段，它是针对技术上复杂或有特殊要求而又缺乏设计经验的建设项目而增加的一个阶段设计。它是用以进一步解决初步设计阶段一时无法解决的一些重大问题，如初步设计中采用的特殊工艺流程须经试验研究，新设备须经试制及确定，大型建筑物、构筑物的关键部位或特殊结构须经试验研究落实，建设规模及重要的技术经济指标须经进一步论证等。技术设计是根据批准的初步设计进行的，其具体内容视工程项目的具体情况、特点和要求确定，其深度以能解决重大技术问题、指导施工图设计为原则。

第三阶段为施工图设计阶段，它是在前面两个阶段的基础上进行详细的、具体的设计。它主要是为满足工程施工中的各项具体的技术要求，提供一切准确可靠的施工依据。因此必须依据工程和设备各构成部分的尺寸、布置和主要施工做法等，绘制出正确、完整和详细的建筑和安装详图及必要的文字说明和工程概算。整套施工图纸是设计人员的最终成果，也是施工单位进行施工的主要依据。

2. 建筑施工图的组成

1）建筑总平面图。

建筑总平面图也称为总图，它是说明建筑物所在的地理位置和周围环境的平面图。一般在图上标出新建筑的外形、层次、外围尺寸、相邻尺寸，建筑物周围的地物、原有建筑、建成后的道路，水源、电源、下水道干线的位置，如果在山区，还要标出地形等高线等。有的总平面图，设计人员还要根据测量确定的坐标网，绘出需建房屋所在方格网的部位和水准标高；为了表示建筑物的朝向和方位，在总平面图中，还绘有指北针和表示风向的风玫瑰图等，如图 1-2 所示。

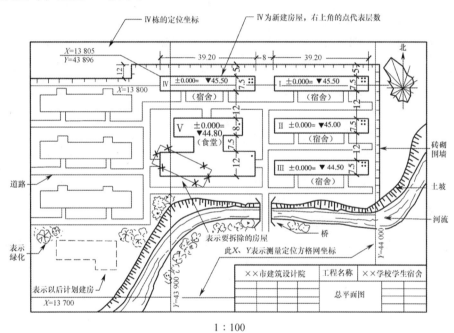

图 1-2 总平面图

同时伴随总图的还有建筑的总说明。说明以文字形式表示，主要说明建筑面积、层次、规模、技术要求、结构形式、使用材料、绝对标高等应向施工者交代的一些内容。

2）建筑平面图。

建筑平面图就比较直观了，主要信息就是柱网布置及每层房间功能墙体布置、门窗布置、楼梯位置等，如图 1-3 所示。而一层平面图在进行上部结构建模中是不需要的（有架空层及地下室等除外），一层平面图是在做基础时使用，至于如何真正地做结构设计，本书不详述，这里只讲如何看建筑施工图。作为结构设计师，在看平面图的同时，需要考虑建筑的柱网布置是否合理，不当之处应该讲出理由，说服建筑设计师修改。通常不影响建筑功能及使用效果的修改，建筑设计师也是会同意修改的。了解了各部分建筑功能，基本上结构上的活荷载取值心中就大致有数了。了解了柱网及墙体门窗的布置，柱截面大小、梁高以及梁的布置，也差不多心中有数了，反正墙的下面一定有梁，即便是甲方自理的隔断，轻质墙也最好是立在梁上。值得一提的是，要注意看屋面平面图，现代建筑为了外立面的效果，都有层面构架，通常都比较复杂，需要细致地理解建筑的构思。必要的时候，咨询建筑设计师或索要效果图，力求使自己明白整个构架的三维图形是什么样子的，这样才不会出错。另外，屋面是结构找坡还是建筑找坡也需要了解清楚。

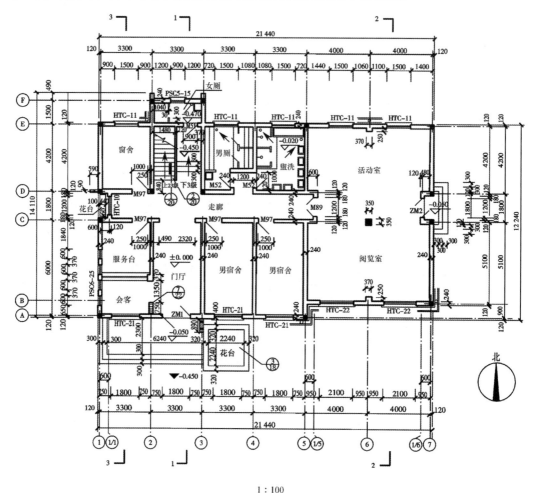

1 : 100

图 1-3　某培训大楼的底层平面图

3）建筑立面图。

建筑立面图是对建筑立面的描述，主要是外观上的效果，是建筑设计师提供给结构设计师的信息，主要就是门窗在立面上的标高布置及立面布置、立面装饰材料及凹凸变化。通常有线的地方就是有面的变化，再就是层高等信息，这也是对结构荷载的取定起作用的数据，如图 1-4 所示。

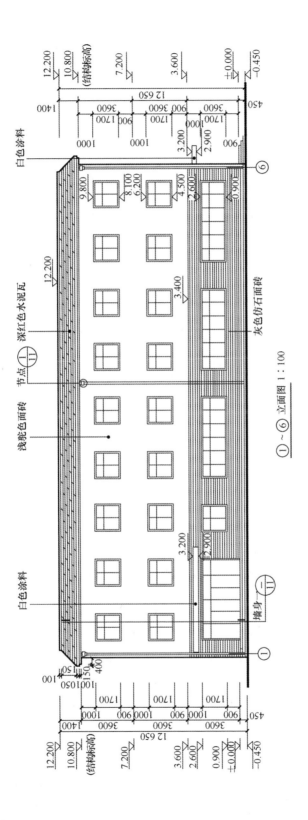

图 1-4　某物业楼的①～⑥立面图

4）建筑剖面图。

建筑剖面图的作用是对无法在平面图及立面图表述清楚的局部进行剖切，以表述清楚建筑设计师对建筑物内部的处理。结构工程师能够在剖面图中得到更为准确的层高信息及局部地方的高低变化，剖面信息直接决定了剖面处梁相对于楼面标高的下沉或抬起，又或是错层梁，或有火层梁、短柱等，同时对窗顶是框架梁充当过梁还是需要另设过梁有一个清晰的概念。某物业楼剖面图如图1-5所示。

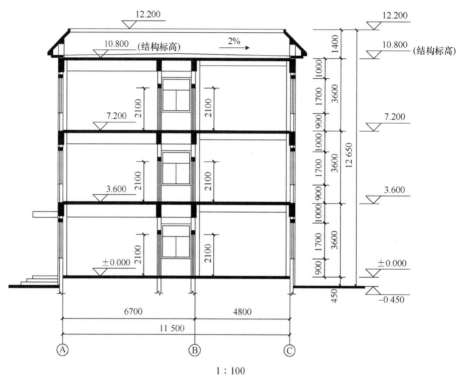

图1-5　某物业楼剖面图

5）节点大样图及门窗详图。

建筑设计师为了更为清晰地表述建筑物的各部分做法，以便于施工人员了解自己的设计意图，需要对构造复杂的节点绘制大样以说明详细做法。结构设计师不仅要通过节点图进一步了解建筑设计师的构思，更要分析节点画法是否合理，能否在结构上实现，然后通过计算验算各构件尺寸是否足够，配出钢筋。当然，有些节点是不需要结构设计师配筋的，但其也需要确定该节点能否在整个结构中实现。门窗大样对于结构设计师而言作用不是太大，但个别特别的门窗，结构设计师须绘制立面上的过梁布置图，以便于施工人员对此种造型特殊的门窗过梁有个确定的做法，避免施工人员产生理解上的错误。某住宅小区厨卫大样图如图1-6所示，某木门详图（单位：mm）如图1-7所示。

6）楼梯大样图。

楼梯是每一个多层建筑必不可少的部分，也是非常重要的一个部分，楼梯大样又分为楼梯各层平面图及楼梯剖面图。结构设计师也需要仔细分析楼梯各部分的构成，是否能够构成一个整体，在进行楼梯计算的时候，楼梯大样图就是唯一的依据，所有的计算数据都是取之于楼梯大样图，所以在看楼梯大样图时也必须将梯梁、梯板厚度及楼梯结构形式考虑清楚，如图 1-8 所示。

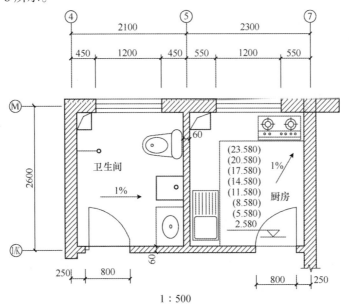

图 1-6　某住宅小区厨房、卫生间大样图

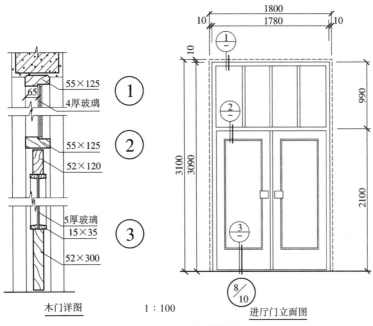

图 1-7　某木门详图

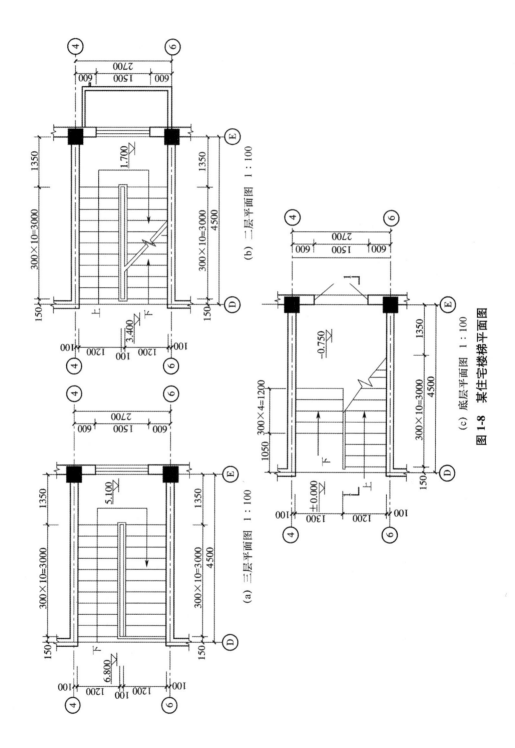

图1-8 某住宅楼楼梯平面图

二、建筑施工图识图的方法

识读施工图前，必须要掌握识图的方法。如果把一叠图纸展开后，左看一下，右看一下，前看一下，后看一下，抓不住重点，分不清主次，必然耽误很多时间，结果也必然是收效甚微。尤其对于初学者来说，看到图纸上纵横交错的线条、各不相同的图例以及密密麻麻的文字说明等内容，可能一下子就产生头大的感觉。不过古语说得好："世上无难事，只怕有心人。"只要掌握了正确的识图技巧，再复杂的图纸，我们也能有条不紊地读懂。

在这里，可以传授大家一些识图的实践经验。我们拿到图纸后，首先要弄清楚其是什么图纸，要根据图纸的不同特点来区别对待。了解清楚施工图的类别以后，我们用一个顺口溜来识图："从上往下看、从左往右看、由外向里看、由大到小看、由粗到细看，图纸说明对照看，建施、结施结合看。"在必要时还要把设备图拿来参照着看，这样才能得到较好的看图效果。

当然，要想熟练地识读建筑施工图，不是一朝一夕的事情，除了要掌握必要的投影原理，熟悉国家制图标准外，还必须掌握各专业施工图的图示内容和表达方法。由于图纸上往往存在大量线条、图例、符号及文字说明等内容，对初学者来说，除了掌握正确的方法以外，还需要培养自己的兴趣以及耐心。开始看图时必须认真细致，甚至必要时还需花费较长的时间反复看图，才能把图纸真正地看明白。

另外，经常到施工现场，对照图纸观察实物，也是提高识图能力很简便的方法。

1. 总体了解

建筑专业是整个建筑物设计的关键，没有建筑设计，其他专业也就谈不上设计了，所以看懂建筑施工图就显得格外重要。大体上建筑施工图包括以下部分：图纸目录、门窗表、建筑设计总说明、底层到屋顶的平面图、正立面图、背立面图、东立面图、西立面图、剖面图（视情况，有多个）、节点大样图及门窗大样图、楼梯大样图（视功能可能有多座楼梯及电梯）。

先看首页（目录、标题栏、设计总说明和总平面图等），大致了解工程情况，如工程名称、工程设计单位、建设单位、新建房屋的位置、周围环境、施工技术要求等。然后对照目录检查图纸是否齐全，采用了哪些标准图并备齐这些标准图。最后看建筑平、立、剖面图，大体上想象一下建筑物的立体形状及内部布置。

2. 顺序识读

在了解了建筑物的大体情况后，根据施工的先后顺序 [基础、墙体（或柱）、结构平面图、建筑结构及装修]，仔细识读有关图样。

1）前后对照识图时，要注意平面图、立面图、剖面图对照着识读，建筑施工图与结构施工图对照着识读，建筑施工图与设备施工图对照着识读，做到对整个工程的施工情况及技术要求心中有数。

2）根据工种的不同，将有关专业施工图仔细识读一遍，并将遇到的问题记录下来，及时向设计部门反映。

要想熟练识读施工图，除了要掌握正投影原理、熟悉房屋建筑的基本构造、熟知制图标准外，还必须掌握各专业施工图的图示内容和用途。识图时要联系生产实践，深入施工现场，对照图样观察实物。

3. 标准图集的查阅

在施工图中，有些构（配）件和节点详图（材料、构造做法）常选自某标准图集，因此要求识图者学会查阅工程施工图所采用的标准图集。

我国编制的标准图集，按其编制单位和使用范围可分为以下三类：

1）经国家批准的标准图集，可在全国范围内使用。

2）经各省、市、自治区批准的通用标准图集，主要供本地区使用。

3）各设计单位编制的标准图集，主要供本单位使用。

全国通用的标准图集，通常采用"J×××"或"建×××"来表示建筑标准配件类的图集。

标准图的查阅方法包括以下几点：

1）根据施工图中注明的标准图集名称和编号及编制单位，查找相应的图集。识读标准图集时，应识读总说明，了解编制该标准图集的设计依据、使用范围、施工要求及注意事项等。

2）了解标准图集的编号和有关表示方法。

3）根据施工图中的详图索引编号查阅详图，核对有关尺寸。

识图小知识

定位尺寸

表示组合体中各基本几何体之间相对位置的尺寸，称为定位尺寸，用来确定各基本几何体的相对位置。如图 1-9 所示的平面图中表示圆柱孔和半圆柱体中心位置的尺寸 30、侧立面图中切去的三棱柱到竖板左侧轮廓线的尺寸 15 和到底板面的尺寸 10 等都是定位尺寸。凡是回转体（如圆柱、孔）的定位尺寸，均应标注到回旋体的轴线（中心线）上，不能标注到圆孔的边缘。如图 1-9 所示的平面图，圆柱孔的定位尺寸 30 是标注到中心线的。

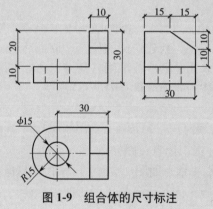

图 1-9 组合体的尺寸标注

第二节 建筑施工图识读步骤

一、图纸目录

1. 图纸目录概述

1）图纸目录是为了便于查阅图纸，应排列在施工图纸的最前面。

2）工程项目均宜有总目录，用于查阅图纸和报建使用，见表1-2。专业图纸目录放在各专业图纸之前，见表1-3。

表1-2 图纸总目录格式

工程名称：					设计编号：			设计阶段：			
建筑面积：					建筑造价：						
图纸总目录											
建筑			结构			给水排水			暖通与空调		建筑电气	
										强电	弱电
序号	图号	图纸名称	序号	图号	图纸名称	序号	图号	图纸名称	序号	图号	图纸名称	序号 图号 图纸名称	序号 图号 图纸名称
1											
2											
…											

表1-3 建筑专业图纸目录格式

序号	图号	图纸名称	图幅	备注
1	建施-1	总平面定位图	A2	
2	建施-2	建筑施工图设计说明	A1	
3	建施-3	底层平面图	A1	
…	…	…	…	
…	建通-1	通用阳台详图	A1	
…	05J909	《工程做法》		图标图集

注：简单工程的设计说明也可放在总平面定位图之前。

3）新绘图目录编排顺序：施工图设计说明、总平面图定位图（无总图子项时）、平面图、立面图、剖面图、放大平面图、各种详图等（一般包括：平面详图，如卫生间、设备间、变配电间；平面图、剖面详图，如楼梯间、电梯机房等；墙身剖面详图、立面详图，如门头花饰等）。

4）标准图：分为国家标准图、地方标准图以及各设计单位通用图。通用图为从事有特殊要求建筑工程的设计单位自行编制的构造详图（如邮电、通信、电力、燃气等），或多子项工程为了统一做法绘制的各子项共用的构造详图（如居住区、学校等工程）。

5）重复利用图：多是利用本设计单位其他工程项目的部分图纸，重新绘制图纸出图，并在目录中列出，写明项目的设计号、项目名称、图别、图号、图名，以免出现差错。由于各设计单位现均为计算机制图，套用其他工程部分图纸非常容易，因此重复利用图比较少。

6）新绘图、标准图、重复利用图三部分目录之间，宜留有空格（特别是新绘图纸的后面）。

7）图号应从"1"开始依次编排，不得从"0"开始。当大型工程必须分段时，应加分段号，如"建施A-3""建施B-3"（A、B为分段号，3为图号）；当有多个子项（或栋号）可共用的图时，可编为"建通-1""建通-2"等。

当图纸修改时，若图纸局部变更，原图号不变，只需做变更记录，包括变更原因、内容、日期以及修改人、审核人和项目总负责人签字；若为整张图纸变更，可将图纸改为升版图代替原图纸，如"建施-13A""建施-13B"（A表示第一次修改版，B表示第二次修改版）。

8）总平面定位图或简单的总平面图可编入建筑图纸内。大型复杂工程或成片住宅小区的总平面图，应按总施图自行编号出图，不得与建施图混编在同一份目录内。

9）图纸规格应结合具体情况确定大小适当的图幅，并尽量统一，除大型工程的平、立、剖面图外，尽量不用大于 A0 号的图，以便于施工现场使用。

2. 图纸目录示例

图纸目录的示例见表 1-4。

表 1-4　某工程的图纸目录

×××× 建筑设计院 （建设部甲级 ×××× 号） 工程名称 项目		图纸目录 ××××	工程编号 2014-10-20			
		公寓楼	共 1 页，第 1 页		备注
图别	图号	图纸名称 0	张数		
			1	2	3
建施	01	建筑设计说明、图纸目录、门窗表	1		
建施	02	总平面图	1		
建施	03	一层平面图	1		
建施	04	二层平面图	1		
建施	05	三层平面图	1		
建施	06	四层平面图	1		
建施	07	屋顶平面图	1		
建施	08	北立面图	1		
建施	09	南立面图	1		
建施	10	西立面图	1		
建施	11	东立面图	1		
建施	12	1—1 剖面图		2	
建施	13	2—2 剖面图		2	
建施	14	3—3 剖面图	1		
建施	15	4—4 剖面图	1		
建施	16	楼梯平面图		2	
建施	17	楼梯剖面图及详图		2	

1）从图纸目录中，我们可以看出图别、图号、图纸名称、张数、图纸规格、备注等。

2）从图纸目录中，我们可以了解到本工程为某建筑设计院在 2014 年 10 月 20 日做的设计，项目名称为公寓楼，建筑施工图共 21 张，按照编号顺序分别为建施 -01、建施 -02……建施 -17。

二、建筑设计总说明

1. 建筑设计说明内容

建筑设计说明通常放在图样目录后面，有时候也可放在建筑总平面图后面，它的内容根据建筑物的复杂程度有多有少，但一般应包括以下内容：

1）设计依据。指施工图设计过程中采用的相关依据。主要包括建设单位提供的设计任务书，政府部门的有关批文、法律、法规，国家颁布的相关标准、规范等。

2）工程概况。指工程的一些基本情况。一般应包括工程名称、工程地点、建筑规模、建筑层数、设计标高等基本内容。

3）工程做法。介绍建筑物各部位的具体做法和施工要求。一般包括屋面、楼面、地面、墙体、楼梯、门窗、装修工程、踢脚线、散水等部位的构造做法及材料要求，若选自标准图集，则应注写图集代号。除了文字说明的形式，某些说明也可采用表格的形式。通常工程做法还包括建筑节能、建筑防火等方面的具体要求。

上述内容对结构设计是非常重要的，因为建筑设计说明中会提到很多做法及许多结构设计中要使用的数据，如建筑物所处位置（结构中用以确定抗震设防烈度及风载、雪载）、黄海标高（用以计算基础大小及埋深、桩顶标高等，没有黄海标高，根本无法施工）及墙体做法、地面做法、楼面做法等（用以确定各部分荷载）。总之，看建筑设计说明时不能草率，这对检验结构设计正确与否非常重要。

2. 建筑设计说明示例

建筑设计说明的示例见表 1-5。

表 1-5　某工程的建筑设计说明

建筑设计说明
一、设计依据 　《民用建筑设计通则》图示（06SJ813） 　《建筑设计防火规范》（GB 50016—2018） 　《住宅设计规范》（GB 50096—2011） 　《住宅建筑规范》（GB 50368—2005） 　《公共建筑节能设计标准》（GB 50189—2015） 　《屋面工程技术规范》（GB 50345—2012） 二、工程概况 　工程名称：×××住宅楼 　建筑耐久年限：50 年 　建筑类别：多层 　建筑耐火等级：二级 　建筑抗震设防烈度：8 度 三、结构形式：砖混结构 四、标高与单位 　本工程 ±0.000= 绝对标高 55.80 m

各层标高为完成面标高，层面标高为结构面标高

本工程标高以米（m）为单位，尺寸以毫米（mm）为单位

五、墙体工程

　　承重墙：240厚页岩多孔砖

　　非承重墙：90厚轻质隔墙板，用于卫生间、厨房

六、外墙外保温为60厚聚苯板

七、居民信报箱设在每个单元的首层入口处，采用B-3X5型，详见《住宅信报箱图集》京01SJ40

1）本例中，建筑设计说明的"第一项"，说明了这套图纸设计时所依据的规范。

2）本例中，建筑设计说明的"第二项"，说明了工程的概况，其中国家对建筑类别、建筑物耐久等级和耐火等级的规定见表1-6～表1-8。

表1-6　建筑类别

低层	1~3层
多层	4~6层
中高层	7~9层
高层	10~30层

表1-7　建筑物耐久等级

级别	适用建筑范围	耐久年限（年）	级别	适用建筑范围	耐久年限（年）
一	重要建筑和高层建筑	＞100	三	次要建筑	25～50
二	一般建筑	50~100	四	临时性建筑	＜15

表1-8　建筑物耐火等级

构件名称		耐火等极			
		一级	二级	三级	四级
墙	防火墙	不燃性 3.00 h	不燃性 3.00 h	不燃性 3.00 h	不燃性 3.00 h
	承重墙	不燃性 3.00 h	不燃性 2.50 h	不燃性 2.00 h	不燃性 0.50 h
	非承重墙	不燃性 1.00 h	不燃性 1.00 h	不燃性 0.50 h	可燃性
	楼梯间和前室的墙、电梯井的墙、住宅建筑单元之间的墙和分户墙	不燃性 2.00 h	不燃性 2.00 h	不燃性 1.50 h	难燃性 0.50 h
	疏散走道两侧的隔墙	不燃性 1.00 h	不燃性 1.00 h	不燃性 0.50 h	难燃性 0.25 h
	房间隔墙	不燃性 0.75 h	不燃性 0.50 h	不燃性 0.50 h	难燃性 0.25 h
柱		不燃性 3.00 h	不燃性 2.50 h	不燃性 2.00 h	难燃性 0.50 h

构件名称	耐火等极			
	一级	二级	三级	四级
梁	不燃性 2.00 h	不燃性 1.50 h	不燃性 1.00 h	难燃性 0.50 h
楼板	不燃性 1.50 h	不燃性 1.00 h	不燃性 0.50 h	可燃性
屋顶承重构件	不燃性 1.50 h	不燃性 1.00 h	不燃性 0.50 h	可燃性
疏散楼梯	不燃性 1.50 h	不燃性 1.00 h	不燃性 0.50 h	可燃性
吊顶（包括吊顶格栅）	不燃性 0.25 h	不燃性 0.25 h	不燃性 0.15 h	可燃性

注：1. 除《建筑设计防火规范》（GB 50016—2014）另有规定外，以木柱承重且墙体采用不燃材料的建筑，其耐火等级应按四级确定。

　　2. 住宅建筑构件的耐火极限和燃烧性能等级可按《住宅建筑规范》（GB 50368—2005）的规定执行。

3）本例中，建筑设计说明的"第三项"，规定了建筑的结构为砖混结构。

4）本例中，建筑设计说明的"第四项"，规定了建筑中的绝对标高的数值。

5）本例中，建筑设计说明的"第五项"，规定了建筑承重墙和非承重墙的用材。

6）本例中，建筑设计说明的"第六项"，规定了建筑外墙保温材料的规格。

7）本例中，建筑设计说明的"第七项"，规定了建筑附带的便民设置。

三、门窗表

1. 门窗表内容

门窗表包括门窗编号、门窗尺寸及其做法，这在计算结构荷载时是必不可少的内容，见表1-9。

表 1-9　门窗表

类别	设计编号	洞口尺寸（mm）		樘数	采用标准图集及编号		备注
		宽	高		图集代号	编号	
门							
窗							

注：1. 采用非标准图集的门窗应绘制门窗立面图及开启方式。

　　2. 单独的门窗表应加注门窗的性能参数、型材类别、玻璃种类及热工性能。

2.门窗表示例

某工程的门窗表示例，见表1-10。

表1-10　某工程的门窗表

类别	序号	设计编号	洞口尺寸		数量（个）	索引图集
			宽（mm）	高（mm）		
木门	1	1021M1	1000	2100	16	88J13-3
	2	0921M3	900	2100	8	88J13-3
	3	0927M5	900	2700	8	88J13-3
	4	1227M7	1200	2700	10	88J13-3
塑钢窗	5	2121TC7	2100	2100	20	88J13-1
防火门	6	1021GF1	1000	2100	1	09BJ13-4

门窗表规定了这个工程用到的门、窗的型号和数量，以及涉的索引图集。索引符号的表示方法如图1-10所示。

图1-10　索引符号

四、总平面图识读

总平面图识读步骤如下：

1）拿到一张总平面图，先要看它的图纸名称、比例及文字说明，对图纸的大概情况有一个初步了解。

2）在阅读总平面图之前，要先熟悉相应图例，熟悉图例是阅读总平面图应具备的基本知识。

3）找出规划红线，确定总平面图所表示的整个区域中土地的使用范围。

4）查看总平面图的比例和风向频率玫瑰图，它标明了建筑物的朝向及该地区的全年风向、频率和风速。

5）了解新建房屋的平面位置、标高、层数及其外围尺寸等。

6）了解新建建筑物的位置及平面轮廓形状与层数、道路、绿化、地形等情况。

7）了解新建建筑物的室内外高差、道路标高、坡度及地面排水情况；了解绿化、美化的要求和布置情况以及周围的环境。

8）看房屋的道路交通与管线走向的关系，确定管线引入建筑物的具体位置。

9）了解建筑物周围环境及地形、地物情况，以确定新建建筑物所在的地形情况及周围地物情况。

10）了解总平面图中的道路、绿化情况，以确定新建建筑物建成后的人流方向和交通情况及建成后的环境绿化情况。

若在总平面图上还画有给水排水、采暖、电气施工图，需要仔细阅读，以便更好地理解图纸要求。

五、平面图识读

建筑平面图是假想用一个水平剖切平面，在建筑物门窗洞口处将房屋剖切开，移去剖切平面以上的部分，将剩余部分用正投影法向水平投影面作正投影所得到的投影图。沿底层门窗洞口剖切得到的平面图称为底层平面图，又称为首层平面图或 层平面图。沿二层门窗洞口剖切得到的平面图称为二层平面图。若房屋的中间层相同，则用同一个平面图表示，称为标准层平面图。沿最高一层门窗洞口将房屋切开得到的平面图称为顶层平面图。将房屋的屋顶直接作水平投影得到的平面图称为屋顶平面图。

人的一般思维都是从简单到复杂的。外观造型也是，平面设计对于外观造型来说是一个从二维走向三维的过程。初始设计直接导致最后建筑的总体形象趋势。平面设计主要是按照功能区的排列构思出大体框架，然后在平面的基础上纵向延伸，形成立体的实物。

平面设计是建筑设计的第一步，对建筑的整体效果起着至关重要的作用。形象地说，平面设计好比是造型骨架的横向组成部分。平面的设计和选型直接影响整个建筑的形象走向。在设计时不仅要适应各种不同功能需求，创造可灵活布局的内部大空间，还应考虑因高度不同而造成的种种结果。

以上是平面设计对造型整体设计产生的影响，这是在形象设计没有特别限制的前提下形成的一种制约关系。如果还有特殊要求，如要赋予建筑一些象征意义或是形成一些仿生类的形象，那么这种关系就可能有所改变，即造型设计将对平面设计进行一些限制，平面设计要在原有的设计过程中加入一些特殊的设计步骤。

建筑平面图经常采用 1 : 50、1 : 100、1 : 150 的比例绘制，其中 1 : 100 的比例最为常用。

平面图的方向宜与总图方向一致，平面图的长边宜与横式幅面图纸的长边一致。在同一张图纸上绘制多于一层的平面图时，各层平面图宜按层数由低向高的顺序从左至右或从下至上依次布置。除顶棚平面图外，各种平面图应按正投影法绘制，屋顶平面图是在水平面上的投影，不需剖切，其他各种平面图则是水平剖切后，按俯视方向投影所得的水平剖面图。建筑物平面图应在建筑物的门窗洞口处水平剖切俯视（屋顶平面图应在屋面以上俯视），图内应包括剖切面及投影方向可见的建筑构造以及必要的尺寸、标高等，如需表示高窗、洞口、通气孔、槽、地沟及起重机等不可见部分，则应以虚线绘制。建筑物平面图应注写房间的名称和编号，编号注写在直径为 6 mm、以细实线绘制的圆圈内，并在同张图纸上列出房间的名称表。平面较大的建筑物，可分区绘制平面图，但每张平面图均应绘制组合示意图。各区应分别用大写拉丁字母编号。在组合示意图中要提示的分区，应采用阴影线或填充的方式来表示。顶棚平面图宜用镜像投影法绘制。为表示室内立面在平面图上的位置，应在平面图上用内视符号注明视点的位置、方向及立面编号。符号中的圆圈应用细实线绘制，根据图面比例圆圈的直径可选择 8~12 mm。立面编号宜用大写拉丁字母或阿拉伯数字。

建筑平面图主要反映房屋的平面形状、大小和房间的相互关系、内部布置，墙的位置、厚度和材料，门窗的位置以及其他建筑构配件的位置和各种尺寸等。建筑平面图是施工放线、砌墙、安装门窗、室内装修和编制预算的重要依据。

建筑平面图是其他建筑施工图的基础，它采用了标准图例的统一性和规范性，与其他详图、图集逐级的关联性。只有先将建筑平面图看明白，心中对建筑的布局、结构有了一个基本的了解之后，看其他图纸时才能做到心中有数，并和立面、剖面结合，做到真正看懂图纸。

建筑物的各层平面图中除顶层平面图之外，其他各层建筑平面图的主要内容及阅读方法基本相同。

1. 平面图识读内容

1）建筑物的体量尺寸。

相邻定位轴线之间的距离，横向的称为开间，纵向的称为进深。从平面图中的定位轴线可以看出墙（或柱）的布置情况。从总轴线尺寸的标注，可以看出建筑的总宽度、总长度等情况。从各部分尺寸的标注，可以看出各房间的开间、进深、门窗位置等情况。此外，从某些局部尺寸还可以看出如墙厚、台阶、散水的尺寸，以及室内外等处的标高。

2）建筑物的平面定位轴线及尺寸。

从定位轴线的编号及间距，可以了解各承重构件的位置及房间大小，以便施工时放线定位。

3）各层楼地面标高。

建筑工程上常将室外地坪以上的第一层（即底层）室内平面处标高定为零标高，即±0.000标高处。以零标高为界，地下层平面标高为负值，标准层以上标高为正值。

4）建筑朝向。

建筑朝向是指建筑物主要出入口的朝向，主要出入口朝哪个方向就称建筑物朝哪个方向。建筑朝向由指北针来确定，指北针一般只绘在底层平面图中。

5）墙体、柱子。

在平面图中墙体、柱是被剖切到的部分。墙体、柱在平面图中用定位轴线来确定其平面位置，在各层平面图中定位轴线是对应的。在平面图中被剖切到的墙体通常不画材料图例，柱子以涂黑来表示。平面图中还应表示出墙体的厚度（指墙体未包含装修层的厚度）、柱子的截面尺寸及轴线的关系。

6）附属设施。

在平面图中还有散水、台阶、雨篷、雨水管等一些附属设施。这些附属设施在平面图中按照所在位置有的只出现在某层平面图中，如台阶、散水等只在底层平面图中表示，具体做法则要结合建筑设计说明查找相应详图或图集。

除了以上内容外，平面图识读内容还包括剖面图的符号、楼梯的位置及梯段的走向与级数等。

2. 平面图识读步骤

1）拿到一套建筑平面图后，先看图名、比例和指北针，了解平面图的绘图比例及房屋朝向。

2）一般从底层平面图看起，在底层平面图上看建筑门厅、室外台阶、花池和散水的情况。

3）看房屋的外形和内部墙体的分隔情况，了解房屋平面形状和房间分布、用途、数量及相互间的联系。

4）看图中定位轴线的编号及其间距尺寸，从中了解各承重墙或柱的位置及房间大小，先记住大致的内容，以便施工时定位放线和查阅图纸。

5）看平面图中的内部尺寸和外部尺寸，从各部分尺寸的标注，可以知道每个房间的开间、进深、门窗、空调孔、管道以及室内设备的大小、位置等，不清楚的要结合立面、剖面，一步一步地看。

6）看门窗的位置和编号，了解门窗的类型和数量，还有其他构配件和固定设施的图例。

7）在底层平面图上，看剖面的剖切符号，了解剖切位置及其编号。

8）看地面的标高、楼面的标高、索引符号等。

3. 平面图识读示例

示例一：某住宅小区平面图如图 1-11~ 图 1-15 所示，识读步骤如下。

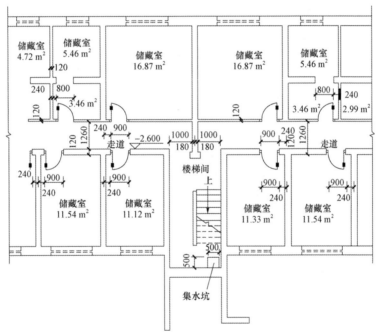

注：地下室所有外墙为 370 砖墙，内墙除注明外均为 240 砖墙。

1：100

图 1-11 某住宅小区地下室平面图

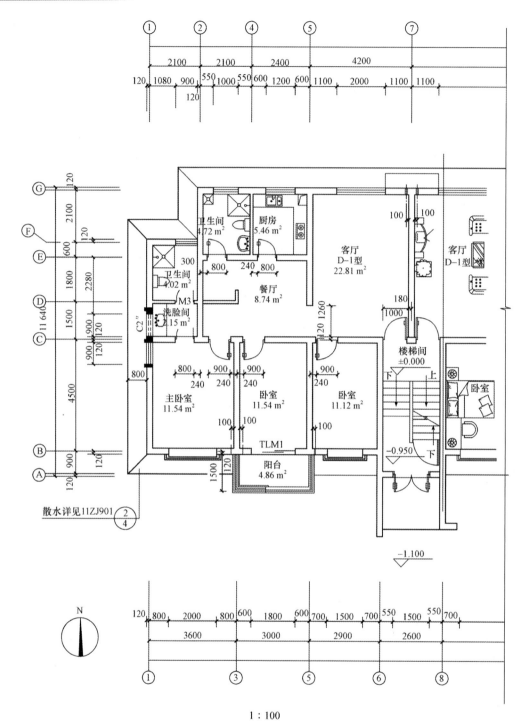

1：100

图 1-12　某住宅小区首层平面图

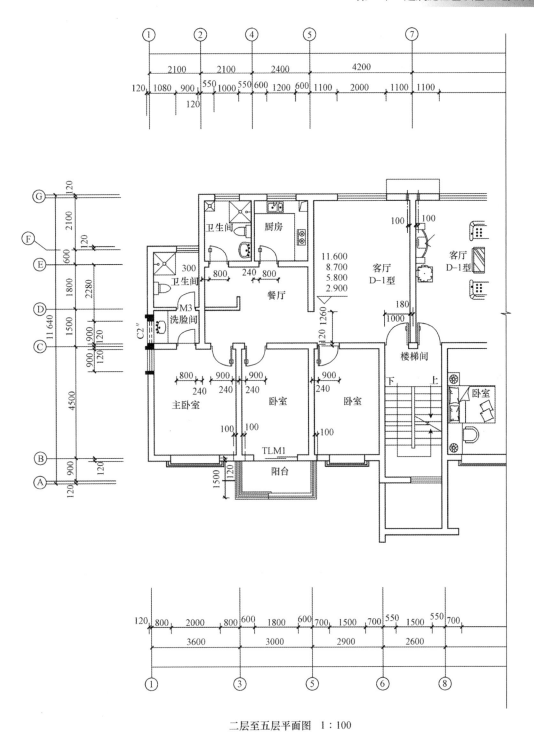

二层至五层平面图　1：100

图 1-13　某住宅小区标准层平面图

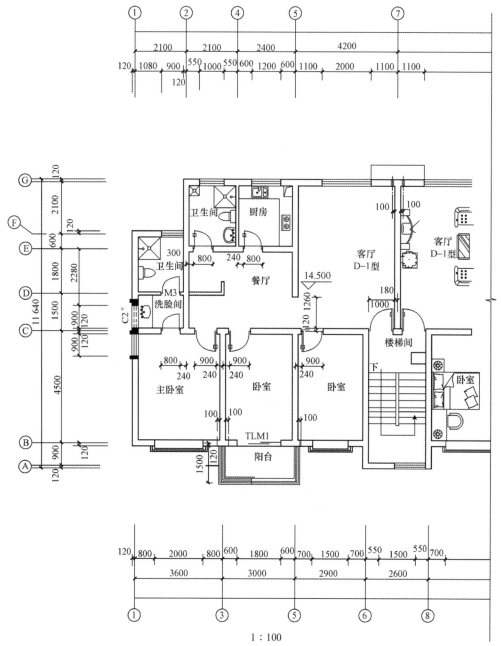

图 1-14　某住宅小区顶层平面图

1）地下室平面图：

（1）看地下室平面图的图名、比例可知，该图为某住宅小区的地下室平面图，比例为
1∶100。

（2）从图中可知本楼地下室的室内标高为 -2.600 m。

（3）附注说明了地下室内外墙的建筑材料及厚度。

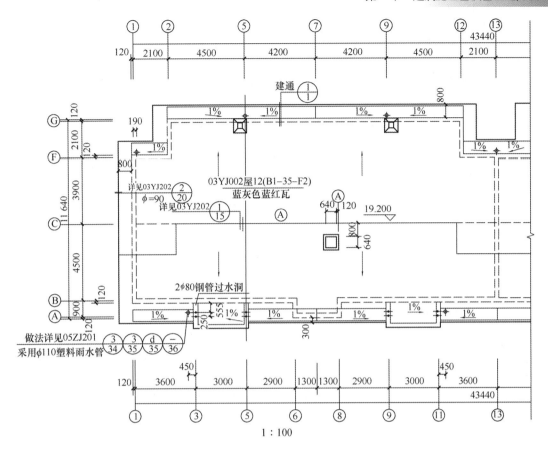

图 1-15　某住宅小区屋顶平面图

2）首层平面图：

（1）看平面图的图名、比例可知，该图为某住宅小区的首层平面图，比例为 1∶100。从指北针符号可以看出，该楼的朝向是入口朝南。

（2）图中标注在定位轴线上的第二道尺寸表示墙体间的距离即房间的开间和进深尺寸，图中已标出每个房间的面积。

（3）从图中墙的位置及分隔情况和房间的名称，可以了解到楼内各房间的配置、用途、数量以及相互间的联系情况，图中显示的完整户型中有 1 个客厅、1 个餐厅、1 个厨房、2 个卫生间、1 个洗脸间、1 个主卧室、2 个次卧室及 1 个南阳台。

（4）从图中可知室内标高为 0.000 m。室外标高为 -1.100 m。

（5）在图内部还有一些尺寸，这些尺寸是房间内部门窗的大小尺寸和定位尺寸以及内部墙的厚度尺寸。

（6）图中还标注了散水的宽度与位置，散水宽度均为 800 mm。

（7）附注说明了户型放大平面图的图纸编号，另见局部大样图的原因是有些房间的布局较为复杂或者尺寸较小，在 1∶100 的比例下很难看清楚它的详细布置情况，所以需要单独画出来。

3）标准层平面图：

因为二层至五层的布局相同，所以仅绘制一张图，该图就是标准层平面图。本图中标准层的图示内容及识图方法与首层平面图基本相同，只对它们的不同之处进行讲解。

（1）标准层平面图中不必再画出首层平面图已显示过的指北针、剖切符号以及室外地面上的散水等。

（2）标准层平面图中⑥～⑧轴线间的楼梯间的轴线处用墙体封堵，并装有窗户。

（3）看平面的标高，标准层平面标高改为 2.900 m、5.800 m、8.700 m、11.600 m，分别代表二层、三层、四层、五层的相对标高。

4）顶层平面图：因为图中所示的楼层为六层，所以顶层即为第六层。顶层平面图的图示内容和识图方法与标准层平面图基本相同，这里就不再赘述，只对它们的不同之处进行讲解。

（1）顶层平面图中⑥～⑧轴线间的楼梯间，梯段不再被水平剖切面剖切，也不再用倾斜45°的折断线表示，因为它已经到了房屋的最高层，不再需要上行的梯段，故栏杆直接连接在了⑧轴线的墙体上。

（2）看平面的标高，顶层平面标高改为 14.500 m。

5）屋顶平面图：

（1）看屋顶平面图的图名、比例可知，该图比例为 1∶100。

（2）屋顶平面标高为 19.200 m。

示例二：某政府办公楼平面图如图 1-16～图 1-19 所示，识读步骤如下。

1）首层平面图：

（1）看平面图的图名、比例可知，该图为某政府办公楼的一层平面图，比例为 1∶100。从指北针符号可以看出，该楼的朝向是背面朝北，主入口朝南。

（2）已知本楼为框架结构，图中给出了平面柱网的布置情况，框架柱在平面图中用填黑的矩形块表示，图中主要定位轴线标注位置为各框架柱的中心位置，横向轴线为①～⑥，竖向轴线为 Ⓐ～Ⓒ，在横向③轴线右侧有一附加轴线⅓。图中标注在定位轴线上的第二道尺寸表示框架柱轴线间的距离即房间的开间和进深尺寸，可以确定各房间的平面大小。如图中北侧正对门厅的办公室，其开间尺寸为 7.2 m，即①、②轴之间的尺寸，进深尺寸为 4.8 m，即 Ⓑ、Ⓒ轴之间的尺寸。

（3）从图中墙的位置及分隔情况和房间的名称，可以了解到楼内各房间的配置、用途、数量以及相互间的联系情况，底层有 1 个门厅、8 个办公室、2 个厕所、1 个楼梯间。从西南角的大门进入即为门厅，门厅正对面为一办公室，右转为走廊，走廊北侧紧挨办公室为楼梯间，旁边为厕所，东面是三间办公室。走廊的南面为四间办公室，其中正对楼梯的为一小面积办公室。走廊的尽头，即在该楼房的东侧有一应急出入口。

（4）建筑物的占地面积为一层外墙外边线所包围的面积，该尺寸为尺寸标注中的第一道尺寸。从图中可知本楼长 32.9 m，宽 12 m，占地总面积 394.8 m²，室内标高为 ±0.000 m。

（5）南侧的房间与走廊之间没有框架柱，只有内墙分隔。图中第三道尺寸为各细部的尺寸，表示外墙窗和窗间墙的尺寸，以及出入口部位门的尺寸等。图中在外墙上有 3 种形式的窗，它们的代号分别为 C-1、C-2、C-3。C-1 窗洞宽为 5.4 m，为南侧三个大办公室的窗；C-2 窗洞宽为 1.8 m，主要位于北侧各房间的外墙上，以及南侧小办公室的外墙上；C-3 窗洞宽为 1.5 m，位于走廊西侧尽头的墙上。除北侧三个大办公室以及附加定位轴线处两窗之间距离为 1.8 m，西侧 C-3 窗距离轴线 200 mm 外，其余与轴线相邻部位窗到轴

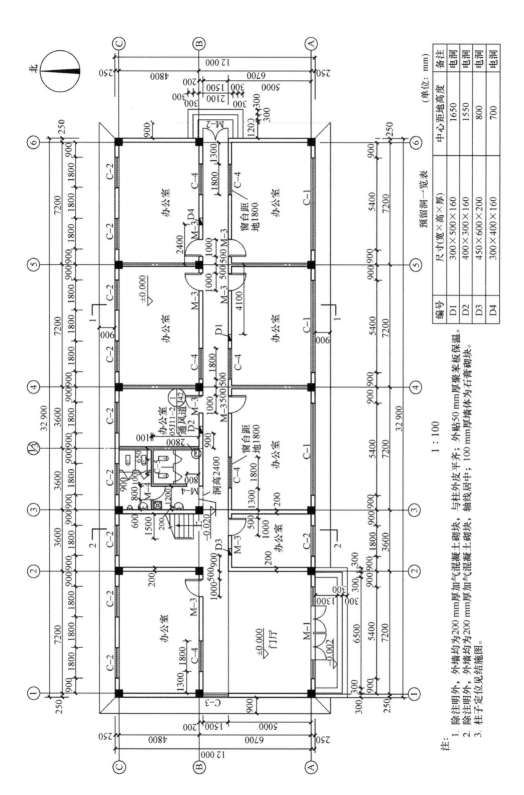

图 1-16 某政府办公楼首层平面图

1 : 100

预留洞一览表

（单位：mm）

编号	尺寸（宽×高×厚）	中心距地高度	备注
D1	300×500×160	1650	电洞
D2	400×300×160	1550	电洞
D3	450×600×200	800	电洞
D4	300×400×160	700	电洞

注：
1. 除注明外，外墙均为200 mm厚加气混凝土砌块，与柱外皮平齐；外贴50 mm厚聚苯板保温。
2. 除注明外，内墙均为200 mm厚加气混凝土砌块，100 mm厚墙体为石膏砌块。
3. 柱子定位见结施图。

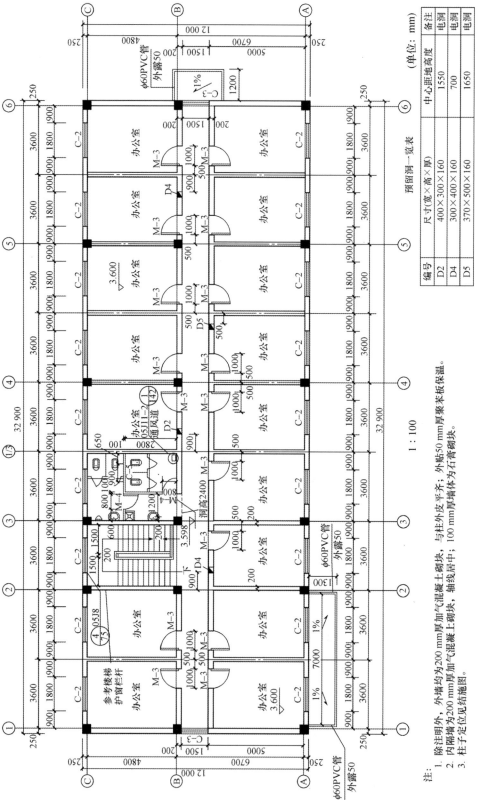

图 1-17 某政府办公楼二层平面图

注：
1. 除注明外，外墙均为200 mm厚加气混凝土砌块，与柱外皮平齐；外贴50 mm厚聚苯板保温。
2. 内隔墙为200 mm厚加气混凝土砌块，轴线居中；100 mm厚墙体为石膏砌块。
3. 柱子定位见结施图。

预留洞一览表 （单位：mm）

编号	尺寸(宽×高×厚)	中心距地高度	备注
D2	400×300×160	1550	电洞
D4	300×400×160	700	电洞
D5	370×500×160	1650	电洞

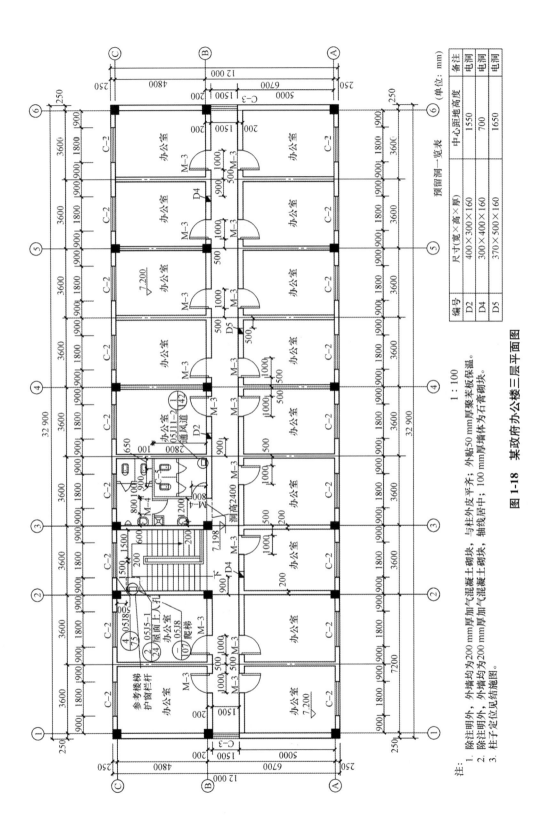

图1-18　某政府办公楼三层平面图

预留洞一览表　（单位：mm）

编号	尺寸（宽×高×厚）	中心距地高度	备注
D2	400×300×160	1550	电洞
D4	300×400×160	700	电洞
D5	370×500×160	1650	电洞

注：
1. 除注明外，外墙均为200 mm厚加气混凝土砌块，外贴50 mm厚聚苯板保温。
2. 除注明外，外墙均为200 mm厚加气混凝土砌块，内墙厚墙体为100 mm厚石膏砌块。
3. 柱子定位见结施图。

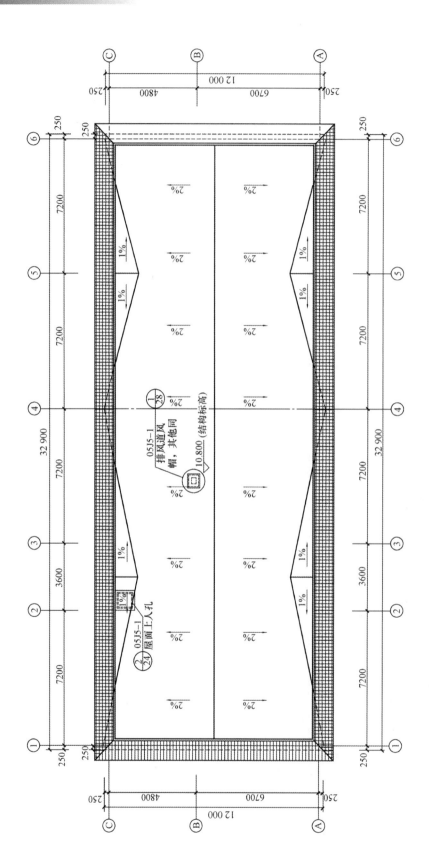

注：
1. 雨水管做法见《屋面雨水排水管道安装》(15S412)相关大样。
2. 平屋面各类管道泛水做法参见《平屋面图集》(05J5-1)相关大样。
3. 避雷带配合电气图纸施工。

1：100

图1-19 某政府办公楼屋顶平面图

线距离均为 900 mm。门有两处，正门代号为 M-1，东侧的小门为 M-2。M-1 门洞宽 5.4 m，边缘距离两侧轴线 900 mm；M-2 门洞宽 1.5 m。

（6）在一层平面图的内部还有一些尺寸，这些尺寸是房间内部门窗的大小尺寸和定位尺寸以及内部墙的厚度尺寸。要弄清这些尺寸，需要先搞清楚楼层内部的各房间结构。各办公室都有门，门代号为 M-3，门洞宽为 1 m，门洞边缘距离墙中线均为 500 mm；六个大办公室走廊两侧的墙上均留有一高窗，代号为 C-4，窗洞宽 1.8 m，距离相邻轴线 500 mm 或 1300 mm 不等，高窗窗台距地面高度为 1.8 m。图中还可以在内墙上看到 D1~D4 四个预留洞，并且给出了各预留洞的定位尺寸，在"预留洞一览表"中给出了各预留洞的尺寸大小、中心距地高度，备注中说明这四个预留洞为电洞。在厕所部位给出的尺寸比较多，这些尺寸为厕所内分隔的定位尺寸，厕所内用到了 M-4 和 C-5，另有一通风道，对于通风道的形式，需要查找《05 系列建筑标准设计图集》05J11-2 册 J42 图的 1 详图。为表示清楚门窗统计表，图中也将其内容列出，此外图中还给出了门窗的详细尺寸。

（7）在平面图中，除了平面尺寸，对于建筑物各组成部分如楼地面、楼梯平台面、室内外地坪面、外廊和阳台面处，一般都分别注明标高。这些标高均采用相对标高，并将建筑物的底层室内地坪面的标高定为 ±0.000（即底层设计标高）。该办公楼门厅处地坪的标高定为零点（即相当于总平面图中的室内地坪绝对标高 73.25 m）。厕所地面标高是 −0.020 m，表示该处地面比门厅地面低 20 mm。正门台阶顶面标高为 −0.002 m，表示该位置比门厅地面低 2 mm。

（8）图中还给出了建筑剖面图的剖切位置。图中④、⑤轴线间和②、③轴线间分别标明了剖切符号 1—1 和 2—2 等，表示建筑剖面图的剖切位置（图中未示出），剖视方向向左，以便与建筑剖面图对照查阅。

（9）图中还标注了室外台阶和散水的尺寸大小与位置。正门台阶长 7.7 m，宽 1.9 m，每层台阶面宽均为 300 mm；台阶顶面长 6.5 m，宽 1.3 m。室外散水宽度均为 900 mm。

（10）附注说明了内外墙的建筑材料。

2）标准层平面图：

因为图中所示的办公楼为三层，所以标准层只有第二层。二层平面图的图示内容及识图方法与首层平面图基本相同，只对它们的不同之处进行讲解。

（1）二层平面图中不必再画出首层平面图已显示过的指北针、剖切符号以及室外地面上的散水等。

（2）首层平面图中②、③轴线间设有台阶，在二层相应位置应设有栏板。

（3）看房间的内部平面布置和外部设施。首层平面图中的大办公室及门厅在二层平面图中改成了开间为②、③轴线间距的办公室。楼梯间的梯段仍被水平剖切面剖断，用倾斜 45° 的折断线表示，但折断线改成了两根，因为它剖切的不只是上行的梯段，在二层还有下行的梯段，下行的梯段完整存在，并且还有部分踏步与上行的部分踏步投影重合。

（4）读门、窗及其他配件的图例和编号，二层平面图中南侧的门窗有了较大改动。C-1 的型号都改成了 C-2，数量也相应增加。

（5）看平面的标高，二层平面标高改为 3.600 m。

（6）附注说明了内外墙的建筑材料。

3）顶层平面图：

因为图中所示的办公楼为三层，所以顶层即为第三层。三层平面图的图示内容和识图方法与二层平面图基本相同，这里就不再赘述，只对它们的不同之处进行讲解。

（1）三层平面图中②、③轴线间的楼梯间，梯段不再被水平剖切面剖切，也不再用倾斜 45°的折断线表示，因为它已经到了房屋的最高层，不再需要上行的梯段，故 Ⓑ轴线的栏杆直接连接在了③轴线的墙体上。

（2）看平面的标高，三层平面标高改为 7.200 m。

（3）附注说明了内外墙的建筑材料。

4）屋顶平面图：

（1）看屋面平面图的图名、比例可知，该图比例为 1∶100。

（2）对于屋顶的排水情况，屋顶南北方向设置一个双向坡，坡度 2%；东西方向设置4 处向雨水管位置排水的双向坡，坡度 1%。屋顶另有上人孔一处、排风道一处，详图可参见建筑标准设计图集。

（3）水管做法、出屋面各类管道泛水做法、接闪带做法见图下方所附说明。

六、立面图识读

建筑立面图是平行于建筑物各方向外墙面的正投影图，简称（某向）立面图。建筑立面图是用来表示建筑物的体型和外貌，并表明外墙面装饰材料与装饰要求等的图纸。

一栋建筑给人的第一印象往往来自建筑的立面，立面设计的优劣直接影响着建筑的形象。立面设计相对于造型设计主要分为两部分：大体块的设计，即为了反映建筑功能特征，结合建筑内部空间及其使用要求而进行的体量设计，这类功能的立面设计形成了建筑的大体造型；体量的变形，主要是对建筑体型的各个方面进行深入的刻画和处理，使整个建筑形象趋于完善，同时合理确定立面各组成部分的形状、色彩、比例关系、材料质感等，运用节奏、韵律、虚实对比等构图规律设计出完整、美观、反映时代特征的立面。

实际上，平面和立面是一个实体的不同表达方式，平面与立面是密不可分的。平面是方的，立面整体上必然也是方的；平面有凹凸，一般情况下立面也有凹凸；平面层数局部增加，则立面也必然局部高起。从建筑造型和整体来看，平面和立面有如形与影的关系。

立面图的数量是根据建筑物立面的复杂程度来定的，可能有两个、三个或四个。对于两个方向对称的建筑，在对称方向上的立面图可以只有一个；如果每个立面都不相同，则每个方向的立面图各有一个。有的建筑，布局较为自由，可能呈 L 形、U 形或口字形等。这个时候，即使看四个立面也不能很直观地看出建筑的外观，这就要结合相应位置的剖面图一起来看了。

1. 立面图识读步骤

1）首先看立面图的图名和比例，再看定位轴线确定是哪个方向上的立面图及绘图比例是多少，立面图两端的轴线及其编号应与平面图上的相对应。

2）看建筑立面的外形，了解门窗、阳台栏杆、台阶、屋檐、雨篷、出屋面排气道等的形状及位置。

3）看立面图中的标高和尺寸，了解室内外地坪、出入口地面、窗台、门口及屋檐等处的标高位置。

4）看房屋外墙面装饰材料的颜色、材质、分格做法等。

5）看立面图中的索引符号、详图的出处、选用的图集等。

2.立面图识读示例

示例一：某办公楼立面图如图 1-20~ 图 1-23 所示，识读步骤如下。

1 : 100

图 1-20　某办公楼南立面图

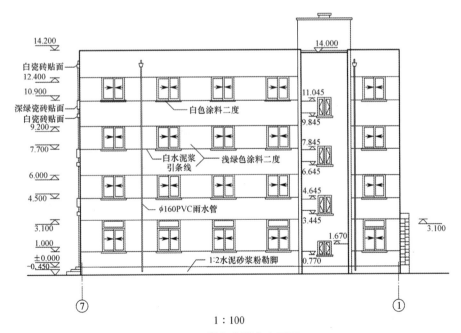

1 : 100

图 1-21　某办公楼北立面图

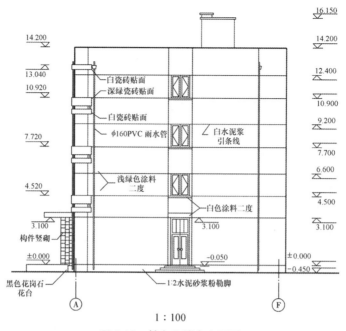

图 1-22　某办公楼东立面图

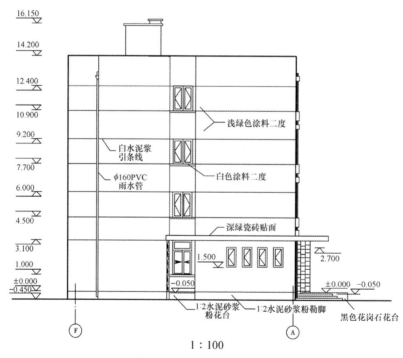

图 1-23　某办公楼西立面图

1）南立面图：

（1）本图按照房屋的朝向命名，即该图是房屋的正立面图，图的比例为 1∶100，图中表明建筑的层数是四层。

（2）从右侧的尺寸、标高可知，该房屋室外地坪为 -0.450 m。可以看出一层室内的底

标高为 ±0.000 m，二层窗户的底标高为 4.520 m，三层窗户的底标高为 7.720 m，四层窗户的底标高为 10.920 m，楼顶最高处标高为 16.150 m。

（3）从顶部引出线看到，建筑左侧的外立面由浅绿色涂料饰面，窗台为白色涂料饰面，建筑右侧的外立面由白瓷砖和深绿瓷砖贴面，勒脚采用 1:2 水泥砂浆粉。

2）北立面图：

（1）本图按照房屋的朝向命名，即该图是房屋的背立面图，图的比例为 1:100，图中表明建筑的层数是四层。

（2）其他标高与正立面图相同，本图中标明了楼梯休息平台段的窗户的标高。

（3）图中标明了采用直径为 160 mm 的 PVC 雨水管。

3）东立面图：

（1）本图按照房屋的朝向命名，即该图是房屋的右立面图，图的比例为 1:100，图中表明建筑的层数是四层。

（2）其他标高与正立面图相同，本图中标明了建筑右侧窗户的标高。

（3）图中标明了采用直径为 160 mm 的 PVC 雨水管，建筑南侧正门台阶处采用黑色花岗岩花台。

4）西立面图：

（1）本图按照房屋的朝向命名，即该图是房屋的左立面图，图的比例为 1:100，图中表明建筑的层数是四层。

（2）其他标高与正立面图相同，本图中标明了建筑左侧窗户的标高。

（3）图中标明了采用直径为 160 mm 的 PVC 雨水管，建筑南侧正门台阶处采用黑色花岗岩花台。

示例二：某宿舍楼立面图如图 1-24 所示，识读步骤如下。

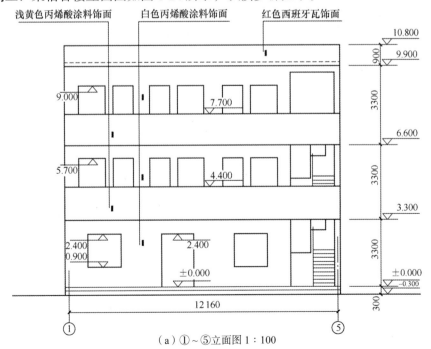

（a）①～⑤立面图 1:100

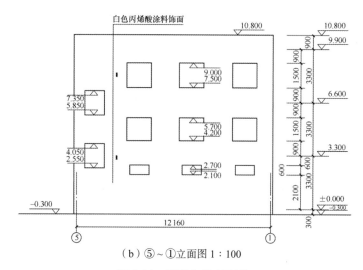

（b）⑤～①立面图 1∶100

图 1-24　某宿舍楼立面图

1）①～⑤立面图：

（1）本图采用轴线标注立面图的名称，即该图是房屋的正立面图，图的比例为1∶100，图中表明建筑的层数是三层。

（2）从右侧的尺寸、标高可知，该房屋室外地坪为 −0.300 m。可以看出一层大门的底标高为 ±0.000 m，顶标高为 2.400 m；一层窗户的底标高为 0.900 m，顶标高为 2.400 m；二、三层阳台栏板的顶标高分别为 4.400 m、7.700 m；二、三层门窗的顶标高分别为5.700 m、9.000 m；底部由于栏板的遮挡，看不到，所以底标高没有标出。

（3）从图中看出楼梯位于正立面图的右侧，上行的第一跑位于⑤号轴线处，每层有两跑到达。

（4）从顶部引出线看到，建筑的外立面由浅黄色丙烯酸涂料饰面，内墙由白色丙烯酸涂料饰面，女儿墙上的坡屋檐由红色西班牙瓦饰面。

2）⑤～①立面图：

（1）本图采用轴线标注立面图的名称，即该图是房屋的背立面图，图的比例为1∶100，图中表明建筑的层数是三层。

（2）从右侧的尺寸、标高可知，该房屋室外地坪为 −0.300 m。可以看出一层窗户的底标高为 2.100 m，顶标高为 2.700 m；二层窗户的底标高为 4.200 m，顶标高为 5.700 m；三层窗户的底标高为 7.500 m，顶标高为 9.000 m。位于图面左侧的是楼梯间窗户，它的一层底标高为 2.550 m，顶标高为 4.050 m；二层底标高为 5.850 m，顶标高为 7.350 m。

（3）从顶部引出线看到，建筑的背立面装饰材料比较简单，为白色丙烯酸涂料饰面。

七、剖面图识读

建筑剖面图一般是指建筑物的垂直剖面图，也就是假想用一个竖直平面去剖切房屋，移去靠近观察者视线的部分后的正投影图，简称剖面图。

建筑剖面图的形成如图 1-25 所示。

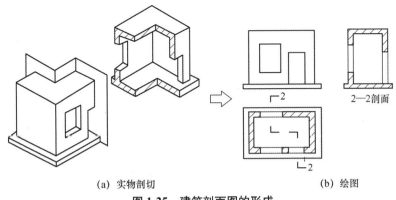

(a) 实物剖切   (b) 绘图

图 1-25　建筑剖面图的形成

剖切平面是假想的，由一个投影图画出剖面图后，其他投影图不受剖切的影响，仍然按剖切前的完整形体来画，不能画成半个。

建筑剖面图是表示建筑物内部垂直方向的高度、楼层分层、垂直空间的利用以及简要的结构形式和构造方式等情况的图纸，如屋顶形式、屋顶坡度、檐口形式、楼板布置方式、楼梯的形式及其简要的结构、构造等。

剖面图的数量是根据房屋的具体情况和施工的实际需要决定的。剖切面一般为横向，即平行于侧面；必要时也可为纵向，即平行于正面。应选择能反映出房屋内部构造的比较复杂和典型的部位，并应通过门窗洞的位置。若为多层房屋，剖切面应选择在楼梯间或层高不同、层数不同的部位。剖面图的图名应与平面图上所标注剖切符号的编号一致。

建筑剖面图的主要任务是根据房屋的使用功能和建筑外观造型的需要，考虑层数、层高及建筑在高度方向的安排方式。它用来表示建筑物内部垂直方向的结构形式、分层情况、内部构造以及各部位的高度，同时还要表明房屋各主要承重构件之间的相互关系，如各层梁、板的位置及其与墙、柱的关系，屋顶的结构形式及其尺寸等。

详图一般采用较大比例，如 1 : 1、1 : 5、1 : 10 等，单独绘制，同时还要附加详细的施工说明。节点详图的特点是比例大，图示清楚，尺寸标注齐全，文字说明准确、详细。施工说明表达了图纸无法表达的重要内容，如设计依据、采用图集、细部构造的具体做法等。

一般情况下，简单的楼房有两个剖面图即可。一个剖面图表达建筑的层高、被剖切到的房间布局及门窗的高度等；另一个剖面图表达楼梯间的尺寸、每层楼梯的踏步数量及踏步的详细尺寸、建筑入口处的室内外高差、雨篷的样式及位置等。

建筑剖面图的所有内容都与建筑物的竖向高度有关，它主要用来确定建筑物的竖向高度。所以在看剖面图时，主要看它的竖向高度，并且要与平面图、立面图结合着看。在剖面图中，主要房间的层高是影响建筑高度的主要因素，为保证使用功能齐全、结构合理、构造简单，应结合建筑规模、建筑层数、用地条件和建筑造型，进行相应的处理。

在施工过程中，依据建筑剖面图进行分层，砌筑内墙，铺设楼板、屋面板和楼梯，以及内部装修等工作。

建筑剖面图与建筑立面图、建筑平面图结合起来表示建筑物的全局，因而建筑平面图、立面图、剖面图是建筑施工基本的图纸。

1. 剖面图识读步骤

1）先看图名、轴线编号和绘图比例。将剖面图与底层平面图对照，确定建筑剖切的位置和投影的方向，从中了解剖面图表现的是房屋哪个部分、向哪个方向的投影。

2）看建筑重要部位的标高，如女儿墙顶的标高、坡屋面屋脊的标高、室外地坪与室内地坪的高差、各层楼面及楼梯转向平台的标高等。

3）看楼地面、屋面、檐线及局部复杂位置的构造。楼地面、屋面的做法通常在建筑施工图的第一页建筑构造中选用了相应的标准图集，与图集不同的构造通常用一引出线指向需要说明的部位，并按其构造层次依次列出材料等说明，有时绘制在墙身大样图中。

4）看剖面图中某些部位坡度的标注，如坡屋面的倾斜度、平屋面的排水坡度、入口处的坡道、地下室的坡道等需要做成斜面的位置，通常这些位置标注的都有坡度符号，如1%或1:10等。

5）看剖面图中有无索引符号。剖面图不能表达清楚的地方，应注有索引符号，对应详图看剖面图，才能将剖面图真正看明白。

2. 剖面图识读示例

示例一：某办公大楼剖面图如图1-26所示，识读步骤如下。

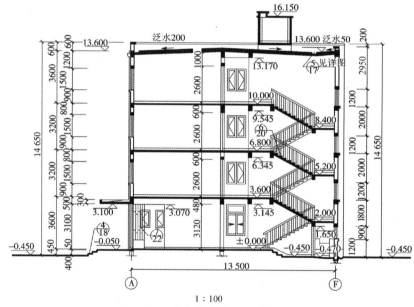

图1-26 某办公大楼1—1剖面图

1）图中反映了该楼从地面到屋面的内部构造和结构形式，从该剖面图还可以看到正门的台阶和雨篷。

2）基础部分一般不画，它在"结构施工"基础图中表示。

3）图中给出该楼地面以上最高高度为16.150 m，一、四层楼层高3.6 m，二、三层楼层高3.2 m。

示例二：某企业员工宿舍楼剖面图如图1-27和图1-28所示，识读步骤如下。

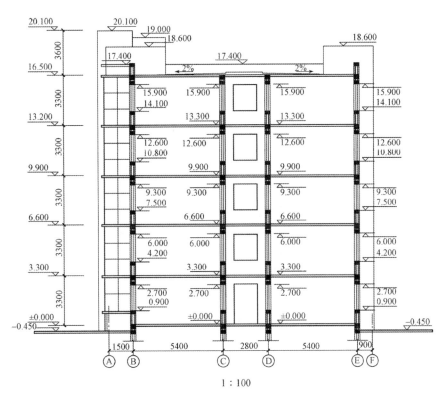

图 1-27　某企业员工宿舍楼 1—1 剖面图

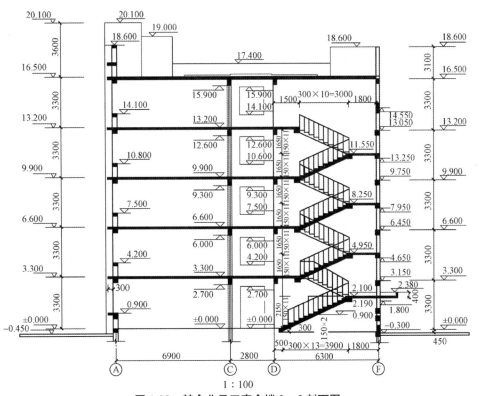

图 1-28　某企业员工宿舍楼 2—2 剖面图

1）1—1剖面图：

（1）看图名和比例可知，该剖面图为1—1剖面图，比例为1∶100。对应建筑的首层平面图，找到剖切的位置和投射的方向。

（2）1—1剖面图表示的都是建筑Ⓐ~Ⓕ轴之间的空间关系。表达的主要是宿舍房间及走廊的部分。

（3）从图中可以看出，该房屋为五层楼房，平屋顶，屋顶四周有女儿墙，为混合结构。屋面排水采用材料找坡为2%的坡度；房间的层高分别为±0.000 m、3.300 m、6.600 m、9.900 m、13.300 m。屋顶的结构标高为16.500 m。宿舍的门高度均为2700 mm，窗户高度为1800 mm，窗台离地900 mm。走廊端部的墙上中间开一窗，窗户高度为1800 mm。剖切到的屋顶女儿墙高900 mm，墙顶标高为17.400 m。能看到的但未剖切到的屋顶女儿墙高低不一，高度分别为2100 mm、2700 mm、3600 mm，墙顶标高分别为18.600 m、19.000 m、20.100 m。从建筑底部标高可以看出，此建筑的室内外高差为450 mm。底部的轴线尺寸标明，宿舍房间的进深尺寸5400 mm，走廊宽度为2800 mm。另外有局部房间尺寸凸出主轴线，如Ⓐ轴到Ⓑ轴间距1500 mm，Ⓔ轴到Ⓕ轴间距900 mm。

2）2—2剖面图：

（1）看图名和比例可知，该图为2—2剖面图，比例为1∶100。对应建筑的首层平面图，找到剖切的位置和投射的方向。

（2）2—2剖面图表示的都是建筑Ⓐ~Ⓕ轴之间的空间关系。表达的主要是楼梯间的详细布置及与宿舍房间的关系。

（3）从2—2剖面图可以看出建筑的出入口及楼梯间的详细布局。在Ⓕ轴处为建筑的主要出入口，门口设有坡道，高150 mm（从室外地坪标高-0.450 m和楼梯间门内地面标高-0.300 m可算出）；门高2100 mm（从门的下标高为-0.300 m和上标高为1.800 m得出）；门口上方设有雨篷，雨篷高400 mm，顶标高为2.380 m。进入楼梯间，地面标高为-0.300 m，通过两个总高度为300 mm的踏步上到一层房间的室内地面高度（即±0.000 m标高处）。

（4）每层楼梯都是由两个梯段组成。除一层外，其余梯段的踏步数量及宽高尺寸均相同。一层的楼梯特殊些，设置成了长短跑。第一个梯段较长（共有13个踏步面，每个踏步300 mm，共有3900 mm长），上的高度较高（共有14个踏步高，每个踏步高150 mm，共有2100 mm高）；第二个梯段较短（共有7个踏步面，每个踏步300 mm，共有2100 mm长），上的高度较低（共有8个踏步高，每个踏步高150 mm，共有1200 mm高）。这样做的目的主要是将一层楼梯的转折处的中间休息平台抬高，使行人在平台下能顺利通过。可以看出，休息平台的标高为2.100 m，地面标高为-0.300 m，所以下面空间高度（包含楼板在内）为2400 mm。除去楼梯梁的高度350 mm，平台下的净高为2050 mm。这样就满足了《民用建筑设计统一标准》（GB 50352—2019）第6.8.6条"楼梯平台上部及下部过道处的净高不应小于20 m"的规定。二层到五层的楼梯均由两个梯段组成，每个梯段有11个踏步，踏步的高度为150 mm、宽度为300 mm，所以梯段的长度为300 mm×10=3000 mm，高度为150 mm×11=1650 mm。楼梯间休息平台的宽度均为1800 mm，标高分别为2.100 m、4.950 m、8.250 m、11.550 m。在每层楼梯间都设有窗户，窗的底标高分别为3.150 m、6.450 m、9.750 m、13.050 m，窗的顶标高分别为4.650 m、

7.950 m、13.250 m、14.550 m。每层楼梯间的窗户距中间休息平台1500 mm。

（5）与1—1剖面图不同的是，走廊底部是门的位置。门的底标高为±0.000 m，顶标高为2.700 m。1—1剖面图的Ⓓ轴线表明被剖切到的是一堵墙；而2—2剖面图只是画了一个单线条，并且用细实线表示，它说明走廊与楼梯间是相通的，该楼梯间不是封闭的楼梯间，人流可以直接走到楼梯间再上到上面几层。单线条是可看到的楼梯间两侧墙体的轮廓线。

（6）另外，在Ⓐ轴线处的窗户与普通窗户设置方法不太一样。它的玻璃不是直接安在墙体中间的洞口上的，而是附在墙体外侧，并且通上一直到达屋顶的女儿墙的装饰块处的。实际上，它就是一面整体的玻璃幕墙，从外立面看，是一整块的玻璃。玻璃幕墙的做法有隐框和明框之分，详细做法可以参考标准图集。每层层高处在外墙外侧伸出装饰性的挑檐，挑檐宽300 mm，厚度与楼板相同。每层窗洞口的底标高分别为0.900 m、4.200 m、7.500 m、10.800 m、14.100 m，窗洞口顶标高由每层的门窗过梁决定（用每层层高减去门窗过梁的高度便可得到）。

八、详图识读

1. 一般规定

建筑的平面图、立面图、剖面图主要用来表达建筑的平面布置、外部形状和主要尺寸，但都是用较小的比例绘制的，而建筑物的一些细部形状、构造等无法表示清楚。因此，在实际中对建筑物的一些节点、建筑构配件形状、材料、尺寸、做法等用较大比例图纸表示，称为建筑详图或详图，有时也称大样图。

建筑详图是建筑细部构造的施工图，是建筑平、立、剖面图的补充。建筑详图其实就是一个重新设计的过程。平、立、剖面图是从总体上对建筑物进行的设计，建筑详图是在局部对建筑物进行的设计。图纸画出来最终是给施工人员看的，施工人员再按照图纸的要求进行施工。所以，任何需要表达清楚的地方，都要画出详图，否则施工人员会无从下手。至于各个专业之间的交接问题，以民用建筑为例，建筑专业画出平面图后（立面图、剖面图在提交时并不必须提供），向结构、电气、给水排水、暖通专业提交；结构、电气、给水排水、暖通专业收到后，根据要求进行各自的工作；完成布置图后，各自向建筑专业提交条件；建筑专业根据其他专业的反交接内容，完善自己的图纸；最后，在出图前，由相互交接的各专业进行会签确认。

图集是一种提高设计效率的工具。常见的构造详图一般有设计单位编制成的标准详图图集，很多详图都能够在图集中找到。在图集中对各个节点的做法都有详细的说明，并明确了其适用范围。在不需要改动的情况下，可以根据图集说明直接选用图集内容，只需在图纸中注明选用的图集名称、图集号、节点所在页码、页码中的节点编号即可；如果需要改动，可以参考图集中的相关内容进行节点绘制。在改动较小的情况下，在图纸中可以仅表示改动内容，其他的在说明中注明按照图集相关内容施工即可。

建筑平、立、剖面图一般用较小的比例，在这些图上难以表示清楚建筑物的某些部位（如阳台、雨水管等）和一些构造节点（如檐口、窗台、勒脚、明沟等）的形状、尺寸、材料。由此可见，建筑详图是建筑细部构造的施工图，是建筑平、剖、立面图等基本图纸的补充和深化，是建筑工程的细部施工、建筑构配件的制作和预算编制的依据。对于套用标准图或通用图的建筑构配件和节点，只要注明所套用图集的名称、型号和页次等符号，可不必再画详图。对于建筑构造节点详图，除了要在平、剖、立面图的有关部位绘注索引符号，还应在图上绘注详图符号和写明详图名称，以便对照查阅。对于建筑构配件详图，一般只要在所画的详图上写明该建筑构配件的名称和型号，不必在平、剖、立面图上绘索引符号。

建筑详图的特点是比例大，反映的内容详尽，常用的比例有 1∶50、1∶20、1∶10、1∶5、1∶2、1∶1 等。建筑详图一般包括局部构造详图（如楼梯详图、厨卫大样、墙身详图等）、构件详图（如门窗详图、阳台详图等）以及装饰构造详图（如墙裙构造详图、门窗套装饰构造详图等）三类详图。

建筑详图要求图示的内容清楚，尺寸标准齐全，文字说明详尽，一般应表达出构配件的详细构造，所用的各种材料及其规格，各部分的构造连接方法及其相对位置关系，各部位、各细部的详细尺寸，有关施工要求、构造层次及制作方法说明等。同时，建筑详图必须加注图名（或详图符号），详图符号应与被索引的图纸上的索引符号相对应，还要在详图符号的右下侧注写比例。对于套用标准图集或通用图集的建筑构配件或节点，只需注明所套用图集的名称、编号、页次等，可不必另画详图。

1）详图内容：

（1）详图名称、比例。

（2）详图符号、编号以及需另画详图时的索引符号。

（3）建筑构配件的形状以及与其他构配件的详细构造、层次、有关的详细尺寸和材料图例等。

（4）详细注明各部位和层次的用料、做法、颜色以及施工要求等。

（5）需要画上的定位轴线及其编号。

（6）要标注的标高等。

2）识图技巧：

（1）明确该详图与有关图的关系，根据所采用的索引符号、轴线编号、剖切符号等，明确该详图所示部分的位置，将局部构造与建筑物整体联系起来，形成完整的概念。

（2）识读建筑详图的时候，要细心研究，掌握有代表性的部位的构造特点，并灵活运用。

（3）一个建筑物由许多构配件组成，而它们多数属于相同类型，因此只要了解其中一个或两个的构造及尺寸，就可以类推其他构配件。

2. 楼梯详图

楼梯详图就是楼梯间平面图及其剖面图的放大图，它主要反映楼梯的类型、结构形式、各部位的尺寸及踏步、栏板等装饰做法。它是楼梯施工、放样的主要依据。

1）详图识图步骤：

（1）了解图名、比例。

（2）了解轴线编号和轴线尺寸。

（3）了解房屋的层数、楼梯梯段数、踏步数。

（4）了解楼梯的竖向尺寸和各处标高。

（5）了解踏步、扶手、栏板的详图索引符号。

2）详图识图示例：

示例一：某企业楼梯详图如图 1-29 和图 1-30 所示，识读步骤如下。

某企业楼梯平面图如图 1-29 所示。

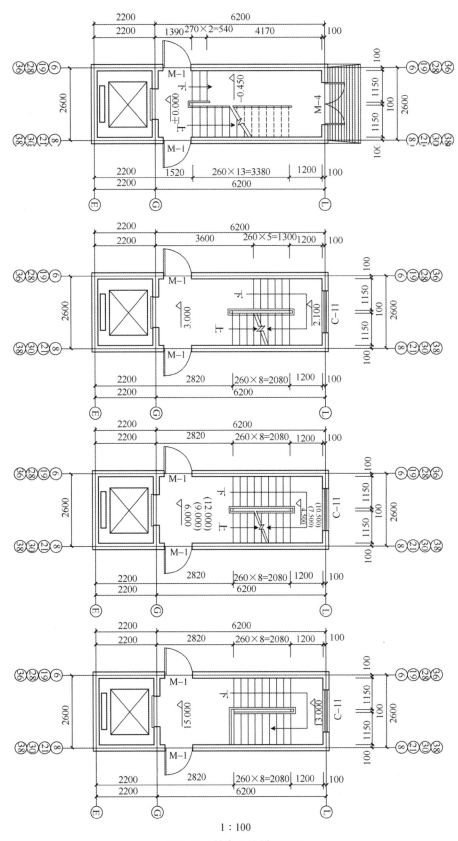

1 : 100

图 1-29　某企业楼梯平面图

（1）由楼梯平面图可知，此楼梯位于横向 ⑥~⑧（⑲~㉑、㉘~㉚、㊱~㊳）轴线、纵向 Ⓔ~Ⓛ轴线之间。

（2）该楼梯间平面为矩形与矩形的组合，上部分为楼梯间，下部分为电梯间。楼梯间的开间尺寸为 2600 mm，进深为 6200 mm。电梯间的开间尺寸为 2600 mm，进深为 2200 mm。楼梯间的踏步宽为 260 mm，踏步数一层为 14 级，二层以上均为 9+9=18 级。

（3）由各层平面图上的指示线，可看出楼梯的走向，第一个梯段最后一级踏步距Ⓛ轴 1300 mm。

（4）各楼层平面的标高在图中均已标出。

（5）中间层平面图既要画出剖切后的上行梯段（注有"上"字），又要画出该层下行的完整梯段（注有"下"字）。继续往下的另一个梯段有一部分投影可见，用 45° 折断线作为分界，与上行梯段组合成一个完整的梯段。各层平面图上所画的每一分格，表示一级踏面。平面图上梯段踏面投影数比梯段的步级数少 1，如平面图中往下走的第一段共有 14 级，而在平面图中只画有 13 格，梯段水平投影长为 260×13=3380 mm。

（6）楼梯间的墙厚为 200 mm；门的编号分别为 M-1、M-4；窗的编号为 C-11。门窗的规格、尺寸详见门窗表。

（7）找到楼梯剖面图在楼梯底层平面图中的剖切位置及投影方向。

某企业楼梯剖面图如图 1-30 所示。

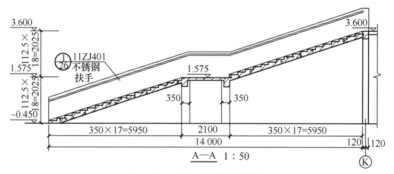

图 1-30 某企业楼梯剖面图

（1）由图 1-30 可知，比例为 1∶50。

（2）该剖面墙体轴线编号为 K，其轴线尺寸为 14 000 mm。

（3）该楼梯为室外公共楼梯，只有一层。它是由两个梯段和一个休息平台组成的。尺寸线上的"350×17=5950"表示每个梯段的踏步宽为 350 mm，由 17 级形成；高为 112.5 mm；中间休息平台宽为 2100 mm。

（4）图 1-30 的左侧注有每个梯段高"112.5×18=2025"，其中"18"表示踏步数，"112.5"表示踏步高，并且标出楼梯平台处的标高为 1.575 m。

（5）从剖面图中的索引符号可知，扶手、栏板和踏步均从标准图集 11ZJ401 中选用。

示例二：某宿舍楼楼梯详图如图 1-31~ 图 1-33 所示，识读步骤如下。

某宿舍楼楼梯平面图如图 1-31 所示。

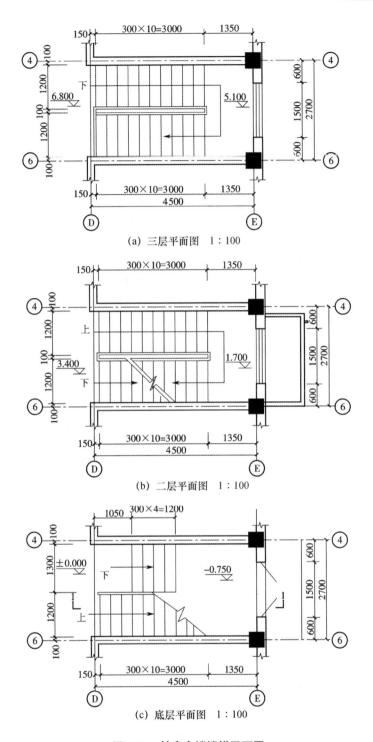

(a) 三层平面图 1:100

(b) 二层平面图 1:100

(c) 底层平面图 1:100

图 1-31 某宿舍楼楼梯平面图

（1）该宿舍楼楼梯平面图中，楼梯间的开间为 2700 mm，进深为 4500 mm。

（2）由于楼梯间与室内地面有高差，先上了 5 级台阶。每个梯段的宽度都是 1200 mm（底层除外），梯段长度为 3000 mm，每个梯段都有 10 个踏面，踏面宽度均为 300 mm。

（3）楼梯休息平台的宽度为 1350 mm，两个休息平台的高度分别为 1.700 m、

5.100 m。

（4）楼梯间窗户宽为 1500 mm。楼梯顶层悬空的一侧，有一段水平的安全栏杆。

某宿舍楼楼梯剖面图如图 1-32 所示。

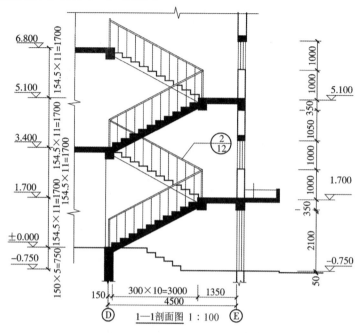

图 1-32 某宿舍楼楼梯剖面图

（1）从底层平面图中可以看出，该宿舍楼楼梯剖面图是从楼梯上行的第一个梯段剖切的。楼梯每层有两个梯段，每一个梯段有 11 级踏步，每级踏步高 154.5 mm，每个梯段高 1700 mm。

（2）楼梯间窗户和窗台高度都为 1000 mm。楼梯基础、楼梯梁等构件尺寸应查阅结构施工图。

某宿舍楼楼梯节点详图如图 1-33 所示。

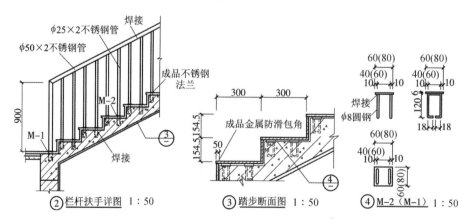

图 1-33 某宿舍楼楼梯踏步、栏杆、扶手详图

（1）楼梯的扶手高 900 mm，采用直径 50 mm、壁厚 2 mm 的不锈钢管，楼梯栏杆采

用直径 25 mm、壁厚 2 mm 的不锈钢管，每个踏步上放两根。

（2）扶手和栏杆采用焊接连接。

（3）楼梯踏步的做法一般与楼地面相同。踏步的防滑采用成品金属防滑包角。

（4）楼梯栏杆底部与踏步上的预埋件 M-1、M-2 焊接连接，连接后盖不锈钢法兰。

（5）预埋件详图用三面投影图表示出了预埋件的具体形状、尺寸、做法，括号内表示的是预埋件 M-1 的尺寸。

示例三：某培训楼楼梯详图如图 1-34～图 1-36 所示，识读步骤如下。

某培训楼楼梯平面图如图 1-34 所示。

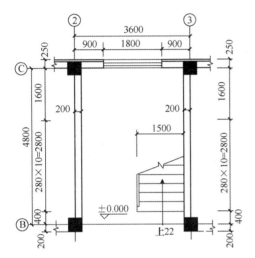

(a) 底层楼梯平面图 1∶50

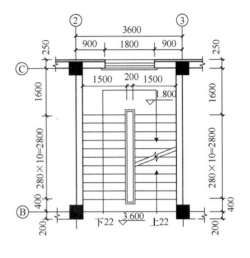

(b) 二层楼梯平面图 1∶50

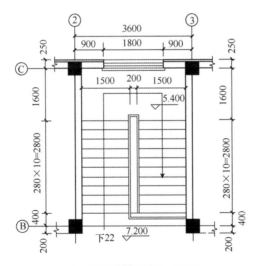

(c) 三层楼梯平面图 1∶50

图 1-34 某培训楼楼梯平面图

（1）底层楼梯平面图中有一个可见的梯段及护栏，并注有"上"字箭头。根据定位轴线的编号，从底层平面图中可知楼梯间的位置。从图中标出的楼梯间的轴线尺寸，可知该楼梯间的宽度为 3600 mm、深度为 4800 mm；外墙厚度为 250 mm，窗洞宽度为

1800 mm，内墙厚 200 mm。该楼梯为两跑楼梯，图中注有上行方向的箭头。

（2）"上22"表示由底层楼面到二层楼面的总踏步数为22。

（3）"280×10=2800"表示该梯段有10个踏面，每个踏面宽280 mm，梯段水平投影长为2800 mm。

（4）地面标高 ±0.000。

（5）二层平面图中有两个可见的梯段及护栏，因此平面图中既有上行梯段，又有下行梯段。注有"上22"的箭头，表示从二层楼面往上走22级踏步可到达三层楼面；注有"下22"的箭头，表示往下走22级踏步可到达底层楼面。

（6）因梯段最高一级踏面与平台面或楼面重合，因此平面图中每一梯段画出的踏面数都比步级数少一格。

（7）由于剖切平面在护栏上方，所以三层平面图中画有两段完整的梯段和楼梯平台，并只在梯口处标注一个下行的长箭头。下行22级踏步可到达二层楼面。

某培训楼楼梯剖面图如图1-35所示。

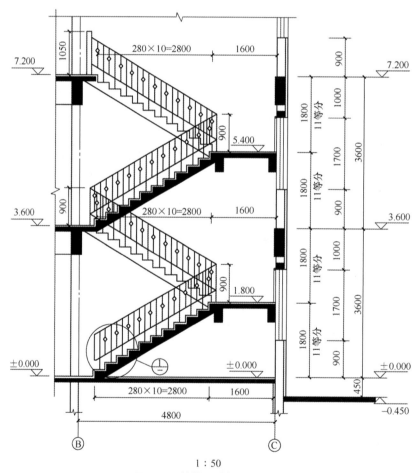

1 : 50

图 1-35　某培训楼楼梯剖面图

（1）从图中可知，该楼梯为现浇钢筋混凝土楼梯，双跑式。

（2）从楼层标高和定位轴线间的距离可知，该楼层高3600 mm，楼梯间进深为4800 mm。

（3）楼梯栏杆端部有索引符号，详图与楼梯剖面图在同一图纸上，详图为 1 图。被剖梯段的踏步数可从图中直接看出，未剖梯段的踏步级数未被遮挡也可直接看到，高度尺寸上已标出该段的踏步级数。

比如第一梯段的高度尺寸为 1800，该高度 11 等分，表示该梯段为 11 级，每个梯段的踢面高 163.64 mm，整跑梯段的垂直高度为 1800 mm。栏杆高度尺寸是从楼面量至扶手顶面，为 900 mm。

某培训楼楼梯节点详图如图 1-36 所示。

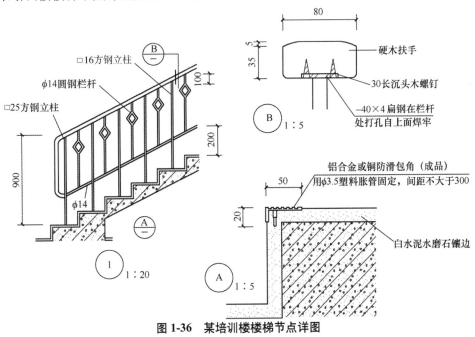

图 1-36　某培训楼楼梯节点详图

（1）从图中可以知道栏杆的构成材料，其中立柱材料有两种，端部为 25 mm×25 mm 的方钢，中间立柱为 16 mm×16 mm 的方钢，栏杆由直径 14 mm 的圆钢制成。

（2）扶手部位有详图Ⓑ，台阶部位有详图Ⓐ，这两个详图均与①详图在同一图纸上。

Ⓐ详图主要说明楼梯踏面为白水泥水磨石镶边，用成品铝合金或铜防滑包角，包角尺寸已给出，包角用直径 3.5 mm 的塑料胀管固定，两根胀管间距不大于 300 mm。

Ⓑ详图主要说明栏杆和扶手的材料为硬木、扶手的尺寸，以及扶手和栏杆的连接方式。栏杆顶部设 -40×4 的通长扁钢，扁钢在栏杆处打孔自上面焊牢。扶手和栏杆的连接方式为用 30 mm 长沉头木螺钉固定。

3. 厨卫详图

1）厨卫详图识图内容：

（1）了解建筑物的厕所、盥洗室、浴室的布置。

（2）了解卫生设备配置的数量规定，以及卫生用房的布置要求。

（3）了解卫生设备间距的规定。

2）厨卫详图识图步骤：

（1）注意厨卫大样图的比例选用。

（2）注意轴线位置及轴线间距。

（3）了解各项卫生设备的布置。

（4）了解标高及坡度。

3）厨卫详图识图示例：

示例一：某住宅小区厨卫大样图如图 1-37 所示，识读步骤如下。

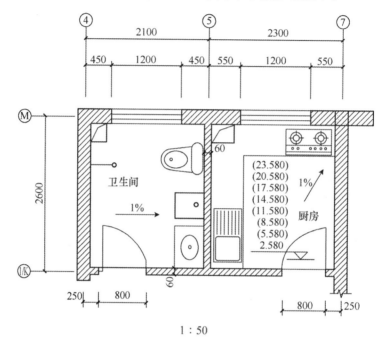

图 1-37　某住宅小区厨卫大样图

（1）位于左侧的是卫生间，门宽为 800 mm，与④轴线间距为 250 mm，轴线上的窗宽为 1200 mm，在④与⑤轴线间居中布置。房间进门沿⑤轴线依次布置的有洗脸盆、拖布池、坐便器，对面沿④轴线布置的有淋浴喷头，在④轴线和Ⓜ轴线交角的位置有卫生间排气道，可选用图集 2000YJ205 的做法。

（2）位于右侧的是厨房，门宽为 800 mm，与⑦轴线间距为 250 mm，窗宽为 1200 mm，在⑤与⑦轴线间居中布置，房间进门沿⑤轴线布置的有洗菜池，在Ⓜ轴线与⑦轴线交角的位置布置了煤气灶，对面沿⑤轴线和Ⓜ轴线交角的位置布置了厨房排烟道，排烟道根据建筑层数及其功能确定，也可选用图集 2000YJ205 的做法。

示例二：某公寓卫生间大样图如图 1-38 所示，识读步骤如下。

（1）卫生间隔间的宽度为 900 mm，深度为 1200 mm，符合规范关于隔间平面的尺寸要求。

（2）第一具洗脸盆与侧墙净距 550 mm，符合规范关于第一具洗脸盆与侧墙净距不应小于 0.55 m 的要求。

（3）洗脸盆的间距为 700 mm，符合规范不应小于 0.70 m 的要求。

（4）卫生间前室洗脸盆外沿对面墙 1250 mm，符合规范不应小于 1.25 m 的要求。

（5）男卫生间隔间至小便器间的挡板阀的距离为 2100 mm，符合规范关于单侧厕所隔间至对面小便器外沿的净距当采用外开门时不应小于 1.3 m 的要求。

（6）女卫生间两隔间的距离为 1560 mm，符合规范不应小于 1.30 m 的要求。

（7）卫生间地面符合规范关于厕所地面标高应略低于走道标高，并应有大于或等于 5% 的坡度坡向地漏或水沟的要求，卫生间地面标高 −0.020 m 略低于走道标高 ±0.000，有 1% 的坡度坡向地漏。

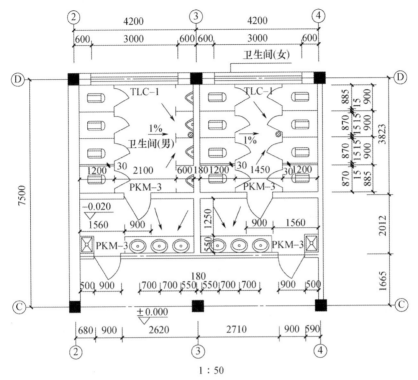

图 1-38　某公寓卫生间大样图

4. 门窗详图

门窗构造图有国家标准图集，在各地区也有相应的通用图供选用。建筑施工图中所用的门窗，如果采用标准的形式，可以直接选用相应的图集。

图集中有常用的样式，各种规格和材料的门窗可以直接选用。选用时，应标明图集的代号、选用的图集页码和具体节点。

1）门窗详图识图步骤：

（1）了解图名、比例。

（2）通过立面图与局部断面图，了解不同部位材料的形状、尺寸和一些五金配件及其相互间的构造关系。

（3）详图索引符号中的粗实线表示剖切位置，细的引出线表示剖视方向，引出线在粗线之左，表示向左观看；同理，引出线在粗线之下，表示向下观看。一般情况下，水平剖切的观看方向相当于平面图，竖直剖切的观看方向相当于左侧面图。

2）门窗详图识图示例：

示例一：某会议厅木窗详图如图 1-39 所示，识读步骤如下。

（1）该会议厅木窗详图中，列举的窗户型号分别为 C-4、C-7（C-8）、C-10。

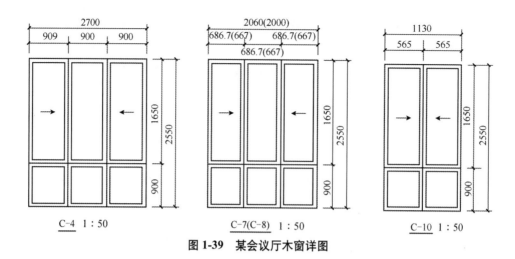

图 1-39 某会议厅木窗详图

（2）C-4 总高 2550 mm，分为两部分，上半部分高 1650 mm，下半部分高 900 mm。总宽为 2700 mm，分为三个相等的部分，每部分宽 900 mm。

（3）C-7（C-8）总高 2550 mm，分为两部分，上半部分高 1650 mm，下半部分高 900 mm。总宽为 2060 mm 或 2000 mm，分为三个相等的部分，每部分宽 686.7 mm 或 667 mm。

（4）C-10 的竖向分格和前面两个一样，总高也是 2550 mm，分为两部分。只是横向较窄，总宽 1130 mm，分为两部分，每格宽 565 mm。

示例二：某咖啡馆木门详图如图 1-40 和图 1-41 所示，识读步骤如下。

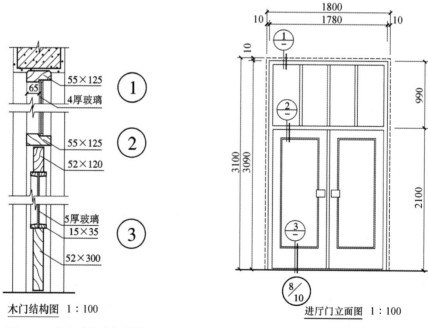

图 1-40 某咖啡馆木门结构图

图 1-41 某咖啡馆木门立面图

（1）该咖啡馆木门详图完整地表达出不同部位材料的形状、尺寸和一些五金配件及其相互间的构造关系。

（2）立面图最外围的虚线表示门洞的大小。

（3）木门分成上下两部分，上部固定，下部为双扇弹簧门。

（4）在木门与过梁及墙体之间有 10 mm 的安装间隙。

5.墙身详图

1）墙身详图识图步骤：

（1）了解图名、比例。

（2）了解墙体的厚度及其所属的定位轴线。

（3）了解屋面、楼面、地面的构造层次和做法。

（4）了解各部位的标高、高度方向的尺寸和墙身的细部尺寸。

（5）了解各层梁（过梁或圈梁）、板、窗台的位置及其与墙身的关系。

（6）了解檐口和墙身防水、防潮层处的构造做法。

2）墙身详图识图示例：

示例一：某办公楼外墙身详图如图 1-42 所示，识读步骤如下。

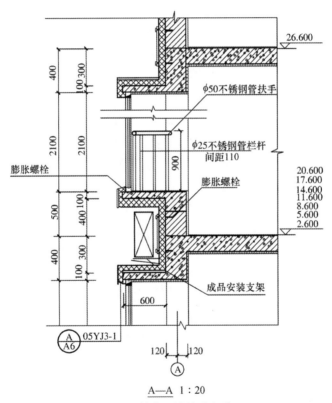

图 1-42　某办公楼外墙身详图

（1）该图为某办公楼外墙身详图，比例为 1：20。

（2）该办公楼外墙身详图适用于 Ⓐ 轴线上的墙身剖面，砖墙的厚度为 240 mm，居中布置（以定位轴线为中心，外侧为 120 mm，内侧也为 120 mm）。

（3）楼面、屋面均为现浇钢筋混凝土楼板构造。各构造层次的厚度、材料及做法，详见构造引出线上的文字说明。

（4）墙身详图应标注室内外地面、各层楼面、屋面、窗台、圈梁或过梁以及檐口等处的标高。同时，还应标注窗台、檐口等部位的高度尺寸和细部尺寸。在详图中，应画出抹灰和装饰构造线，并画出相应的材料图例。

（5）由墙身详图可知，窗过梁为现浇钢筋混凝土梁，门过梁由圈梁（沿房屋四周的外墙水平设置的连续封闭的钢筋混凝土梁）代替，楼板为现浇板，窗框位置在定位轴线处。

（6）从墙身详图中檐口处的索引符号，可以查出檐口的细部构造做法，把握好墙角防潮层处的做法，以及女儿墙上防水卷材与墙身交接处泛水的做法。

示例二：某住宅小区外墙身详图如图 1-43 所示，识读步骤如下。

（1）该图为某住宅小区外墙墙身的详图，比例为 1∶20。

（2）图中标示出正门处台阶的形式、台阶下部的处理方式，台阶顶面向外侧设置了 1% 的排水坡，防止雨水进入大厅。

（3）正门顶部有雨篷，雨篷的排水坡为 1%，雨篷上用防水砂浆抹面。

（4）正门门顶部位用聚苯板条塞实。

（5）一层楼面为现浇混凝土结构，做法见工程做法。

（6）从图中可知该楼房二楼、三楼楼面也为现浇混凝土结构，楼面做法见工程做法。

（7）外墙面最外层设置隔热层，窗台下外墙部分为加气混凝土墙，此部分墙厚 200 mm，窗台顶部设置矩形窗过梁，楼面下设 250 mm 厚混凝土梁，窗过梁至混凝土梁之间采用加气混凝土墙，外墙内面用 1∶2 水泥砂浆做 20 mm 厚的抹面。

（8）窗框和窗扇的形状和尺寸需另用详图表示，窗顶、窗底施工时均用聚苯板条塞实，窗顶设有滴水，室内窗帘盒做法需查找通用图集 05J7-1 第 68 页 5 详图。

（9）雨水管的位置和数量可从立面图或平面图中查到。

示例三：某厂房外墙身详图如图 1-44 所示，识读步骤如下。

（1）该图为某厂房外墙身详图，比例为 1∶20。

（2）该厂房外墙身详图由 3 个节点构成，从图中可以看出，基础墙为普通砖砌成，上部墙体为加气混凝土砌块砌成。

（3）在室内地面处有基础圈梁，在窗台上也有圈梁，一层窗台的圈梁上部凸出于墙面 60 mm，凸出部分高 100 mm。

（4）室外地坪标高 -0.800 m，室内地坪标高 ±0.000 m。窗台高 900 mm，窗户高 1850 mm，窗户上部的梁与楼板是一体的，屋顶与挑檐也构成一个整体。由于梁的尺寸比墙体小，在外面又贴了厚 50 mm 的聚苯板，可以起到保温的作用。

（5）室外散水、室内地面、楼面、屋面的做法是采用分层标注的形式表示的，当构件有多个层次构造时就采用此法表示。

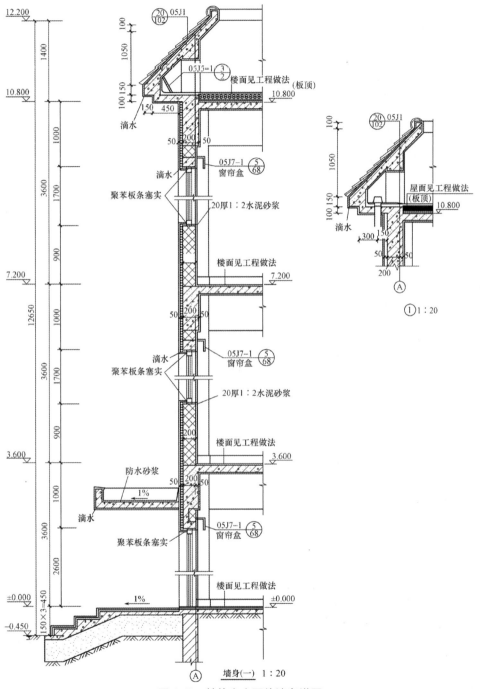

图 1-43 某住宅小区外墙身详图

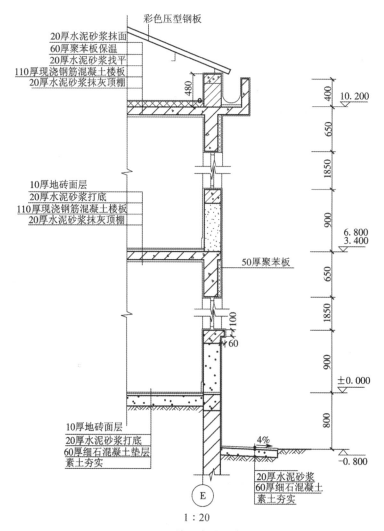

图 1-44　某厂房外墙身详图

识图小知识

门和窗的构造

　　门和窗是建筑不可缺少的构件。门和窗不但有实用价值，还有建筑装饰的作用。窗是房屋上阳光和空气流通的"口子"；门则主要是分隔房间的主要通道，当然也是空气和阳光要经过的通道"口子"。门和窗在建筑上还起到围护作用，起到安全保护、隔声、隔热、防寒、防风雨的作用。

　　门窗根据所用材料的不同分为木门窗、钢门窗、钢木组合门窗、铝合金门窗、塑钢门窗，还有铜门窗和不锈钢门窗，以及用玻璃做成的无框厚玻璃门窗等。

　　门窗构件与墙体的结合措施是：木门窗用木砖和钉子把门窗框固定在墙体上，然后用五金件把门窗扇安装上去；钢门窗是将铁脚（燕尾扁铁连接件）铸入墙上预留的小孔中，固定住钢门窗，钢门窗扇是将钢铰链用铆钉固定在框上的；安装铝合金门窗的框是把框上设置的安装金属条，用射钉固定到墙体上，门扇则用铝合金铆钉固定在框上，窗扇目前采用平移式为多，安装在框中预留的滑框内；塑料门窗的安装措施基本上与铝合金门窗相似；其他门窗也各有特定的办法与墙体相联结。

按照形式的不同，门可以分为夹板门、镶板门、半截玻璃门、拼板门、双扇门、联窗门、推拉门、平开大门、弹簧门、钢木大门、旋转门等，窗可以分为平开窗、推拉窗、中悬窗、上悬窗、下悬窗、立转窗、提拉窗、百叶窗、纱窗等。

根据所在位置的不同，门有围墙门、栅栏门、院门、大门（外门）、内门（房门、厨房门、厕所门）以及防盗门等，窗有外窗、内窗、高窗、通风窗、天窗、"老虎窗"等。

以单个的门窗构造来看，门由门框、门扇构成，门框又分为中贯档、门樘边梃等，门扇又分为上冒头、中冒头、下冒头、门梃、门板、玻璃芯子等。可参看图1-45。

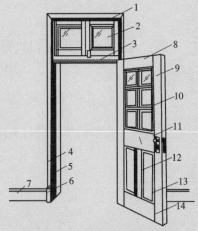

图1-45　木门的各部分名称

1—门樘冒头；2—亮子；3—中贯档；4—贴脸板；5—门樘边梃；6—墩子线；7—踢脚板；8—上冒头；9—边梃；10—玻璃芯子；11—中冒头；12—中梃；13—门肚板；14—下冒头

窗由窗框、窗扇构成。窗框由上冒头、中贯档、下冒头等构成。窗扇由窗扇边梃，窗扇的上、下冒头以及玻璃等构成。可参看图1-46。

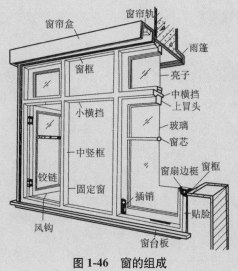

图1-46　窗的组成

第二章

建筑总平面图识读

第一节　建筑总平面图识读内容

一、图号及图名

总图的图号一般为"02"，总图图名应该是具体的项目名称。

首层平面图

扫码观看本视频

二、图线及图注

图线是指起点和终点间以任何方式连接的一种几何图形，形状可以是直线或曲线、连续或不连续线。

在总平面图中，表示由城市规划部门批准的土地使用范围的图线称为规划红线，一般采用红色的粗点画线表示，任何建筑物在设计施工时都不能超过此线。

新建建筑物用粗实线表示，原有建筑物用细实线表示，计划扩建的预留地或建筑物用中粗虚线表示，拆除的建筑物用细实线表示并在细实线上画叉。在新建建筑物的右上角用点数或数字表示层数。

施工图纸中的线型用途可参照表2-1。

表2-1　图线

名称		线型	线宽	用途
实线	粗	——————	b	（1）新建建筑物 ±0.000 高度可见轮廓线； （2）新建铁路、管线
	中	——————	$0.7b$ $0.5b$	（1）新建构筑物、道路、桥涵、边坡、围墙、运输设施的可见轮廓线； （2）原有标准规距铁路
	细	——————	$0.25b$	（1）新建建筑物 ±0.000 高度以上的可见建筑物、构筑物的轮廓线； （2）原有建筑物、构筑物、原有窄轨、铁路、道路、桥涵、围墙的可见轮廓线； （3）新建人行道、排水沟、坐标线、尺寸线、等高线

续表2-1

名称		线型	线宽	用途
虚线	粗	——————	b	新建建筑物、构筑物地下轮廓线
	中	——————	0.5b	计划预留扩建的建筑物、构筑物、铁路、道路、运输设施、管线、建筑红线及预留用地各线
	细	——————	0.25b	原有建筑物、构筑物、管线的地下轮廓线
单点长画线	粗	—·—·—·—	b	露天矿开采界限
	中	—·—·—·—	0.5b	土方填挖区的零点线
	细	—·—·—·—	0.25b	分水线、中心线、对称线、定位轴线
双点长画线	粗	—··—··—	b	用地红线
	中	—··—··—	0.7b	地下开采区塌落界限
	细	—··—··—	0.5b	建筑红线
折断线		——/\——	0.5b	断线
不规则曲线		～～～	0.5b	新建人工水体轮廓线

涉及景观设计的，一般建筑施工图设计人员会在图中说明"注：室外场地由甲方另行委托设计"。

三、单位

总图中的坐标、标高、距离宜以米（m）为单位，并应至少取至小数点后两位，不足时以"0"补齐。详图宜以毫米（mm）为单位，如不以 mm 为单位，应另加说明。建筑物、构筑物、铁路、道路方位角（或方向角）和铁路、道路转向角的度数，宜注写到"秒"，特殊情况应另加说明。铁路纵坡度宜以千分计，道路纵坡度、场地平整坡度、排水沟沟底纵坡度宜以百分计，并应取至小数点后一位，不足时以"0"补齐。

四、标高

建筑物某一部位与确定的水准基点之间的高差称为该部位的标高。在施工图中，建筑物的地面及主要部位的高度用标高表示。标高符号有几种不同的表现形式，如图 2-1 所示。标高以米（m）为单位，注写到小数点后三位数字；在总平面图中，可注至小数点后两位数字。

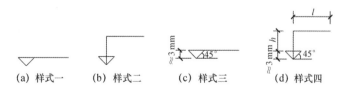

(a) 样式一　　(b) 样式二　　(c) 样式三　　(d) 样式四

图 2-1　标高符号及画法

1. 标高的种类

标高分为绝对标高和相对标高两种。

我国把山东省青岛附近的黄海平均海平面定为绝对标高的零点，其他各地标高均以此为基准。如：北京地区的绝对标高为 50 m 左右。

在总平面图中通常都采用绝对标高，一般需要标出室内地面的数值（即相对标高的零点）。这里应注意建筑物室内外采用的标高符号有些不同。

一套施工图需注明许多标高，如果都用绝对标高，数字就很烦琐，所以一般采用相对标高，通常把房屋首层室内主要地面定为相对标高的零点，写作"±0.000"，读作正负零点零零零，简称正负零。高于它的为"正"，但一般不注"+"符号；低于它的为"负"，必须注明符号"—"。

2. 标注的形式

标高符号的尖端应指至被注高度的位置，尖端一般应向下（如在图纸中书写困难也可向上），但标高数字应注写在标高符号的上侧或下侧，如图 2-2 所示。

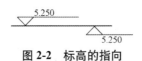

图 2-2　标高的指向

在图样的同一位置需表示几个不同标高时，应按照图 2-3 的形式进行注明。

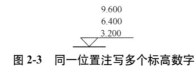

图 2-3　同一位置注写多个标高数字

五、比例

总平面图是整个建设区域由上向下按正投影的原理投影到水平投影面上得到的正投影图。总平面图用来表示一个工程所在位置的总体布置情况，是建筑物施工定位、土方施工以及绘制其他专业管线总平面图的依据。总平面图一般包括的区域较大，因此一般采用 1：300、1：500、1：1000、1：2000 等较小的比例绘制。在大多数实际工程中，总平面图经常采用 1：500 的比例。由于比例较小，故总平面图中的房屋、道路、绿化等内容无法按投影关系真实地反映出来，因此这些内容都用图例来表示。总平面图中常用图例表示，在实际中如果需要用自定图例，则应在图样上画出图例并注明其名称。

比例一般注写在图名的右侧，字的基准线取平；比例的字高比图名的字高小一号或两号，如图 2-4 所示。

平面图 1:100　⑥ 1:20

图 2-4　比例的注写

六、坐标

新建建筑物在总平面图中要清楚地定位。新建建筑物的定位一般采用两种方法：一是按原有建筑物或原有道路定位；二是按坐标定位。

拟建建筑和用地范围线的四角要标明坐标，待建建筑和已有建筑不用标。有些规划局要求拟建建筑上标明轴号，一般情况则不需要。

总平面图中的坐标分为测量坐标和施工坐标。

1）测量坐标：测量坐标是国家相关部门经过实际测量得到的画在地形图上的坐标网，

南北方向的轴线为 X，东西方向的轴线为 Y。

2）施工坐标：施工坐标是为了便于定位，将建筑区域的某一点作为原点，沿建筑物的横墙方向为 A 向、纵墙方向为 B 向的坐标网。

七、指北针及风向频率玫瑰图

在总平面图及首层的建筑平面图上，一般都绘有指北针，表示该建筑物的朝向。指北针的形状，如图 2-5（a）所示，其圆的直径宜为 24 mm，用细实线绘制；指针尾部的宽度宜为 3 mm，指针头部应注"北"或"N"字。需用较大直径绘制指北针时，指针尾部宽度宜为直径的 1/8。

风玫瑰是总平面图上用来表示该地区每年风向频率的标志。风向频率玫瑰图应根据当地实际气象资料，按东、南、西、北、东南、东北、西南、西北等 8 个（或 16 个）方向绘出。图中风向频率特征应采用不同图线绘在一起，实线表示年风向频率，虚线表示夏季风向频率，点画线表示冬季风向频率，θ 角为建筑物坐标轴与指北针的方向夹角，如图 2-5（b）所示。

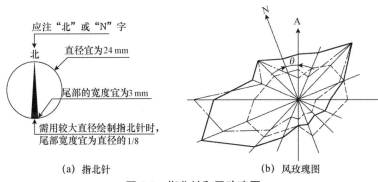

（a）指北针　　　　　　　　（b）风玫瑰图

图 2-5　指北针和风玫瑰图

八、等高线

整个建设区域及周围的地形情况、表示地面起伏变化通常用等高线表示，等高线是每隔一定高度的水平面与地形面交线的水平投影，并且在等高线上注写出其所在的高度值。等高线的间距越大，说明地面越平缓，等高线的间距越小，说明地面越陡峭。等高线上的数值由外向内越来越大表示地形凸起，等高线上的数值由外向内越来越小表示地形凹陷。整个建设区域所在位置、周围的道路情况、区域内部的道路情况。由于比例较小，总平面图中的道路只能表示出平面位置和宽度，不能作为道路施工的依据。

九、图例

在总平面图中，所表达的许多内容都用图例表示。在识读总平面图之前，应先熟悉这些图例。常见的总平面图图例见表 2-2。

表 2-2　总平面图图例

序号	名称	图例	备注
1	新建建筑物	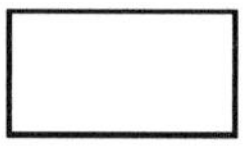	新建建筑物以粗实线表示与室外地坪相接处 ±0.000 外墙定位轮廓线
		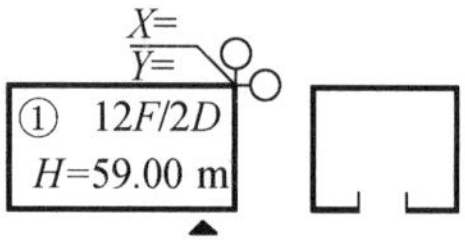 X=　Y=　① 12F/2D　H=59.00 m	建筑物一般以 ±0.000 高度处的外墙定位轴线交叉点坐标定位，轴线用细实线表示，并标明轴线号。根据不同设计阶段标注建筑编号，地上、地下层数，建筑高度，建筑出入口位置（两种表示方法均可，但同一图纸采用一种表示方法）
			地下建筑物以粗虚线表示轮廓
		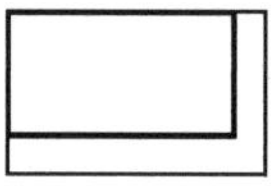	建筑上部（ ±0.000 以上）外挑建筑用细实线表示。建筑物上部轮廓用细虚线表示并标注位置
2	原有建筑物	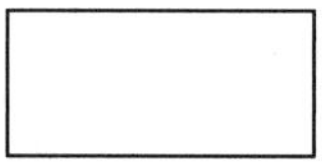	用细实线表示
3	计划扩建的预留地或建筑物		用中粗虚线表示
4	拆除的建筑物	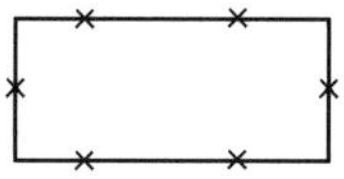	用细实线上打"×"表示
5	建筑物下面的通道	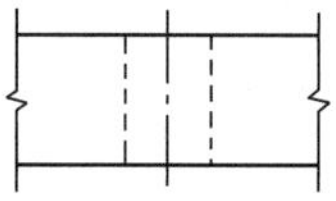	—
6	散状材料露天堆场	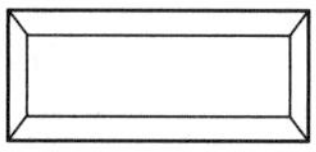	需要时可注明材料名称
7	其他材料露天堆场或露天作业场	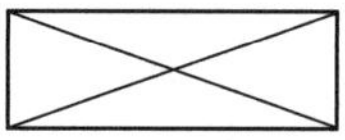	需要时可注明材料名称
8	铺砌场地	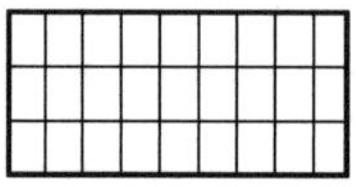	—
9	敞棚或敞廊	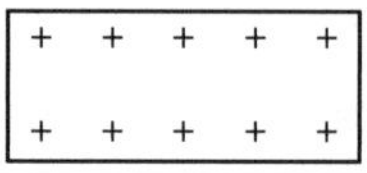	—
10	高架式料仓	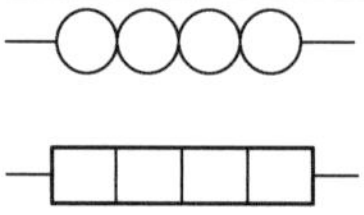	—

续表2-2

序号	名称	图例	备注
11	漏斗式贮仓		左图、右图为底卸式，中图为侧卸式
12	冷却塔（池）	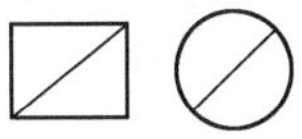	应注明冷却塔或冷却池
13	水塔、贮罐	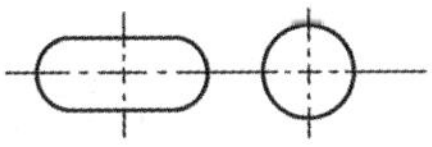	左图为卧式贮罐，右图为水塔或立式贮罐
14	水池、坑槽	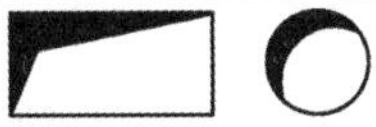	也可以不涂黑
15	明溜矿槽（井）	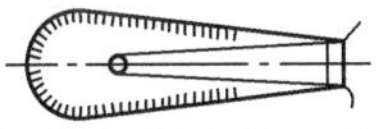	—
16	斜井或平硐	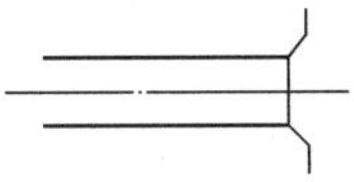	
17	烟囱		实线为烟囱下部直径，虚线为基础，必要时可注写烟囱高度和上、下口直径
18	围墙及大门	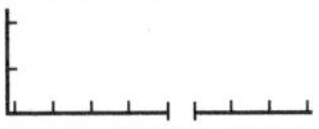	—
19	挡土墙	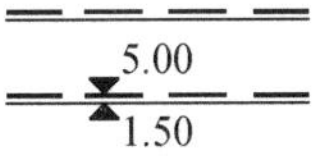 5.00 / 1.50	挡土墙根据不同设计阶段的需要标注：墙顶标高 / 墙底标高
20	挡土墙上设围墙		—
21	台阶及无障碍坡道	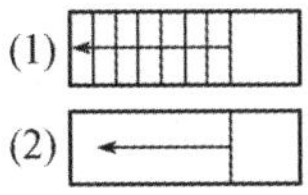 (1) (2)	（1）表示台阶（级数仅为示意）；（2）表示无障碍坡道
22	露天桥式起重机	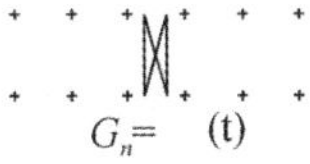 $G_n=$ (t)	起重机起重量 G_n（以 t 计算），"+"为柱子位置
23	电动葫芦起重机	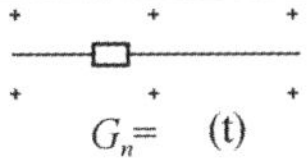 $G_n=$ (t)	起重机起重量 G_n（以 t 计算），"+"为支架位置
24	门式起重机	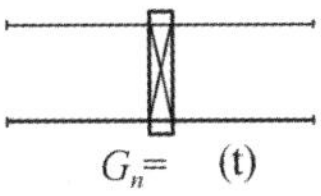 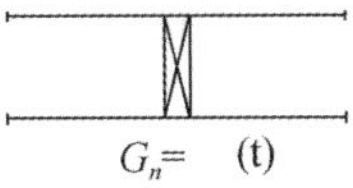 $G_n=$ (t) $G_n=$ (t)	起重机起重量 G_n（以 t 计算），上图表示有外伸臂，下图表示无外伸臂
25	架空索道		"I"为支架位置
26	斜坡卷扬机道		—
27	斜坡栈桥（皮带廊等）	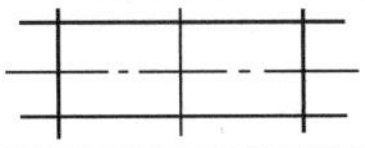	细实线表示支架中心线位置

识图小知识

总尺寸简介

表示组合体的总长、总宽和总高的尺寸，称为总尺寸。如图1-9中组合体的总宽、总高尺寸均为30，它的总长尺寸应为长方体的长度尺寸30和半圆柱体的半径尺寸15之和为45，但由于一般尺寸不应标注到圆柱的外形素线处，本图中的总长尺寸不必另行标注。

当基本几何体的定型尺寸与组合体总尺寸的数字相同时，两者的尺寸合二为一，因而不必重复标注。如图1-9中的总宽尺寸30。

图2-6为钢屋架支座节点的尺寸标注，读者可运用形体分析来区分其定形、定位和总尺寸。

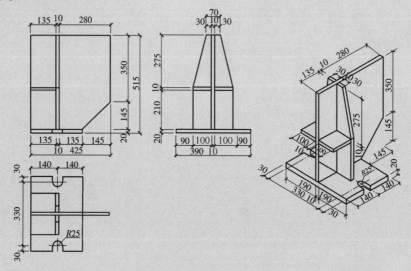

(a) 视图　　　　　　　　　　　　　　(b) 轴测示意图

图 2-6　钢屋架支座节点的尺寸标注

图2-7所示为楼梯梯段的尺寸标注。在平面图中，最上一级踏步的踏面与平台面重合，因此在画平面图时须注意梯段的踏面格数要比该梯段的踏步级数少一。踏步尺寸的习惯注法如8×150=1200等，是踏步定形尺寸与踏步总高尺寸合二为一的注法，给读图带来了方便。立面图中梯段斜板的厚度尺寸是垂直于斜面的，如图中的100。此外，梯段斜底面两端部产生的交线（平面图中的虚线）由作图确定，故在视图中不必标注定位尺寸。

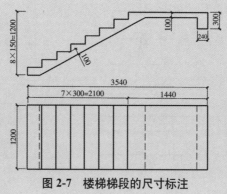

图 2-7　楼梯梯段的尺寸标注

第二节　建筑总平面图识读实例

实例一：某学校宿舍区总平面图如图 2-8 所示。

由某学校宿舍区总平面图可以得到以下信息：

1）该图为某学校宿舍区总平面图，制图比例为 1∶500。

2）Ⅰ、Ⅱ、Ⅲ、Ⅳ号宿舍楼及食堂为新建建筑，轮廓线用粗实线表示。图中的已建建筑有三栋，在图中的左侧位置，轮廓线用细实线表示。图中需拆除的建筑有一栋，在图纸的中间位置处，轮廓线用细线表示并且在四周画了"×"。图中的拟建建筑有一处，在图纸的左下角，用细虚线表示。

3）除准备拆除的宿舍楼外，所有已建和新建的宿舍楼及餐饮楼的朝向均一致，为坐北朝南。该地区全年以西北风为主导风向。

4）Ⅰ、Ⅳ号新建宿舍楼的标高为 45.50 m，Ⅱ号新建宿舍楼的标高为 45.00 m，Ⅲ号新建宿舍楼的标高为 44.50 m。食堂的标高为 44.80 m。

5）Ⅰ、Ⅱ、Ⅲ、Ⅳ号新建宿舍楼的长度为 39.2 m，宽度为 7.5 m，东西间距为 8 m，南北间距为 12 m。

6）Ⅳ号新建宿舍楼右上角的坐标为：X=13 805，Y=43 896，可以用于其他建筑的定位。

7）食堂为单层建筑，Ⅰ、Ⅱ、Ⅲ、Ⅳ号新建宿舍楼都为多层建筑，层数为 4 层。

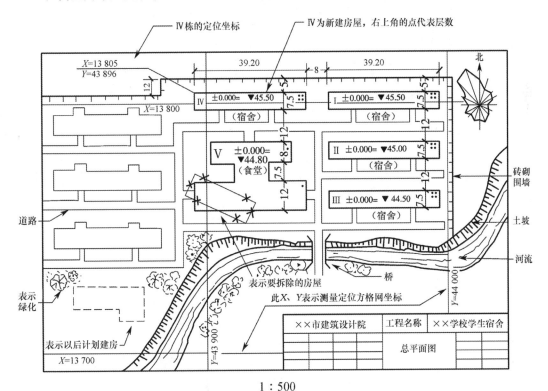

1∶500

图 2-8　某学校宿舍区总平面图

实例二：某师范学院总平面图如图 2-9 所示。

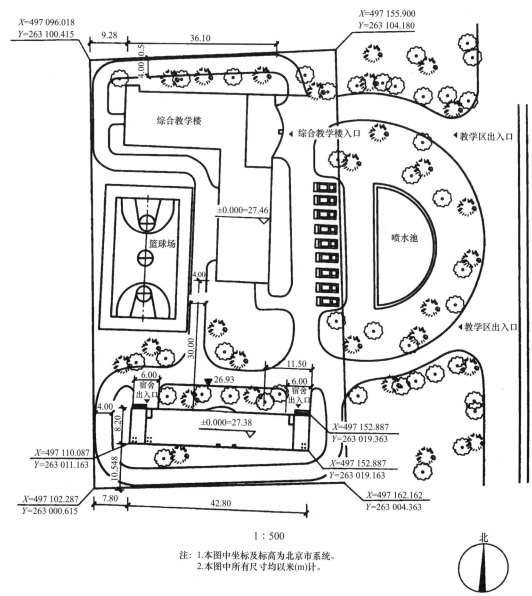

1：500

注：1. 本图中坐标及标高为北京市系统。
    2. 本图中所有尺寸均以米(m)计。

图 2-9 某师范学院总平面图

由某师范学院总平面图可以得到以下信息：

1）图中粗实线所示图样为新建宿舍楼，一字形，总长为 42.80 m，总宽为 8.20 m，中间主楼部分为 3 层，两端附属为 4 层。

2）从指北针的方向可知，宿舍楼的出入口在北立面。

3）新建宿舍楼采用坐标定位，分别给出三个角的坐标。

4）室外地坪标高为 26.93 m，室内标高为 27.38 m，室内外高差为 0.45 m。

5）新建宿舍楼的北侧有教学楼和篮球场等，都为已建建筑。

6）附注说明了坐标及标高的标准，及图中的尺寸单位。

实例三：某学校培训基地总平面图如图 2-10 所示。

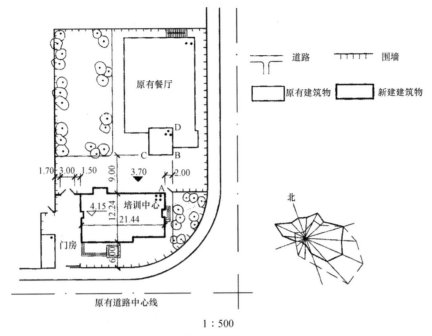

1：500

图 2-10　某学校培训基地总平面图

由某学校培训基地总平面图可以得到以下信息：

1）培训中心的西北方和正东方为绿地。

2）培训基地的四周均设有围墙，围墙外的粗实线为道路边线，道路边线外的细点画线为道路的中心线。

3）培训中心为新建建筑，轮廓线用粗实线表示；餐厅为已建建筑，轮廓线用细实线表示。

4）培训中心的朝向为坐北朝南。该地区全年风以西北风和东南风为主导风向。

5）培训中心的室内地面标高为 4.15 m，室外标高为 3.70 m。

6）培训中心的长度为 21.44 m，宽度为 12.24 m，可以算出占地面积为 262.4256 m^2。

7）培训中心为 4 层；原有餐厅主体部分为 2 层，组合体部分为 3 层。

实例四：滨河路小区总平面图如图 2-11 所示。

由滨河路小区总平面图可以得到以下信息：

1）图中的物业楼为新建建筑，轮廓线用粗实线表示。五栋住宅楼都为已建建筑，轮廓线为细实线。

2）五栋住宅楼的朝向一致，均为坐北朝南。该地区全年风以西北风和东南风为主导风向。

3）物业楼的室内地面标高为 73.25 m，室外标高为 72.80 m，底层地面与室外地面高差为 0.45 m。

4）物业楼的长度为 32.9 m，宽度为 12.00 m，可以算出占地面积为 394.8 m^2。

5）新建的物业楼楼层数为 3 层；已建的五栋住宅楼中，其中一栋住宅楼的层数为 6 层，另外一栋住宅楼的层数为 11 层，其余三栋住宅楼的层数为 3 层。

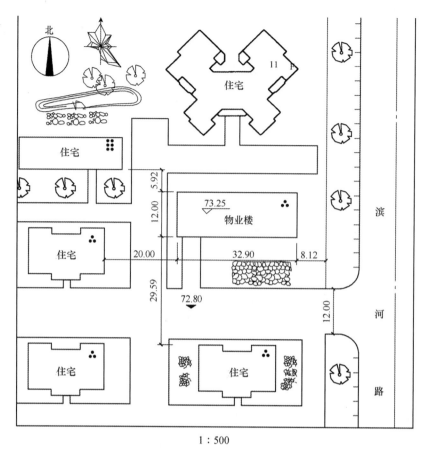

图 2-11 滨河路小区总平面图

实例五：某企业园区的局部总平面图如图 2-12 所示。

由某企业园区的局部总平面图可以得到以下信息：

1）三栋专家业务楼都是新建建筑，轮廓线用粗实线表示。综合服务楼和锅炉房为已建建筑，轮廓线用细实线表示。

2）该围墙的南侧和西侧为用地红线，小区内布置有绿地和道路，锅炉房的西北角为散装材料露天堆场。

3）三栋专家业务楼的朝向一致，均为坐北朝南。该地区全年风以西北风和东南风为主导风向。

4）专家业务楼的室内地面标高为 29.32 m，室外标高为 28.52 m。

5）三栋专家业务楼的长度均为 22.70 m，宽度均为 12.20 m。

6）在企业园区的西北角和西南角给出了两个坐标，用于三栋专家业务楼的定位。

7）新建的三栋专家业务楼的层数均为 4 层；已建的综合服务楼的层数为 2 层，锅炉房则为单层建筑。

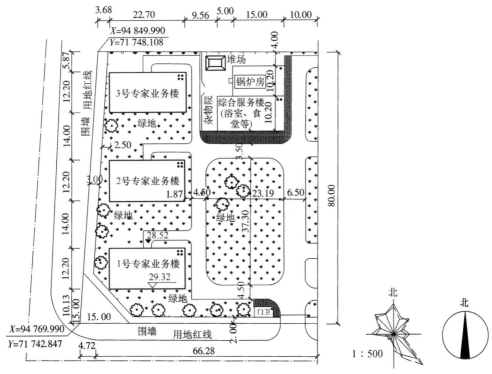

图 2-12 某企业园区的局部总平面图

实例六：某学校校区的总平面图如图 2-13 所示。

由某学校校区的总平面图可以得到以下信息：

1）由图名可知，该图是某学校校区的总平面图，比例为 1：500。

2）图中已有建筑为学生宿舍 A、学生宿舍 B、教工住宅、办公楼 A、综合楼、停车场、餐厅、绿化等。

3）该学校校区常年主导风向是西北风，夏季主导风向是东南风。

4）图中画出了新建办公楼 B 的平面形状为左右对称，朝向正南，东西向总长 25.2 m，南北向总宽 13.14 m，共 3 层。房屋的位置可用定位尺寸或坐标确定，从图中可以看出，这幢新建办公楼 B 在校区的东北角，其位置以原有的教工住宅定位，西墙与教工住宅的西墙对齐，南墙与教工住宅的北墙相距 21 m。它的底层室内地面的绝对标高为 145.05 m，室外地面的绝对标高为 146.05 m，室外地面高出室内地面 1.00 m。

5）在新建办公楼 B 的西北面是一绿化地和餐厅，西面有一幢待拆除的办公楼，南面有一幢 6 层的教工住宅楼。校区的最南边是花园、综合楼和学生宿舍，最西边是篮球场和拟建学生宿舍 C 的预留地。沿东、南、北三面墙边有 1.5 m 宽的树木和草地绿化带，该校区有道路与学校的其他校区相通。

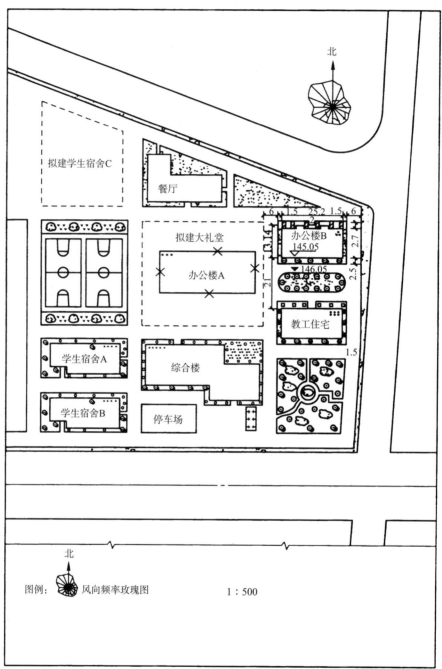

图 2-13　某学校校区总平面图

识图小知识

阳台的构造

阳台在住宅建筑中是不可缺少的部分。它是居住在楼层上的人们的室外空间。人们有了这个空间可以在其上晒晾衣服、种栽盆景、乘凉休闲，也是房屋使用的一部分。阳台分为挑出式和凹进式两种，一般以挑出式为好。目前挑出部分用钢筋混凝土材料做成，它由栏杆、扶手、排水口等组成。图2-14是一个挑出阳台的侧面形状。

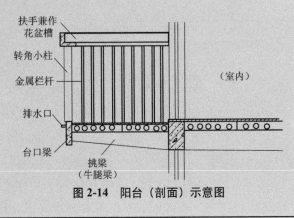

图2-14 阳台（剖面）示意图

第三章

建筑平面图识读

第一节 建筑平面图识读内容

一、图号及图名

沿底层门窗洞口剖切得到的平面图称为底层平面图,又称为首层平面图或一层平面图。沿二层门窗洞口剖切得到的平面图称为二层平面图。若房屋的中间层相同则用同一个平面图表示,称为标准层平面图。沿最高一层门窗洞口将房屋切开得到的平面图称为顶层平面图。将房屋的屋顶直接做水平投影得到的平面图称为屋顶平面图。有的建筑物还有地下室平面图和设备层平面图等。

三层平面图

扫码观看本视频

二、尺寸及标高

相邻定位轴线之间的距离,横向的称为开间,纵向的称为进深。从平面图中的定位轴线可以看出墙(或柱)的布置情况。从总轴线尺寸的标注,可以看出建筑的总宽度、总长度等情况。从各部分尺寸的标注,可以看出各房间的开间、进深、门窗位置等情况。此外,从某些局部尺寸还可以看出如墙厚、台阶、散水的尺寸,以及室内外等处的标高。

从定位轴线的编号及间距,还可以了解各承重构件的位置及房间大小,以便施工时放线定位。

建筑工程上常将室外地坪以上的第一层(即底层)室内平面处标高定为零标高,即±0.000 标高处。以零标高为界,地下层平面标高为负值,标准层以上标高为正值。

三、比例

建筑平面图经常采用 1∶50、1∶100、1∶150 的比例绘制,其中 1∶100 的比例最为常用。

四、门窗位置及编号

在建筑平面图中,绝大部分的房间都有门窗,应根据平面图中标注的尺寸确定门窗的水平位置，然后结合立面图确定窗台和窗户的高度。有些位置的高窗，还注明有窗台离地的高度。这些尺寸，都是确定门窗位置的主要依据。门窗按国家标准规定的图例绘制，在图例旁边注写门窗代号，M 表示门，C 表示窗，通常按顺序用不同的编号编写为 M-1、M-2、C-1、C-2 等。有些特殊的门窗有特殊的编号。门窗的类型、制作材料等应以列表的方式表达。

五、屋面排水及布置要点

建筑的屋面分为平屋面和坡屋面，它们的排水方法有很大不同。坡屋面因为坡度较大，一般采用无组织排水即自由落水（即不用再进行任何处理，水会顺着坡度自高向低流下）。有些坡屋面建筑在下檐口会设有檐沟，使坡面上的水流进檐沟，并在其内填 0.5%~1% 的纵坡，使雨水集中到雨水口再通过落水管流到地面，或排到地下排水管网，这称为有组织排水。别墅的设计中常采用这种方法。读图的时候，应根据实际情况来看屋面的排水。平屋面的排水较为复杂，它常通过材料找坡的方式，即由轻质的垫坡材料形成。上人屋面平屋顶材料找坡的坡度为 2%~3%，不上人屋面一般做找坡层的厚度最薄处不小于 20 mm。识读平屋面的排水图时，应注意排水坡度、排水分区、落水管的位置等要点。

六、文字说明

在建筑平面图中，有些内容通过绘图方式不能表达清楚或过于烦琐的，设计者会通过文字的方式在图纸的下方加以说明。读图的时候，结合文字说明看建筑平面图才能更深入地了解建筑。

除了以上内容外，文字说明还包括剖面图的符号、指北针（仅在建筑平面图上标注）、楼梯的位置及梯段的走向与级数等。

七、组合示意图

建筑物平面图应注写房间的名称和编号，编号注写在直径为 6 mm、以细实线绘制的圆圈内，并在同张图纸上列出房间的名称表。平面较大的建筑物，可分区绘制平面图，但每张平面图均应绘制组合示意图。各区应分别用大写拉丁字母编号。在组合示意图中要提示的分区，应采用阴影线或填充的方式来表示。为表示室内立面在平面图上的位置，应在平面图上用内视符号注明视点的位置、方向及立面编号。符号中的圆圈应用细实线绘制，根据图面比例，圆圈的直径可选择 8~12 mm。立面编号宜用大写拉丁字母或阿拉伯数字。

八、剖面位置、细部构造及详图索引

平面图是用一个假想的水平面把一栋房屋横向切开形成的。这个切开面的位置很重要，切得高和切得低形成的平面图会有很大差别。建筑工程上将其定在房屋的窗台以上部分但又不能超过窗顶的位置，这样平面图上就能将门窗的位置很清楚地显现出来。由于平面图的比例较小，某些复杂部位的细部构造就不能很明确地表示出来。因此，常通过详图索引的方式，将复杂部位的细部构造另外画出，放大比例，以更好地表达设计的思想。看图的时候，可以通过详图索引指向的位置找到相应的详图，再对照平面图，去理解建筑的真正构造。有时在图纸空间足够时，该平面图旁会出现一些细部节点详图。

九、定位轴线

1）定位轴线应用细单点长画线绘制。

2）定位轴线应编号，编号应注写在轴线端部的圆内。圆应用细实线绘制，直径为8~10 mm。定位轴线圆的圆心应在定位轴线的延长线上或延长线的折线上。

3）除较复杂需采用分区编号或圆形、折线形外，平面图上定位轴线的编号，宜标注在图样的下方或左侧。横向编号应用阿拉伯数字，从左至右顺序编写；竖向编号应用大写拉丁字母，从下至上顺序编写，如图 3-1 所示。

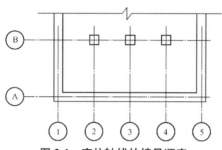

图 3-1　定位轴线的编号顺序

4）拉丁字母作为轴线编号时，应全部采用大写字母，不应用同一个字母的大小写来区分轴线号。拉丁字母的 I、O、Z 不得用作轴线编号，当字母数量不够使用时，可增用双字母或单字母加数字注脚。

5）组合较复杂的平面图中，定位轴线也可采用分区编号，如图 3-2 所示。编号的注写形式应为"分区号－该分区编号"。"分区号－该分区编号"采用阿拉伯数字或大写拉丁字母表示。

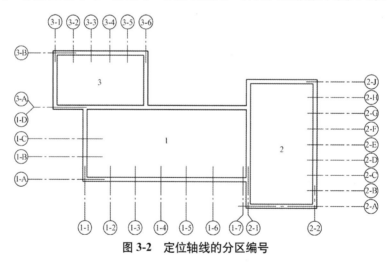

图 3-2　定位轴线的分区编号

6）附加定位轴线的编号，应以分数形式表示，并应符合下列规定：

（1）两根轴线的附加轴线，应以分母表示前一轴线的编号，分子表示附加轴线的编号。编号宜用阿拉伯数字顺序编写。

（2）1 号轴线或 A 号轴线之前的附加轴线的分母应以 01 或 0A 表示。

十、图例

建筑构造及配件部分图例见表 3-1。

表 3-1　建筑构造及配件部分图例

名称	图例	备注
墙体	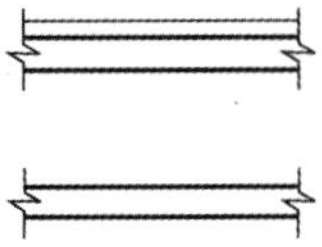	1. 上图为外墙，下图为内墙； 2. 外墙细线表示有保温层或有幕墙； 3. 应加注文字或涂色或图案填充表示各种材料的墙体； 4. 在各层平面图中，防火墙宜着重以特殊图案填充表示
隔断		1. 加注文字或涂色或图案填充表示各种材料的轻质隔断； 2. 适用于到顶与不到顶隔断
玻璃幕墙		幕墙龙骨是否表示由项目设计决定
栏杆		—
楼梯	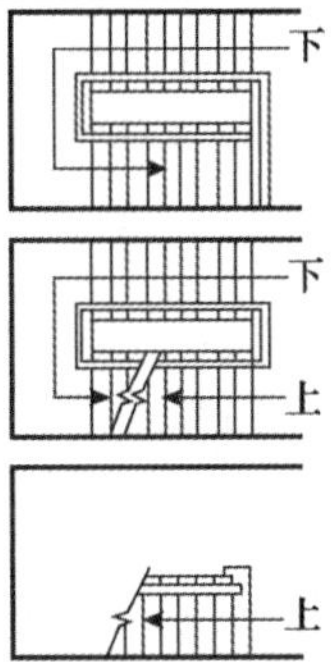	1. 上图为顶层楼梯平面，中图为中间层楼梯平面，下图为底层楼梯平面； 2. 需设置靠墙扶手或中间扶手时，应在图中表示
坡道	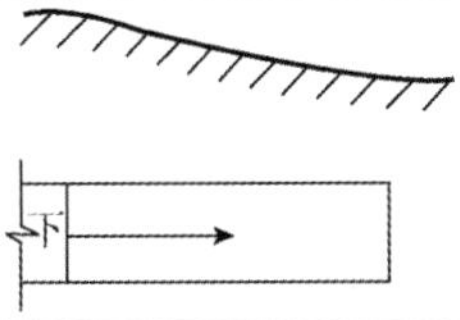	长坡道
门口坡道	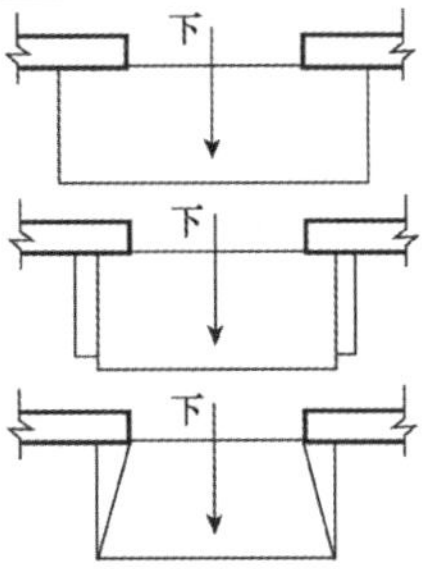	上图为两侧垂直的门口坡道，中图为有挡墙的门口坡道，下图为两侧找坡的门口坡道
台阶	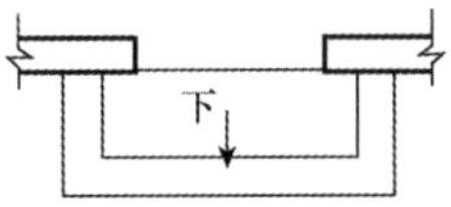	—
平面高差	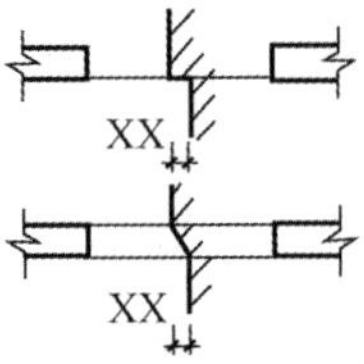	用于高差小的地面或楼面交接处，并应与门的开启方向协调

名称	图例	备注
检查口		左图为可见检查口，右图为不可见检查口
孔洞		阴影部分亦可填充灰度或涂色代替
坑槽		—
墙预留洞、槽	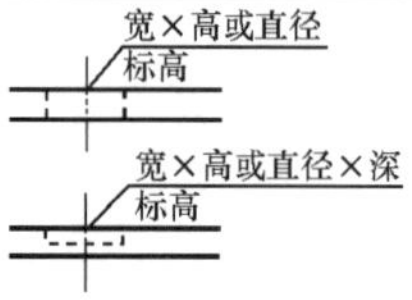 宽×高或直径 标高 宽×高或直径×深 标高	1. 上图为预留洞，下图为预留槽； 2. 平面以洞（槽）中心定位； 3. 标高以洞（槽）底或中心定位； 4. 宜以涂色区别墙体和预留洞（槽）
立转窗	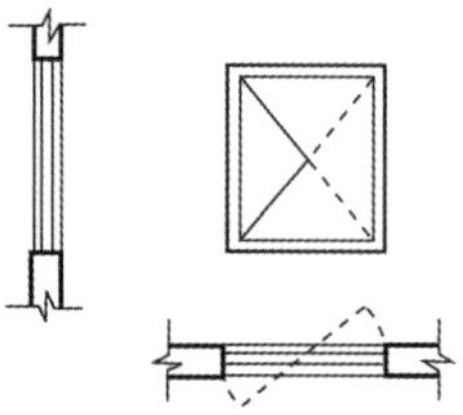	1. 窗的名称代号用 C 表示； 2. 平面图中，下为外，上为内； 3. 立面图中，开启线实线为外开，虚线为内开；开启线交角的一侧为安装合页一侧；开启线在建筑立面图中可不表示，在门窗立面大样图中需绘出； 4. 剖面图中，左为外，右为内；虚线仅表示开启方向，项目设计不表示； 5. 附加纱窗应以文字说明，在平、立、剖面图中均不表示； 6. 立面形式应按实际情况绘制

🏠 识图小知识

读图的方法

1. 形体分析法

使用形体分析法读图时，需根据视图的特点，把视图按封闭的线框分解成几个部分，每一部分按线框的投影关系，分离出组合体各组成部分的投影，想象出由这些线框所表示的基本几何体的形状和它们之间的组合关系，最后综合想象出物体的完整形状。

读图时，一般以最能反映物体形状特征的主视图为中心，把相应的视图联系起来看，才能准确地、较快地确定物体的空间形状。

2. 线面分析法

即从"线"和"面"的角度去分析物体的形成。因为每一基本几何体都是由面（平面或曲面）组成的，而面又是由线段（直线或曲线）所组成的。在阅读较复杂形体的视图时，往往还需要对组成视图的某些线条进行具体分析。

线面分析法的特点和要求，就是要看懂视图上有关线框和图线的意义，这就需要熟练掌握各种位置的线、面的投影特点，并根据投影想象出空间物体的形状和位置。

　　形体分析和线面分析这两种读图方法是相辅相成、紧密联系的。一般以形体分析法为主，只有当物体的某个局部不易看懂时，才运用线面分析法进一步分析线、面的投影含义及相互关系，以利于看懂其形状。最后根据想象出的组合体，逐一反画出它的视图，并与已知视图相对照，来检验想象的正确性。

　　以图 3-3（a）中的组合体的三个视图为例，来说明读图的方法。

　　正面图中由实线表示的三个独立的四边形 A_2、B_2 和 C_2。由正面图内下方的矩形 A_2，在平面图和左侧面图中对应的亦是矩形 A_1 和 A_3，可知组合体的下方是一个长方体。

　　又因正面图中左方的矩形 B_2 所对应的 B_1 和 B_3 均是矩形，可知 B 也是一个长方体。

　　正面图中右方实线 C_2 所示的是一个梯形，对应的 C_3 是一个矩形，故可能是一个四棱柱，对应的平面图是两个相交的 U 形图形，中间有一个矩形 D_1。而对应于 D_1 的正面图和左侧面图是虚线围成的梯形 D_2 和矩形 D_3，故 D 是一个四棱柱。因而 C 是由一个四棱柱在右上方挖去一个小的四棱柱 D 后所形成的形体。因挖去了 D，使 C 的右上方棱线 E_1 被中断，因而 E_1 也是中断的。直线 F 为 D 的底面与 C 的右侧面的交线。

　　上述四个几何体的形状，如图 3-3（b）所示，于是形成一个如图 3-3（c）所示的组合体。

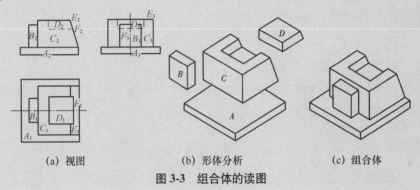

(a) 视图　　　　　　(b) 形体分析　　　　　(c) 组合体

图 3-3　组合体的读图

　　由已知的两个视图，补画出第三个视图，称为二补三。它可以检验读图的正确性。因为只有在想象出两视图所表示的物体空间形状后，才能准确无误地补画第三个视图。

　　若已知图 3-4 中的主视图和俯视图，要求补画出它的左视图。

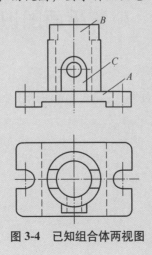

图 3-4　已知组合体两视图

根据形体分析，可将主视图中的投影分成三个主要线框A、B、C，作为组成该组合体的三个部分在主视图中的投影；然后分别找出它们在俯视图中的对应投影，并逐个想象出它们的形状；最后根据相对位置综合想象出组合体的形状并补画出左视图。

在图3-4中，根据A的两个已知投影，可想象出A是一块四周有圆角、左右两侧在前后对称处各开了一个U形槽的长方形底板，在底板的中下部挖去了一个扁四棱柱体，板的中心有一直径与形体B圆筒内径相同的通孔。

同理，根据B、C的两个已知投影，可分别想象出B是一个在顶部开有左、右通槽的直立圆筒，C是由四棱柱体和半圆柱体相接组成的且在交接处开有通孔的凸台。综合想象出的组合体如图3-5中立体图所示。

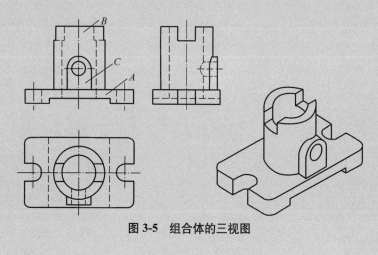

图3-5　组合体的三视图

第二节　建筑平面图识读实例

实例：某政府办公楼平面图如图3-6~图3-8所示，共3张。

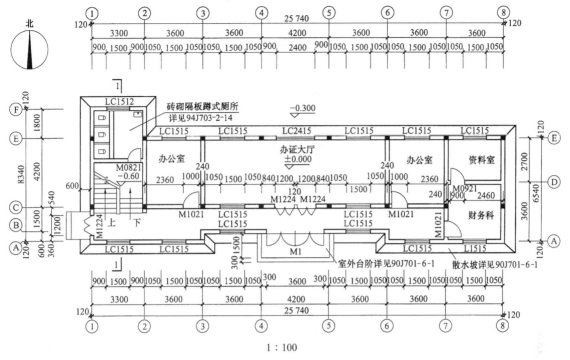

1 : 100

图 3-6　某政府办公楼一层平面图

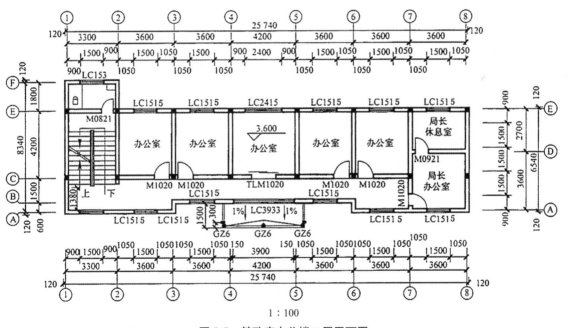

1 : 100

图 3-7　某政府办公楼二层平面图

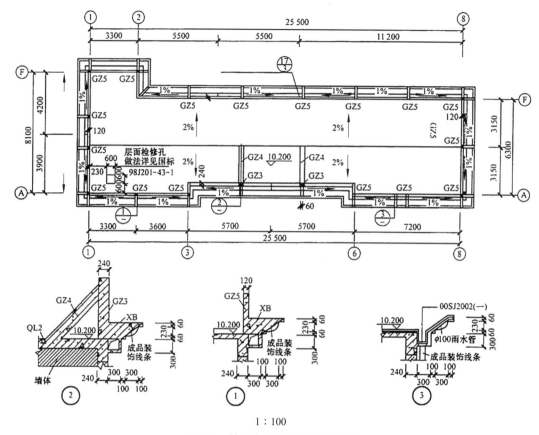

1 : 100

图 3-8　某政府办公楼屋顶平面图

1）由一层平面图可以得到以下信息：

（1）该图为一层平面图。平面形状基本为长方形。通过看图左上角的指北针，可知平面的下方为房屋的南向，即房屋为坐北朝南。

（2）建筑物室内地面标高为 ±0.000，室外地坪标高为 −0.300，表明了室内外地面的高度差值为 0.3 m。

（3）从墙（或柱）的位置、房间的名称，了解各房间的用途、数量及其相互间的组合情况。该建筑有办证大厅、办公室、资料室、财务科等房间，采用走廊将其连接起来。一个出入口在房屋南面的中部，楼梯在走廊的左端。

（4）根据轴线定位置。根据定位轴线的编号及其间距，了解各承重构件的位置和房间的大小。

（5）平面图上标注的尺寸均为未经装饰的结构表面尺寸，其所标注的尺寸以 mm 为单位。

（6）内部尺寸说明房间的净空大小和室内的门窗洞、孔洞、墙厚和固定设备（厕所、盥洗室、工作台、搁板等）的大小与位置，如办证大厅的门宽为 2400 mm。

（7）一层平面图的总长为 25 740 mm，总宽为 8340 mm，通过这道尺寸可计算出本幢房屋的占地面积。

（8）平面图中Ⓐ轴线墙上①、②轴线间 LC1515 的窗洞宽 1500 mm，窗洞左边与①

轴线的距离为 900 mm；Ⓑ轴线墙上门洞的宽度为 3600 mm，门洞左边与④轴线的距离为 300 mm。

（9）图中 LC2415，"LC" 表示铝合金窗，"2415" 表示窗宽 2400 mm、窗高 1500 mm；M1021，"M" 表示门，"1021" 表示门宽 1000 mm、门高 2100 mm。

（10）图中①、②轴线间的 1—1 剖切符号，表示了建筑剖面图的剖切位置，剖视方向向左，为全剖面图。

（11）建筑物内的设备有卫生间的便池、盥洗池等的位置、形式及相应尺寸。

2）由二层平面图可以得到以下信息：

（1）该图为二层平面图，比例为 1∶100。

（2）楼层内标高为 3.600。图中有雨篷，雨篷的排水坡度为 1%，楼梯图例发生变化。

3）由屋顶平面图可以得到以下信息。

（1）该屋顶为有组织的双坡挑檐排水方式，屋面排水坡度为 2%，中间有分水线，水从屋面向檐沟汇集，檐沟排水坡度为 1%，有 8 个雨水管。

（2）屋顶平面图有四个索引符号，其中三个索引详图就画在屋顶平面图下方。

识图小知识

墙面的装饰

在外墙面上，当前采用的装饰有在水泥抹灰的墙面上做出各种线条并涂以各种色彩涂料，增加美观度；通过粘贴饰面材料进行装饰，如墙面砖、锦砖、大理石、镜面花岗石等；还有风行一时的玻璃幕墙，利用借景来装饰墙面。

内墙面的装饰一般以清洁、明快为主，最普通的是抹灰面加内墙涂料，或粘贴墙纸，较高级的做石膏墙面或用木板、胶合板进行装饰。

墙面的装饰构造层次可以参看图 3-9。

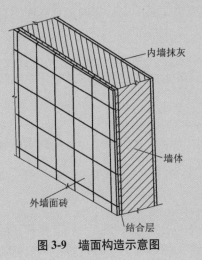

图 3-9 墙面构造示意图

第四章

建筑立面图识读

第一节　建筑立面图识读内容

立面图

扫码观看本视频

一、图名

建筑立面图的命名有以下几种方式：

1）按房屋的朝向命名：建筑在各个位置上的立面图被称为南立面图、北立面图、东立面图、西立面图。

2）按轴线编号命名：如①~⑥立面图、⑥~①立面图、Ⓐ~Ⓔ立面图、Ⓔ~Ⓐ立面图。

3）按房屋立面的主次命名：按建筑物立面的主次，把建筑物主要入口面或反映建筑物外貌主要特征的立面图称为正立面图，从而确定背立面图、左侧立面图、右侧立面图。

二、图线

外墙面的体型轮廓和屋顶外形线在立面图中通常用粗实线表示。

三、轴线

详细的轴线尺寸以平面图为准，立面图中只画出两端的轴线，以明确位置，但轴线位置及编号必须与平面图对应起来。

四、标高及竖向的尺寸

立面图的高度主要以标高的形式来表现，一般需要标注的位置有：室内外的地面、门窗洞口、栏板顶、台阶、雨篷、檐口等。这些位置，一般标清楚了标高，竖向的尺寸可以不写。竖向尺寸主要标注的位置常设在房屋的左右两侧，最外面的一道总尺寸标明的是建筑物的总高度，第二道分尺寸标明的是建筑物的每层层高，最内侧的一道分尺寸标明的是建筑物左右两侧的门窗洞口的高度、距离本层层高和上层层高的尺寸。

五、门窗

门窗的形状、位置与开启方向是立面图中的主要内容。门窗洞口的开启方式、分格情况都是按照有关的图例绘制的。有些特殊的门窗，若不能直接选用标准图集，还会附有详图或大样图。

六、细部

按照投影原理，立面图反映的还有室外地坪以上能够看得到的细部，如勒脚、台阶、花台、雨篷、阳台、檐口、屋顶和外墙面的壁柱雕花等。

七、索引

立面图中常用相关的文字说明来标注房屋外墙的装饰材料和做法。通过标注详图索引，可以将复杂部分的构造另画详图来表达。

八、图例

由于立面图的比例小，因此，立面图上的门窗应按图例立面式样表示，并画出开启方向，如图 4-1 所示。开启线以人站在门窗外侧看，细实线表示外开，细虚线表示内开，线条相交一侧为合页安装边。相同类型的门窗只画出一两个完整的图形，其余的只画出单线图形即可。

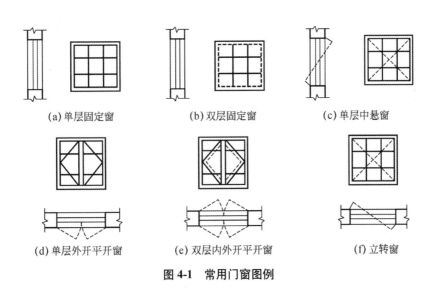

(a) 单层固定窗　　　　(b) 双层固定窗　　　　(c) 单层中悬窗

(d) 单层外开平开窗　　(e) 双层内外开平开窗　　(f) 立转窗

图 4-1　常用门窗图例

识图小知识

断面图的形成与画法

1. 断面图的形成

在前面讲过的剖面图中，假想用剖切面将形体切开，剖切面与形体接触的部分称为剖面或断面，剖面或断面的投影称为剖面图或断面图，如图 4-2（c）所示。

断面图与剖面图既有区别又有联系：它们的区别在于断面图是一个平面的实形，相当于画法几何中的截断面实形，而剖面图是剖切后剩下的那部分立体的投影；它们的联系在于剖面图中包含了断面图，断面图存在于剖面图之中。

剖面或断面主要用于表达形体某一部位的断面形状。把断（截）面同视图结合起来表示某一形体时，可使绘图大为简化。

2.断面图的画法

根据断面图在视图中的位置，可分为移出断面图、重合断面图和中断断面图三种。

1）移出断面图。

位于视图以外的断面，称为移出断面图。

图4-2中台阶的1—1断面画在正立面图右侧，称为移出断面图。移出断面的轮廓线用粗实线画出。

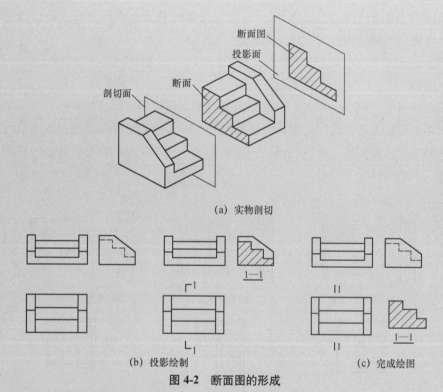

(a) 实物剖切

(b) 投影绘制　　　　　　　　　　　　(c) 完成绘图

图4-2　断面图的形成

图4-3（a）为一角钢的移出断面图，断面部分用钢的材料图例表示。当移出断面形状对称，且断面图的对称中心线位于剖切线的延长线时，则剖切线可用单点长画线表示，且不必标注剖切符号和断面编号，如图4-3（b）所示。

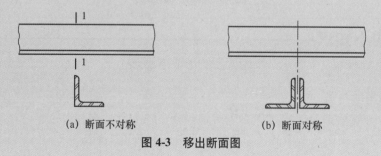

(a) 断面不对称　　　　　　　　　　(b) 断面对称

图4-3　移出断面图

图4-4是钢筋混凝土梁、柱节点的正立面图和移出断面图。柱从柱基起直通楼面，在正立面图中柱的上、下画了折断符号，表示取其中一段，楼面梁左右也画了折断符号。因搁置预制楼板的需要，梁的断面设计成十字形，俗称"花篮梁"。花篮梁的断面形状，由1—1断面表示；楼面上方柱的断面形状为正方形，由2—2断面表示；楼面下方柱的断面形状也为正方形，由3—3断面表示。断面图中用图例表示梁、柱的材料均为钢筋混凝土。

图4-5为钢筋混凝土梁、柱节点的俯视和仰视轴测图。

2）重合断面图。

画在视图之内的断面图，称为重合断面图。

图4-6（a）为一角钢的重合断面图，它是假想把剖切得到的断面图形绕剖切线旋转后，重合在视图内而成。通常不标注剖切符号，也不予编号。又如图4-6（b）所示的断面是以剖切位置线为对称中心线，剖切线改用单点长画线表示。

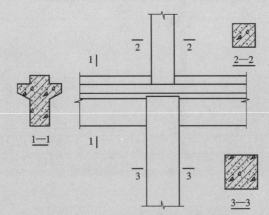

图4-4　梁、柱节点的视图和断面图

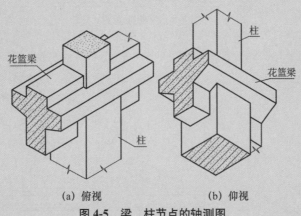

（a）俯视　　　（b）仰视

图4-5　梁、柱节点的轴测图

（a）断面不对称　　　（b）断面对称

图4-6　重合断面图

　　为了与视图轮廓线相区别，重合断面的轮廓线用细实线画出。当原视图中的轮廓线与重合断面的图线重叠时，视图中的轮廓线仍用粗实线完整画出，不应断开。断面部分应画上相应的材料图例。

　　图 4-7 所示为屋面结构的梁、板断面重合在结构平面图上的情况。因梁、板断面图形较窄，不易画出材料图例，故予以涂黑表示。

　　3）中断断面图。

　　位于视图中断处的断面图，称为中断断面图。如图 4-8 所示的角钢较长，且沿全长断面形状相同，可假想把角钢中间断开画出视图，而把断面布置在中断位置处，这时可省略标注断面剖切符号等。中断断面图可视为移出断面图的特殊情况。

　　图 4-9 为钢屋架杆件的中断断面图。

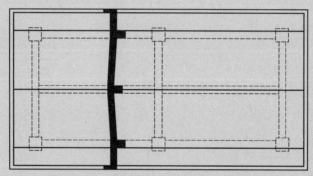

图 4-7　结构梁、板重合断面图

图 4-8　中断断面图

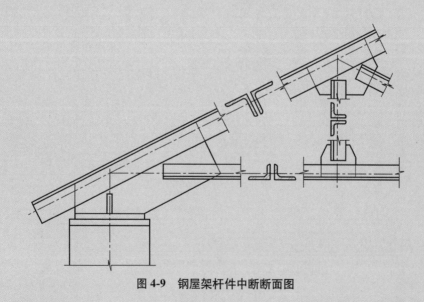

图 4-9　钢屋架杆件中断断面图

第二节　建筑立面图识读实例

实例：某公司宿舍楼立面图如图 4-10 和图 4-11 所示，共 2 张。

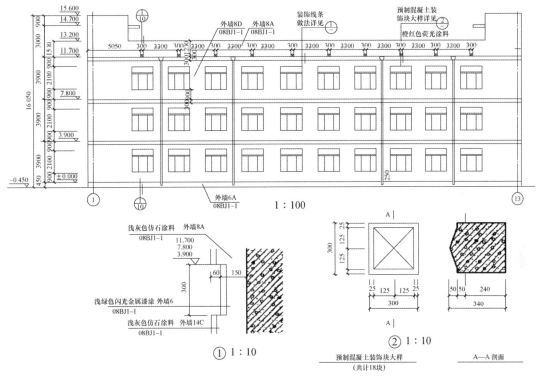

图 4-10　某公司宿舍楼南立面图

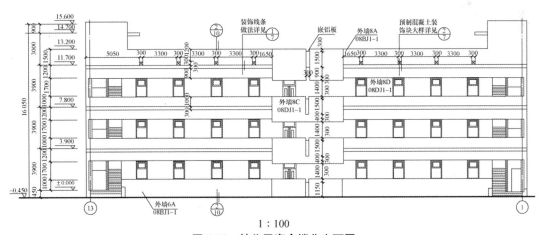

图 4-11　某公司宿舍楼北立面图

（1）由南立面图可以得到以下信息：

① 该图为南立面图，对照首层平面图的指北针看，南立面是指整个 Ⓐ 轴外墙面，两端的定位轴线为 ① 轴至 ⑬ 轴。

② 南立面图的绘制比例为 1∶100，宿舍楼总高 16.05 m，室内外高差为 0.45 m，一

至三层的层高为 3.9 m，四层层高为 3 m，四层顶部女儿墙高 0.9 m，上人屋面处女儿墙高 1.5 m。

③ 每层设计有 10 个代号为 2121TC7 的窗，窗高 2100 mm，窗洞宽度为 2100 mm，窗台高度为 900 mm，窗洞上口至上层楼面的高度为 900 mm。

④ 外墙装修做法为外墙 8，勒脚为外墙 6A。通过查阅《建筑构造通用图集》（08BJ1-1），可以明确装修做法。

⑤ 墙上有三道装饰线条，通过索引符号可以在本页上找到详图①表示装饰线条的做法。三道装饰线条的位置分别在标高 3.9 m、7.8 m 和 11.7 m 处，线条高 300 mm。

⑥ 顶部装饰线条上方有 10 块装饰块（北立面还有 8 块），图上标有装饰块的定位和定形尺寸。通过索引符号可以在本图中找到详图②表示装饰块的做法。

⑦ 该立面设有 4 个雨水管。

（2）由北立面图可以得到以下信息：

① 该图为北立面图，对照首层平面图的指北针看，北立面图可看到 ⓒ 轴的栏板和 Ⓑ 轴的部分外墙面，两端的定位轴线为 ⑬ 轴至 ① 轴。

② 北立面图的绘制比例为 1∶100，高度尺寸及装修做法同南立面。

③ 在 ⓒ 轴上，首层通廊栏板高 1000 mm，二、三层栏板总高 2200 mm，平面造型为圆弧部分的栏板高 2500 mm。

④ 在 Ⓑ 轴上，每层可见 8 扇代号为 1027M1 的门和一扇 1227M7 的门，门洞高 2700 mm，宽分别为 1000 mm 和 1200 mm。

⑤ 靠近 ⑬ 轴和①轴各有一部楼梯和出入口。

🏠 识图小知识

图线表达

绘图时，图线表达得正确与否，直接影响图面的质量，所以需要注意以下几点：

（1）实线相接时，接点处要准确，既不要偏离，也不要超出。

（2）画虚线及单点长画线或双点长画线时，应注意画等长的线段及一致的间隔，各线型应视相应的线宽及总长确定各自线段长度及间隔。

（3）虚线与虚线交接或虚线与其他图线交接时，应是线段交接。虚线为实线的延长线时，线段不得与实线连接，如图 4-12 所示。

图 4-12　图线交接画法

单点长画线或双点长画线均应以线段开始和结尾。点画线与点画线交接或点画线与其他图线交接时，应是线段交接，如图 4-12 所示。

圆心定位线应是单点长画线，当圆直径较小时，可用细实线代替。

第五章

建筑剖面图识读

第一节　建筑剖面图识读内容

一、图名

剖面图的图名应与平面图上所标注剖切符号的编号一致，即用阿拉伯数字、罗马数字或拉丁字母加"剖面图"形成，如"1—1剖面图"。

二、剖切符号

为了方便看图，应把所画的剖面图的剖切位置、投影方向及剖面编号在与剖面图有关的投影图中，用剖切符号表示出来。通常剖面图中不标注剖切符号的情况有：通过门、窗口的水平剖面图，即建筑平面图；通过形体的对称平面、中心线等位置剖切所画出的建筑剖面图。

剖面的剖切符号的编号一般采用阿拉伯数字（也可采用国际统一的标准），按剖切顺序由左至右、由下向上连续编排，并注写在剖视方向线的端部，如图5-1、图5-2所示。

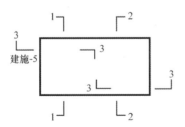

图 5-1　剖面的剖切符号（一）

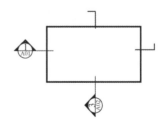

图 5-2　剖面的剖切符号（二）

三、图线

在剖面图中，主要表达的是剖切到的构配件的构造及其做法，所以常用粗实线表示。对于未剖切到的可见的构配件，也是剖面图中不可缺少的部分，但不是表现的重点，所以常用细实线表示，和立面图中的表达方式基本一样。

1）剖面图中的图线形体被切开后，移开部分的形体表面的可见轮廓线不存在了，在剖面图中不再画出。

2）剖切平面所切到的实心体形成切断面，为了突出断面部分，剖面图中被剖到的构配件的轮廓线用粗实线绘制，断面轮廓范围内按国家标准规定画成材料图例，材料图例如不能指明形体的建筑材料，则用间距相等，与水平线成45°角并相互平行的细实线作图例线。

3）在剖面图中，除断面轮廓以外，其余投影可见的线均画成中粗实线。对于那些不重要的、不影响表示形体的虚线，一般省去不画。

4）在剖面图中，因为室内外地面的层次和做法一般都可以直接套用标准图集，所以剖切到的结构层和面层的厚度在使用1∶100的比例时只需画两条粗实线表示，使用1∶50的比例时除了画两条粗实线外，还需在上方再画一条细实线表示面层，各种材料的图块要用相应的图例填充。

5）楼板底部的粉刷层一般不用表示，其他可见的轮廓线如门窗洞口、内外墙体的轮廓、栏杆扶手、踢脚线、勒脚等均要用粗实线表示。

6）有地下室的房屋，还需画出地下部分的室内外地面及构件，下部截止到地面以下基础墙的圈梁以下，用折断线断开。除了此种情况以外，其他房屋则不需画出室内外地面以下的部分。

四、尺寸及标高

在剖面图中标高的标注，在某些位置是必不可少的，如每层的层高处、女儿墙顶部、室内外地坪处、剖切到但又未标明高度的门窗顶底处、楼梯的转向平台、雨篷等。

剖面图的尺寸标注一般有外部尺寸和内部尺寸之分。在剖面图中，室外地坪、外墙上的门窗洞口、檐口、女儿墙顶部等处的标高，以及与之对应的竖向尺寸、轴线间距尺寸、窗台等细部尺寸为外部尺寸；室内地面、各层楼面、屋面、楼梯平台的标高及室内门窗洞的高度尺寸为内部尺寸。

五、比例

建筑剖面图的比例常用1∶100，有时为了专门表达建筑的局部，剖面图比例可以用1∶50。

六、轴线

在建筑剖面图中，定位轴线的绘制与平面图中相似，通常只需画出承重外墙体的轴线及编号。轻质隔墙或其他非重要部位的轴线一般不用画出，需要时，可以标明到最邻近承重墙体轴线的距离。

七、剖切到的构配件

剖切到的主要有屋面（包括隔热层及吊顶），楼面，室内外地面（包括台阶、明沟及散水等），内外墙身及其门、窗（包括过梁、圈梁、防潮层、女儿墙及压顶），各种承重梁和联系梁，楼梯梯段及楼梯平台，雨篷及雨篷梁，阳台，走廊等。

八、图例的简化及索引

1）在剖面图中，主要是表达清楚楼地面、屋顶、各种梁、楼梯段及平台板、雨篷与墙体的连接等。当使用 1∶100 的比例时，这些部位很难显示清楚。对于被剖切到的构配件，当使用的比例小于 1∶100 时，可简化图例，如钢筋混凝土可涂黑；比较复杂的部位，常采用详图索引的方式另外引出，再画出局部的节点详图，或直接选用标准图集的构造做法。

2）地面以上的内部结构和构造形式，主要由各层楼面、屋面板的设置决定。在剖面图中，主要是表达清楚楼面层、屋顶层、各层梁、梯段、平台板、雨篷等与墙体间的连接情况。但在比例为 1∶100 的剖面图中，对于楼板、屋面板、墙身、天沟等详细构造的做法，不能直接详细地表达，往往要采用节点详图和施工说明的方式来表明构件的构造做法。

3）有特殊设备的房间，如卫生间、实验室等，需用详图标明固定设备的位置、形状及其细部做法等。局部构造详图中如墙身剖面、楼梯、门窗、台阶、阳台等都要分别画出。有特殊装修的房间，需绘制装修详图，如吊顶平面图等。

🏠 识图小知识

画剖面图的注意事项

（1）剖切面位置的选择，除应经过物体需要剖切的位置外，应尽可能平行于基本投影面，或将倾斜剖切面旋转到平行于基本投影面上，此时应在该剖面图的图名后加注"（展开）"，并把剖切符号标注在与剖面图相对应的其他视图上。

（2）因为剖切是假想的，因此除剖面图外，其余视图仍应按完整物体来画。若一个物体需要几个剖面图来表示，各剖面图选用的剖切面互不影响，每次剖切都是按完整物体进行的。

（3）剖面图中已表达清楚的物体内部形状，在其他视图中投影为虚线时，一般不必画出；对于没有表达清楚的内部形状，仍应画出必要的虚线。

（4）剖面图一般都要标注剖切符号，但当剖切平面通过物体的对称平面，且剖面图又处于基本视图的位置时，可以省略标注剖面剖切符号。

第二节　建筑剖面图识读实例

实例：某住宅楼 1—1 剖面图如图 5-3 所示。

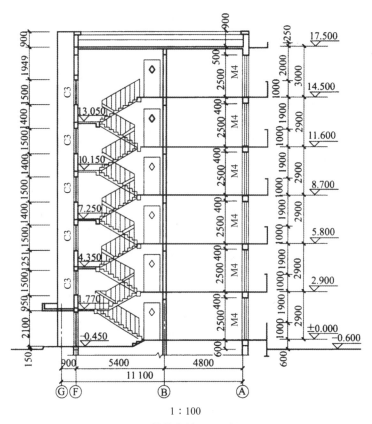

图 5-3 某住宅楼 1—1 剖面图

由 1—1 剖面图可以得到以下信息：

1）图中 Ⓐ 和 Ⓑ 轴间距为 4800 mm，Ⓑ 和 Ⓕ 轴间距为 5400 mm，Ⓕ 和 Ⓖ 轴间距为 900 mm。

2）室外地坪高度为 −0.600 m，一层室内标高为 ±0.000 m，则室内外高差为 600 mm。另外，还可见各层室内地面标高分别为 2.900 m、5.800 m 等。

3）图中 Ⓐ 轴墙上有一推拉门 M4，且门外（右侧）有阳台，阳台栏板高度为 1000 mm，栏板顶部距上层地面高度为 1900 mm，六层阳台的上方雨篷的高度为 250 mm。一至五层层高为 2900 mm，六层层高为 3000 mm。Ⓑ 轴为客厅与楼梯间的隔墙。Ⓕ 轴处墙上设有墙 C3，其高度由 Ⓖ 轴左侧的尺寸标注可知为 1500 mm，另外还可知各层窗台距下层窗过梁下皮的间距，女儿墙高为 900 mm。

4）由内部高度方向尺寸可知，推拉门 M4 洞口高度为 2500 mm，上方过梁高度为 400 mm。

5）图中 Ⓐ 轴上方的梁与 Ⓐ 和 Ⓑ 轴间楼板由钢筋混凝土现浇为一体，断面形状为矩形。阳台地面与栏板自成一体。

6）楼梯的建筑形式为双跑式楼梯，结构形式为板式楼梯，装有栏杆。

识图小知识

屋架及楼盖构造

　　民用建筑中的坡形屋面和单层工业厂房中的房屋，都有屋架这个构件。屋架是跨过大的空间（一般在 12~30 m）的构件。它承受屋面上所有的荷载，如风压、雪重、维修人的活动以及屋面板（或檩条、椽子）、屋面瓦或防水层、保温层的重量。屋架一般两端支承在柱子上或墙体和附墙柱上。民用建筑坡屋面的屋架及构造如图 5-4 所示。

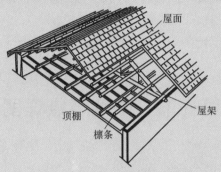

图 5-4　坡屋面及屋架构造形式

建筑详图识读

第一节 外墙节点详图

一、外墙节点详图识读内容

1. 概述

房屋中的墙体根据其位置不同可分为外墙和内墙。外墙是指房屋四周与室外空间接触的墙，内墙是指位于房屋内部的墙。墙体根据受力情况可分为承重墙和非承重墙。凡承受上部梁板传来的荷载的墙称为承重墙，凡不承受上部荷载，仅承受自身重量的墙称为非承重墙。墙体在房屋中的构造如图 6-1 所示。

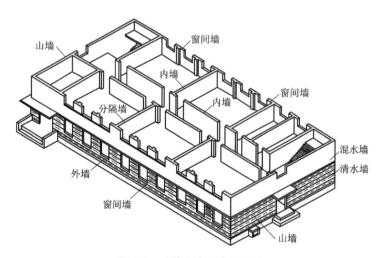

图 6-1 墙体在房屋中的构造

外墙节点详图主要反映墙身各部位的详细构造、材料、做法及详细尺寸，同时也注明了各部位的标高和详图索引符号，详尽地表达了墙身从局部防潮层到屋顶的各个主要节点的构造和做法，一般使用标准图集。在绘制外墙详图时，一般在门窗洞口中间用折断线断开。

墙身详图与平面图配合，是砌墙、室内外装修、门窗安装、施工预算编制以及材料估算的重要依据。

2. 外墙详图与平面图的关系

外墙详图要与平面图中的剖切符号或立面图上的索引符号所在位置、剖切方向以及轴线相一致。应标明外墙的厚度及其与轴线的关系。轴线是在墙体正中间布置还是偏心布置，以及墙体在某些位置的凸凹变化，都应该在详图中标注清楚，包括墙的轴线编号、墙的厚度及其与轴线的关系、所剖切墙身的轴线编号等。

3. 比例

外墙详图是建筑详图的一种，通常采用的比例为 1∶20。

4. 图名

编制图名时，表示的是哪部分的详图，就命名为 ×× 详图。

5. 标识

外墙详图的标识应与基本图的标识相一致。

6. 轴线及节点

按规定，如果一个外墙详图适用于几个轴线时，应同时注明各有关轴线的编号。通用轴线的定位轴线应只画圆圈，不注写编号。轴线端部圆圈的直径在详图中为 10 mm。标明室内外地面处的节点构造。该节点包括基础墙厚度、室内外地面标高以及室内地面、踢脚线或墙裙、室外勒脚、散水或明沟、台阶或坡道、墙身防潮层及首层内外窗台的做法等。标明楼层处的节点构造，各层楼板等构件的位置及其与墙身的关系，楼板进墙、靠墙及其支承等情况。楼层处的节点构造是指从下一层门或窗过梁到本层窗台的部分，包括门窗过梁、雨篷、遮阳板、楼板及楼面标高、圈梁、阳台板及阳台栏杆或栏板、楼面、室内踢脚线或墙裙、楼层内外窗台、窗帘盒或窗帘杆、顶棚或吊顶、内外墙面做法等。当几个楼层节点完全相同时，可以用一个图样同时标出几个楼面标高来表示。表明屋顶檐口处的节点构造是指从顶层窗过梁到檐口或女儿墙上皮的部分，包括窗过梁、窗帘盒或窗帘杆、遮阳板、顶层楼板或屋架、圈梁、屋面、顶棚或吊顶、檐口或女儿墙、屋面排水天沟、下水口、雨水斗和雨水管等。多层次构造的共用引出线，应通过被引出的各层。文字说明宜用 5 号或 7 号字注写在横线的上方或端部，说明的顺序由上至下，并与被说明的层次相一致。如层次为横向排列，则由上至下的说明顺序应与由左至右的层次相一致。

7. 尺寸及标高

外墙详图上的尺寸和标高的标注方法与立面图和剖面图的标注方法相同。此外，还应标注挑出构件（如雨篷、挑檐板等）挑出长度的细部尺寸和挑出构件的下皮标高。尺寸标注要标明门窗洞口、底层窗下墙、窗间墙、檐口、女儿墙等的高度；标高标注要标明室内外地坪、防潮层、门窗洞的上下口、檐口、墙顶及各层楼面、屋面的标高。立面装修和墙身防水、防潮要求包括墙体各部位的窗台、窗楣、檐口、勒脚、散水等的尺寸、材料和做法，用引出线加以说明。

8. 文字说明和索引符号

对于不易表示得更为详细的细部做法，应注有文字说明或索引符号，说明另有详图表示。

二、外墙节点详图识读实例

实例：某公司宿舍楼外墙身详图如图 6-2 所示。

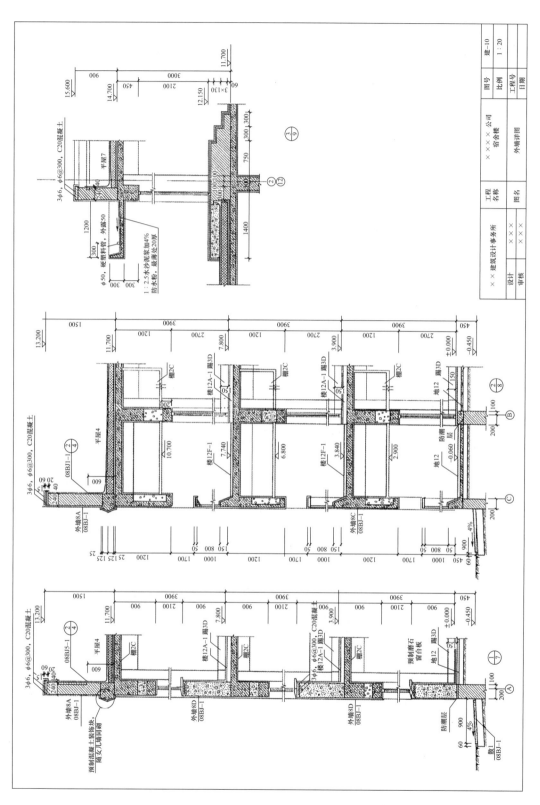

图 6-2 某公司宿舍楼外墙身详图

由某公司宿舍楼外墙身详图可以得到以下信息：

1）由图可知，图号为"建-10"。图中有三个外墙详图，分别与"建-07""建-08"和"建-09"的索引符号相对应。以详图 $\frac{1}{7}$ 为例，详图符号 $\frac{1}{7}$ 表示从"建-07"图上索引而来。

2）墙体厚度为300 mm，轴线偏心布置，墙外侧距轴线200 mm，墙内侧距轴线100 mm，墙体材料为加气混凝土。

3）沿墙身高度，室外地坪相对标高为-0.450 m，外设宽度900 mm的散水，散水坡度为4%，散水的做法见《建筑构造通用图集》（08BJ1-1）中"散1"。

4）室内地面相对标高 ±0.000，地面做法为"地12"，踢脚线做法为"踢3D"，窗台高900 mm，窗洞高2.1 m，洞口上为钢筋混凝土过梁，上方为钢筋混凝土梁板，二层楼面做法为"楼12A-1"，楼面相对标高为3.9 m，顶棚做法为"棚2C"。二层、三层与首层做法相同。

5）女儿墙厚240 mm，墙高1500 mm，女儿墙压顶为钢筋混凝土压顶，内配3根 $\phi6$ 的通长筋，分布筋为 $\phi6@300$。

6）屋面做法为"平屋4"，泛水高度为600 mm，做法见《建筑构造通用图集》（08BJ5-1）的第4页详图②。

识图小知识

房屋骨架中墙、柱、梁、板的构造

1. 墙体的构造

墙体是在房屋中起受力作用、围护作用和分隔作用的结构，根据其在房屋中位置的不同可分为外墙和内墙。外墙是指房屋四周与室外空间接触的墙体，内墙是位于房屋外墙包围内的墙体。

按照墙的受力情况又分为承重墙和非承重墙。凡直接承受上部传来荷载的墙，称为承重墙；凡不承受上部荷载只承受自身重量的墙，称为非承重墙。

按照所用墙体材料的不同可分为：砖墙、石墙、砌块墙、轻质材料隔断墙、混凝土墙、玻璃幕墙等。

墙体在房屋中的构造如图6-1所示。

2. 柱、梁、板的构造

柱子是独立支撑结构的竖向构件。它在房屋中顶住梁和板这两种构件传来的荷载。梁是跨过空间的横向构件，它在房屋中承担其上的板传来的荷载，再传到支承它的柱或墙上。

板是直接承担其上面的平面荷载的平面构件，它支承在梁上、墙上或直接支承在柱上，把所受的荷载再传给它们。

民用建筑中砖混结构的房屋，其楼板往往用预制的多孔板；框架结构或板柱结构则往往是柱、梁、板现场浇制而成。它们的构造形式如图6-3～图6-5所示。

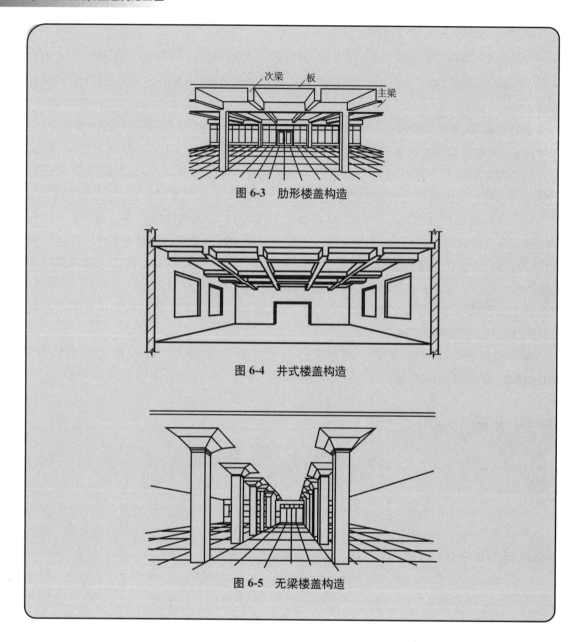

图 6-3　肋形楼盖构造

图 6-4　井式楼盖构造

图 6-5　无梁楼盖构造

第二节　门窗详图

一、门窗详图识读内容

1. 门窗的构造

门主要是供人们内外交通和分隔房间。窗主要是采光通风，同时也起分隔和围护作用。门窗按其所用的材料不同可分为木门窗、铝合金门

门窗表及详图

扫码观看本视频

窗、塑钢门窗等。门按其开启方式可分为平开门、推拉门、折叠门、旋转门等，窗按其开启方式可分为平开窗、推拉窗、固定窗、中悬窗、下悬窗、上悬窗、立转窗等。

常见的平开窗的构造如图 6-6（a）所示，窗由窗框和窗扇构成，比较高的窗还设有亮子。窗框主要由窗框上槛、横档、窗框下槛、窗框边梃组成，窗扇由上冒头、中冒头、下冒头、窗边梃、玻璃等组成。

常见的平开门的构造如图 6-6（b）所示，门由门框和门扇构成，比较高的门还设有亮子。门框主要由门框上槛、横档、门框边梃组成，门扇由上冒头、中冒头、下冒头、门边梃、门板等组成。

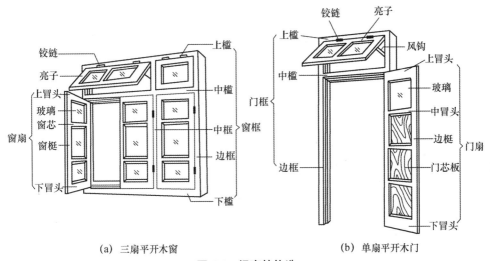

(a) 三扇平开木窗　　　　　　　　　(b) 单扇平开木门

图 6-6　门窗的构造

2. 识读内容

在门窗详图中，应有门窗的立面图，平开的门窗在图中用细斜线画出门、窗扇的开启方向符号（两斜线的交点表示装门窗扇铰链的一侧，斜线为实线时表示向外开，为虚线时表示向内开）。对于门、窗立面图规定画它们的外立面图。

立面图上标注的尺寸，第一道是窗框的外沿尺寸（有时还注上窗扇尺寸），最外一道是洞口尺寸，也就是平面图、剖面图上所注的尺寸。

门窗详图中都画有不同部位的局部剖面详图，以表示门、窗框和四周的构造关系。

二、门窗详图识读实例

实例：某宾馆大堂大门详图，如图 6-7 所示。

由某宾馆大堂大门详图可以得到以下信息：

1）该宾馆大堂大门由立面图与详图组成，完整地表达出不同部位材料的形状、尺寸和一些五金配件及其相互间的构造关系。

2）该宾馆大堂大门总宽为 1720 mm，总高为 2400 mm。

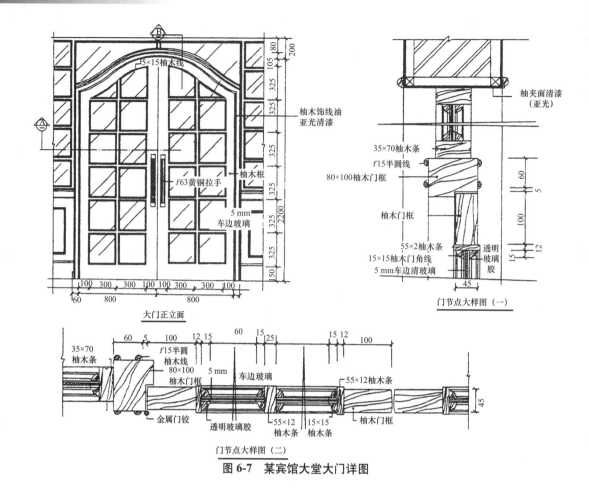

图 6-7　某宾馆大堂大门详图

![识图小知识]

识图小知识

台阶的构造

台阶是房屋的室内和室外地面联系的过渡构件。它便于人们在房屋大门口处的出入。台阶是根据室内外地面的高差做成若干级踏步和一块小的平台。它的形式有如图 6-8 所示的几种。

台阶可以用砖砌成后做面层,可以用混凝土浇筑成,也可以用石材铺砌成。面层可以做成最普通的水泥砂浆,也可做成水磨石、磨光花岗石、防滑地面砖和斩细的天然石材。

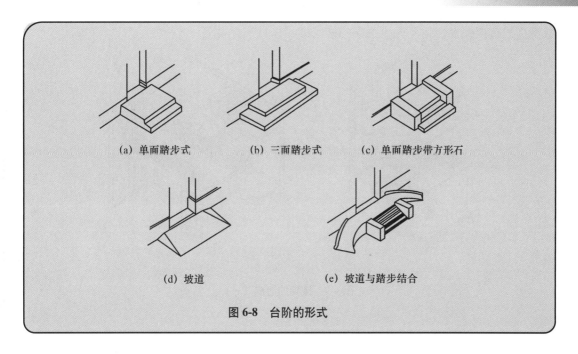

(a) 单面踏步式　　　　(b) 三面踏步式　　　　(c) 单面踏步带方形石

(d) 坡道　　　　　　　　(e) 坡道与踏步结合

图 6-8　台阶的形式

第三节　楼梯详图

一、楼梯详图识读内容

1. 概述

楼梯详图

扫码观看本视频

楼梯大样图表示楼梯的组成结构、各部位尺寸和装饰做法，一般包括楼梯间平面详图、剖视大样图及栏杆、扶手大样图。这些大样图应尽可能画在同一张图纸上。

另外，楼梯大样图一般分建筑详图和建筑结构图两种，应分别绘制，编入建施和结施图纸中。

楼梯详图就是楼梯间平面图及其剖面图的放大图。它主要反映楼梯的类型、结构形式、各部位的尺寸及踏步、栏板等装饰做法。它是楼梯施工、放样的主要依据，所有的计算数据都来自楼梯大样图。所以，在看楼梯大样图时必须将梯梁、梯板厚度和楼梯结构考虑清楚。

2. 楼梯的构造

楼梯是楼房建筑的垂直交通构件。它主要由楼梯段、休息平台、栏杆和扶手组成，如图 6-9 所示。楼梯的一个楼梯段称为一跑，一般常见的楼梯为两跑楼梯，如图 6-9（a）所示。通过两个楼梯段上到上一层，两个楼梯段转折处的平台称为休息平台。除了两跑楼梯外还有单跑楼梯、三跑楼梯等。图 6-9（b）为三跑楼梯示意图。楼梯根据受力形式可分为梁式楼梯和板式楼梯，如图 6-10 所示。梁式楼梯是楼梯段的自重及其上的荷载通过两侧的斜梁传到楼梯段两端的楼层梁、休息平台梁上。而板式楼梯是楼梯段的自重及其上的荷载直接通过楼梯板传到楼梯段两端的楼层梁、休息平台梁上。

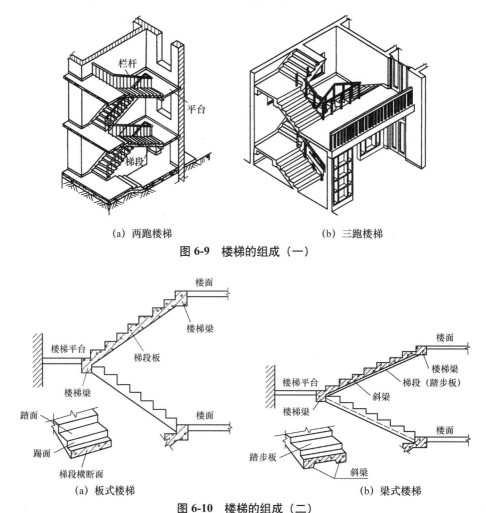

(a) 两跑楼梯   (b) 三跑楼梯

图 6-9　楼梯的组成（一）

(a) 板式楼梯   (b) 梁式楼梯

图 6-10　楼梯的组成（二）

3. 楼梯平面图

楼梯平面图是用一个假想的水平剖切平面通过每层向上的第一个梯段的中部（休息平台下）剖切后，向下作正投影所得到的投影图。楼梯平面图的绘图比例一般采用 1∶50。楼梯平面图的剖切位置，除顶层在安全栏杆（栏板）之上外，其余各层均在上行第一跑中间。与楼地面平行的面称为踏面，与楼地面垂直的面称为踢面。各层下行梯段不用剖切。

三层以上房屋的楼梯，当中间各层楼梯位置、梯段数、踏步数都相同时，通常只画出底层、中间层（标准层）和顶层三个平面图；当各层楼梯位置、梯段数、踏步数不相同时，应画出各层的楼梯平面图。各层被剖切到的梯段，均在平面图中以 45° 细折断线表示其断开的位置。在每一梯段处画带有箭头的指示线，并注写"上"或"下"字样。

通常情况下，楼梯平面图画在同一张图纸内，并互相对齐，这样既便于识读又可省略标注一些重复尺寸。

楼梯平面图的图示内容如下：

1）楼梯间轴线的编号、开间和进深尺寸。

2）梯段、平台的宽度及梯段的长度。梯段的水平投影长度＝踏步宽×（踏步数－1），因为最后一个踏步面与楼层平台或中间平台面齐平，故减去一个踏步面的宽度。

3）楼梯间墙厚、门窗的位置。

4）楼梯的上下行方向（用细箭头表示，用文字注明楼梯上下行的方向）。

5）楼梯平台、楼面、地面的标高。

6）首层楼梯平面图中，标明室外台阶、散水和楼梯剖面图的剖切位置。

4. 楼梯剖面图

楼梯剖面图是用一假想的铅垂剖切平面，通过各层的同一位置梯段和门窗洞口，将楼梯剖开向另一未剖到的梯段方向作正投影所得到的投影图。

楼梯剖面图通常采用 1：50 的比例绘制。在多层房屋中，若中间各层的楼梯构造相同，则剖面图可只画出底层、中间层（标准层）和顶层三个剖面图，中间用折断线分开；当中间各层的楼梯构造不同时，应画出各层剖面图。楼梯剖面图宜和楼梯平面图画在同一张图纸上，屋顶剖面图可以省略不画。

楼梯剖面图的图示内容如下：

1）绘图比例常用 1：50。

2）剖切位置应选择在通过第一跑梯段及门窗洞口，并向未剖切到的第二跑梯段方向投影。

3）被剖切到的楼梯梯段、平台、楼层的构造及做法。

4）被剖切到的墙身与楼板的构造关系。

5）每一梯段的踏步数及踏步高度。

6）各部位的尺寸及标高。

7）楼梯可见梯段的轮廓线及详图索引符号。

5. 楼梯节点详图

楼梯节点详图主要包括楼梯踏步、扶手、栏杆（或栏板）等的详图。踏步应标明踏步宽度、踢面高度以及踏步上防滑条的位置、材料和做法。防滑条材料常采用马赛克、金刚砂、铸铁或有色金属。

为了保障人们的行走安全，在楼梯梯段或平台临空一侧，设置栏杆和扶手。在详图中主要标明栏杆和扶手的形式、材料、尺寸以及栏杆与扶手、踏步的连接，常选用建筑构造通用图集中的节点做法，与详图索引符号对照可查阅相关标准图集，得到它们的断面形式、细部尺寸、用料、构造连接和面层装修做法等。

二、楼梯详图识读实例

实例：某公司宿舍楼楼梯详图如图 6-11～图 6-15 所示，共 5 张。

1）由一到四层楼梯平面图可以得到以下信息：

（1）楼梯平面图的绘制比例为 1：50。有一至四层平面图，其中二、三层共用一个平面图，楼梯的平面形式为双跑楼梯。

（2）首层楼梯平面图中，楼面标高为 ±0.000，沿着"下"箭头方向，经三步台阶可到室外地面，室外地面标高 -0.450，台阶面宽 350 mm，台阶两侧花池宽 300 mm。沿着"上"箭头方向，可通往一层休息平台，第一节踏步距 Ⓑ 轴 800 mm。楼梯段宽 1350 mm。利用第二跑楼梯段及休息平台下方空间，设计了配电柜房间，房间门为防火门，代号是 1021FM1A。

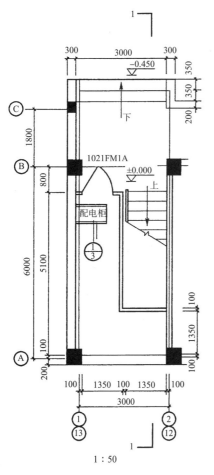

图 6-11　首层楼梯平面图　　　　　图 6-12　二、三层楼梯平面图

（3）首层楼梯平面上有一剖切符号 1—1，剖切平面剖到楼梯的第 1、3、5 跑，剖视方向是往第 2、4、6 跑投影。

（4）二、三层共用一个楼梯平面图。二层楼面标高为 3.900 m，沿"上"箭头方向，可通往三层休息平台；沿"下"箭头方向，可到一层休息平台，标高为 1.950 m，经休息平台可继续下行，前往一层。每个楼梯段宽为 1350 mm，楼梯井宽 100 mm。楼梯段长3600 mm，共 12+1=13 个踏步，踏面宽度 300 mm，休息平台宽 1500 mm。

（5）Ⓐ轴和①轴外墙为 300 mm 厚加气混凝土墙，墙外侧与柱外侧平齐。①轴外墙内侧再加 200 mm 厚墙板，使内墙面与柱面平齐。②轴内墙为 200 mm 厚墙板。Ⓒ轴栏板厚200 mm。

（6）三层楼梯平面图和二层一致，读图时注意三层楼面标高为 7.800 m，二层休息平台标高为 5.850 m。

（7）四层楼梯平面图表示四层楼面标高为 11.760 m，沿"下"箭头方向，经两个楼梯段可到三层，中间三层休息平台标高为 9.750 m。四层楼面处有水平栏杆。

（8）由于四层仅有楼梯间，因此在②轴、⑫轴增设外墙，并在墙上各设置一扇上屋面的门，门口处有宽 850 mm 的平台，标高为 12.150 m。对比四层楼面标高为 11.760 m，高出 390 mm，用三步台阶联系，台阶踏步宽 300 mm。

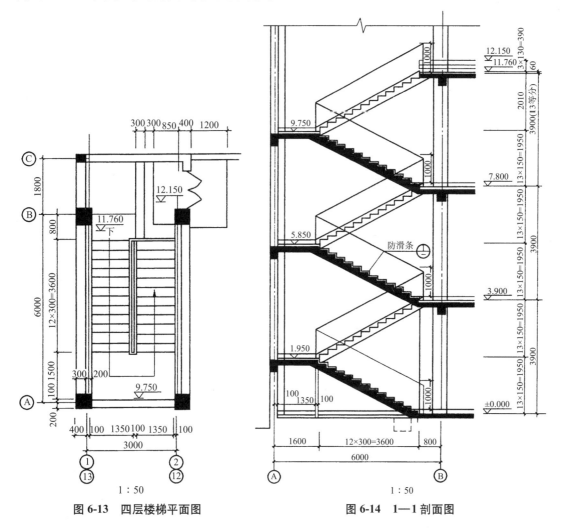

图 6-13 四层楼梯平面图

图 6-14 1—1 剖面图

2）由 1—1 剖面图可以得到以下信息：

（1）首层楼梯平面上的剖切符号 1—1 表示，剖切平面剖到楼梯的第 1、3、5 跑，剖视方向是往第 2、4、6 跑投影。

（2）1—1 剖面图中，第 1、3、5 跑涂黑，表示是剖到的，材料为钢筋混凝土；第 2、4、6 跑为看到的。每跑楼梯均有 13 步，踏面宽 300 mm。踢面高度：1~5 跑为 150 mm 高，第 6 跑为 2010 mm，被 13 步均分。有三步踏步到出屋面平台，每个踏步高 300 mm。楼梯栏杆高 1000 mm，踏步防滑条做法在详图中表示。

3）由踏步防滑条详图可以得到以下信息：

（1）踏步防滑的构成材料。

（2）楼梯踏步的详细尺寸。

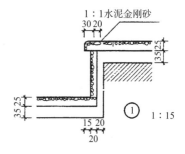

图 6-15 踏步防滑条详图

识图小知识

桩基础简介

桩基础是在地基条件较差时，或上部荷载相对大时采用的房屋基础。桩基础由一根根桩打入土层，或钻孔后放钢筋再浇混凝土做成。打入的桩可用钢筋混凝土材料做成，也可用型钢或钢管做成。桩的部分完成后，在其上做承台，在承台上再立柱子或砌墙来支承上部结构。桩基形状如图 6-16 所示。

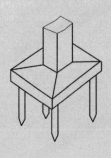 

（a）独立桩下桩基　　　　　（b）地梁下桩基

图 6-16　桩基

第四节　厨卫详图

一、厨卫详图识读内容

厨房、卫生间的部分在建筑施工平面图中的比例一般为 1：100，不能将房间内的布局，如蹲位的大小、隔断的尺寸及位置、排气道、拖布池等有关的构件显示详细，重新按照放大的比例画出来的建筑图样，称为厨卫大样图。

卫生间

扫码观看本视频

二、厨卫详图识读实例

实例一：某住宅小区卫生间详图如图 6-17 所示。

由某住宅小区卫生间详图可以得到以下信息：

1）详图右下角有一单扇门，为向内开启，门宽 750 mm。

2）卫生角室内的标高为 2.700 m。

3）卫生间宽 2850 mm，长 4300 mm。

4）详图介绍了排气扇、抽水马桶、洗手池、浴缸、窗扇和地漏的位置。

实例二：某住宅楼公共卫生间详图，如图 6-18 所示。

由某住宅楼公共卫生间详图可以得到以下信息：

1）卫生间的比例为 1：50，室内标高为 2.800 m。

2）卫生间分为男厕和女厕两部分：男厕宽 4300 mm，长 4600 mm；女厕宽 3000 mm，长 3300 mm。

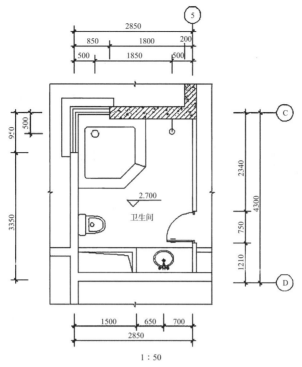

图 6-17　某住宅小区卫生间详图

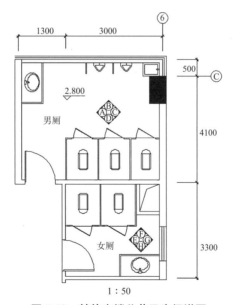

图 6-18　某住宅楼公共卫生间详图

识图小知识

垫层简介

垫层是基层以上的构造层。地面的垫层可以是灰土或素混凝土，或两者叠加起来组成地面的垫层；在楼面空心板上一般用细石混凝土做垫层。

第七章

建筑施工图识图综合实例

第一节　综合实例一——某家园小区工程

一、设计说明

1. 设计依据及范围

1）甲方提供的设计条件及认可的设计方案和相关设计文件。

2）关于同意建设本市居民小区住宅工程立项的复函（国家发展和改革委员会投字〔2009〕178号）。

3）本市规划委员会关于同意本市居民小区住宅工程规划设计方案的复函（2010规复字0529号）。

4）本市居民小区住宅工程设计任务书及初步设计认定书。

5）建设工程设计合同，合同编号为2009134。

6）甲方提供的该市居民小区的建设地点宗地图《冀东国用〔2009〕第10737号》。

7）省级建设勘测研究院有限责任公司提供的《该市居民小区住宅工程岩土工程勘察报告》，勘察编号为2000-001详勘。

8）国家现行有关设计规范、技术规范。

9）本项目施工图设计范围按合同进行，室内设计另行委托。

10）本施工图包括建施、结施、水施、设施、电施等五个部分。

2. 工程概况

1）总建筑面积：26 251.34 m²。其中：地上建筑面积20 082.27 m²，地下建筑面积6169.07 m²。

2）建筑技术经济指标及使用功能：住宅楼建筑面积 5049.50 m²。其中地上建筑面积 4487.42 m²，地下建筑面积 562.08 m²。建筑层数：地上 11 层，地下 1 层。底层为住宅。每层有两个单元，共计住户 50 户。地下层为小区配套人员活动及物业管理用房。建筑高度：34.80 m（结构高度）。

3）建筑耐久年限：50 年。建筑类别：二类。建筑耐火等级：二级。抗震设防烈度：8 度。

4）结构形式：地下车库为现浇钢筋混凝土框架结构，住宅部分为剪力墙结构。基础形式：地下车库为现浇钢筋混凝土条型基础，设 300 mm 厚抗水板。住宅为钢筋混凝土筏板基础。

5）停车数量：机动车停车数量为地上 15 辆、地下 135 辆。

6）本工程设地下人防工程，共计 2880.16 m²。

3. 标高及单位

1）本工程设计标高 ±0.000 相当于绝对标高 30.900 m。

2）各层标高为建筑完成面标高，屋面标高为结构标高。

3）本工程标高以米（m）为单位，尺寸以毫米（mm）为单位。

4. 墙体工程

1）地下部分（±0.000 以下）：

（1）外墙：为防水钢筋混凝土墙，抗渗等级为人防部分 S8、其余部分 S6。

（2）内墙：200 mm 厚陶粒混凝土空心砌块墙，地下部分用水泥砂浆砌筑，地上部分用混合砂浆砌筑。

机房及防火分区墙均为轻集料混凝土空心砌块墙（耐火极限大于 3 h）。墙厚见平面图。

潮湿房间隔墙须在砌墙位置浇筑 C20 细石混凝土条基，与墙同宽，高出地面 100 mm，待达到强度后方可砌墙。

楼梯间墙为 200 mm 厚陶粒混凝土空心砌块墙及钢筋混凝土墙（耐火极限大于 2 h）。

其他部分墙为陶粒混凝土空心砌块墙，详见平面图。

地下设备用房隔墙，应留出可安装通道，在设备安装之后，方可最后砌筑完成。

（3）管道竖井隔墙：凡后砌墙均为 100 mm、150 mm、200 mm 厚混凝土空心砌块墙。通风竖井内隔墙内抹灰要随砌随抹 20 mm 厚 1∶2 水泥砂浆。

2）地上部分（±0.000 以上）：

（1）外墙：为钢筋混凝土墙体，二层以下为 90 mm 厚幕墙防火保温板（岩棉板夹心）、0.17 厚防水透气膜、外挂花岗石面层；二层以上为 90 mm 厚岩棉保温板，外墙面层刷仿石涂料。

（2）内墙。

内隔墙：除结构混凝土墙外均为 200 mm 厚陶粒混凝土空心砌块墙，强度等级

MU3.5，用 M5 水泥砂浆砌筑。

卫生间隔墙：100 mm 厚内隔墙采用陶粒板条隔墙，200 mm 厚内隔墙采用陶粒混凝土空心砌块墙。

（3）蒸压加气混凝土砌块墙、陶粒混凝土空心砌块墙的构造柱、水平配筋带等做法见结施图。

（4）陶粒混凝土空心砌块墙砌筑前，应先浇筑细石混凝土基座，高 150 mm，宽同墙厚。

（5）设备立管及雨水管待安装后外包 60 mm 厚陶粒加筋混凝土板并留检修口。

（6）内外墙留洞：钢筋混凝土墙预留洞，见建施、结施和设备施工图纸；非承重墙预留洞见建施和设备施工图纸。

（7）外墙保温做法执行《公共建筑节能设计标准》（GB 50189—2015）。

建筑节能耗热指标见节能设计计算表。

保温材料及做法：外墙外保温采用岩棉保温板，传热系数小于 0.6 W/m·K，做法详见材料做法表。

（8）卫生间隔墙为空心砌块墙时，应采取相应措施以满足盆架、洁具、五金、拉手等的安装需求。

（9）内隔墙构造措施详见《加气混凝土砌块墙》（05J3-4）、《轻质内隔墙》（05J3-6）。

（10）本工程所采用的陶粒混凝土空心砌块的性能应达到《轻集料混凝土小型空心砌块》（GB/T 15229—2011）标准密度等级 5 级，强度不小于 5 级。

5. 屋面

屋面防水等级不低于 Ⅱ 级，传热系数不大于 0.50 W/m·K。

1）屋 -1（不上人屋面）：

保护层：水泥砂浆保护层加防水剂。

防水层：3+3 厚 Ⅱ 型 SBS 改性沥青防水卷材（两层）。

找坡层：页岩陶粒找 2% 坡最薄处 30 mm 厚。

保温层：80 厚挤塑聚苯板保温。

2）屋 -2（上人屋面）：

面层：10 厚彩色釉面防滑地砖。

防水层：3+3 厚 Ⅱ 型 SBS 改性沥青防水卷材（两层）。

找坡层：页岩陶粒找 2% 坡最薄处 30 mm 厚。

保温层：80 mm 厚挤塑聚苯板保温。

6. 门窗

门窗立面形式、颜色、开启方式、门窗用料及门窗五金的选用，见门窗详图；门窗的数量见门窗表；门窗加工尺寸要按门窗洞口尺寸减去相关外饰面的厚度计算。

1）外门窗：外门窗铝型材为断热桥型材，不小于 80 系列，铝型材室外一侧为深灰色，室内一侧为白色中空玻璃，各建筑具体要求详见节能计算表。铝门窗物理性能要求如下：抗风性能大于 3000Pa，气密性小于 1.5m/（m·h）；水密性大于 350Pa，隔声性能大于 30dB。

单层玻璃外门采用 10 厚白玻璃，局部配不锈钢框。

住宅与凸阳台相连的门及门联窗（落地）采用与外门窗相同的做法，该门窗内外颜色均为白色，其物理性能要求同外门窗。

所有门窗五金构件采用优质硅酮密封胶（白色）。外门窗立樘位置见墙身节点图，与墙体固定方法采用干法施工。

凡玻璃面积大于 1.5 m² 的均使用安全玻璃，落地窗 800 mm 以下部分使用双层安全玻璃。

2）内门窗。内门窗立樘位置除注明外，单向、双向平开门立樘居墙中。

铝合金门窗除二次装修部位外，均采用普通玻璃和深灰色铝合金框。

住宅入户门均为三防门。

内门窗由装修二次设计。公共部分木门为松木夹板门，立樘居墙中。

3）防火门：走道、楼梯间及前室防火门均装闭门器，双扇防火门均装顺序器；常开防火门须有自行关闭和信号反馈装置。

各层楼梯及电梯前室疏散门为乙级木质防火门。

水、空调、电气设备用房及电梯机房门为甲级钢制防火门。

管道井检修门均为丙级钢制防火门。管道井检修门定位与管道井外侧墙平齐；凡未注明距楼地面高度者为 100 mm 高，做 C15 混凝土门槛，宽同墙厚。

防火分区门为甲级钢质防火门，其他见门窗表。

4）外部卷帘门为铝合金卷帘门，颜色应经建筑师确认。

5）门窗五金、闭门器、磁吸定位器由业主确定。

6）门窗过梁、构造柱做法见结施图。

7）住宅部分外窗距下面屋面平台、挑檐、公共走廊等高度不足 2.0 m 时，应设防护措施。

二、材料做法

1. 外墙饰面工程

1）干挂石材墙面：

（1）25 mm 厚石材板，上、下边钻销孔，长方形板横排时钻 2 个孔，竖排时钻 1 个孔，孔径 5 mm，安装时孔内先填云石胶，再插入 φ4 mm 不锈钢销钉，固定于 4 mm 厚不锈钢板石板托件上，石板两侧开 4 mm 宽 80 mm 高凹槽，填胶后，用 4 mm 厚 50 mm 宽燕尾不锈钢板钩住石板（燕尾钢板各钩住一块石板），石板四周接缝宽 6~8 mm，用弹性密封膏封严钢板托和燕尾钢板，用 M5 螺栓将其固定于竖向钢龙骨上。

（2）横向钢龙骨（材质规格见幕墙装修图）中距为石板高度加上缝宽。

（3）纵向钢龙骨（材质规格见幕墙装修图）中距为石板宽度加上缝宽。

（4）将龙骨焊于墙内预埋伸出的角钢头上或在墙内预埋钢板，然后用角钢焊连竖向钢龙骨（砌块类墙体应有构造柱及水平加强梁，由结构专业设计）。

（5）采用 0.17 mm 厚防水透气膜。

（6）采用 80 mm 厚幕墙防火保温板（岩棉板夹心）。

（7）采用 10 mm 厚胶黏剂粘结点。

（8）采用 200 mm 厚钢筋混凝土墙或 200 厚蒸压加气混凝土砌块。

2）真石漆墙面：

（1）采用真石漆饰面。

（2）采用硅橡胶弹性底漆及柔性耐水腻子饰面基层。

（3）采用 6 mm 厚聚合物抗裂水泥砂浆（压入耐碱涂塑玻璃纤维网布）。

（4）采用 80 mm 厚岩棉板保温层。

（5）采用 10 mm 厚胶黏剂粘结点。

（6）采用 200 mm 厚钢筋混凝土墙。

3）溶剂型外墙涂料（无毒聚氨酯涂料）：

（1）涂饰面层涂料两遍。

（2）复补腻子，磨平，找色。

（3）涂饰底层涂料。

（4）满刮腻子，磨平。

（5）填补缝隙，局部刮腻子，磨平。

（6）清理基层。

2. 屋面工程

1）卷材防水面层铺砖屋面（上人）：

（1）铺 10 mm 厚地砖，用干水泥擦缝。

（2）采用 10 mm 厚低强度等级砂浆隔离层。

（3）铺两道 3 mm 厚 SBS 改性沥青防水卷材。

（4）采用 20 mm 厚 1∶3 水泥砂浆找平层。

（5）采用 80 mm 厚挤塑聚苯板保温层。

（6）最薄处铺 30 mm 厚 LC5.0 轻集料混凝土找 2% 坡层。

（7）现浇钢筋混凝土顶板。

2）卷材防水水泥砂浆面层屋面（不上人）：

（1）采用 20 mm 厚 1∶3 水泥砂浆面层。

（2）采用 10 mm 厚低强度等级砂浆隔离层。

（3）铺两道 3 mm 厚 SBS 改性沥青防水卷材。

（4）采用 20 mm 厚 1∶3 水泥砂浆找平层。

（5）采用 80 mm 厚挤塑聚苯板保温层。

（6）最薄处铺 30 mm 厚 LC5.0 轻集料混凝土找 2%坡层。

（7）现浇钢筋混凝土顶板。

三、图纸内容

1. 平面图

某家园小区 C 座屋顶平面图如图 7-1 所示；某家园小区 C 座十一层跃层平面图如图 7-2 所示；某家园小区 C 座十一层平面图如图 7-3 所示；某家园小区 C 座二至十层平面图如图 7-4 所示；某家园小区 C 座首层平面图如图 7-5 所示；某家园小区 C 座地下一层平面图如图 7-6 所示。

2. 立面图

某家园小区 C 座南立面图如图 7-7 所示；某家园小区 C 座东立面图如图 7-8 所示；某家园小区 C 座北立面图如图 7-9 所示；某家园小区 C 座西立面图如图 7-10 所示。

3. 剖面图

某家园小区 C 座 1—1 剖面图如图 7-11 所示。

4. 楼梯图

某家园小区 C 座 1 号电梯平面图如图 7-12 所示。

5. 门窗图

某家园小区 C 座门窗详图如图 7-13 所示。

6. 墙身图

某家园小区 C 座墙身详图如 7-14 所示。

7. 大样图

某家园小区 C 座 ABC 户型十一层大样图如图 7-15 所示。

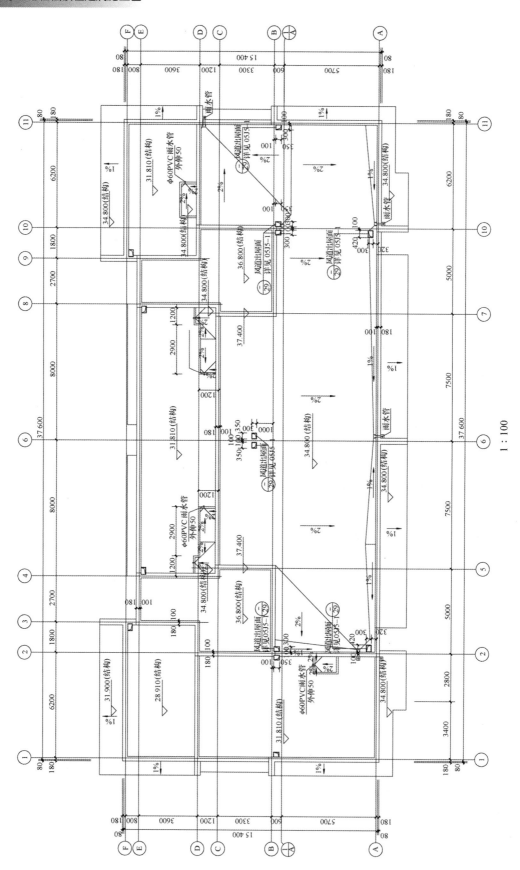

图 7-1　某家园小区 C 座屋顶平面图

1：100

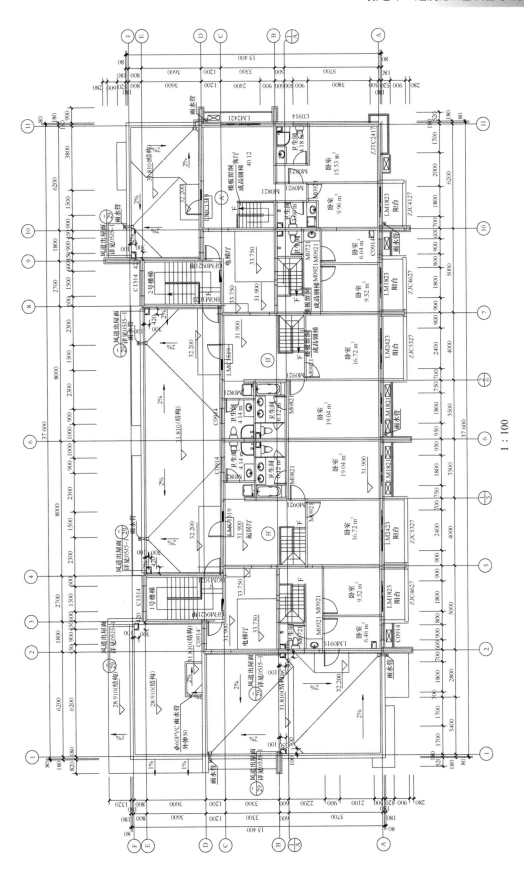

图7-2　某家园小区 C 座十一层跃层平面图

1:100

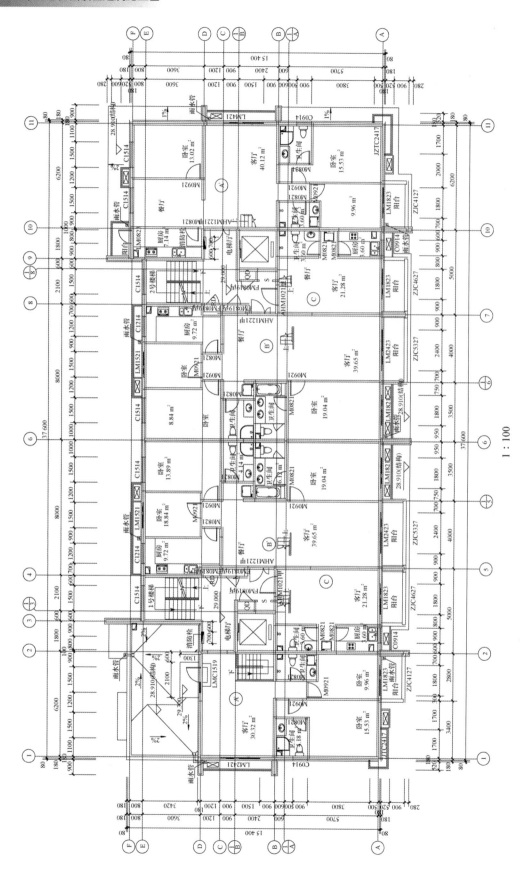

图 7-3　某家园小区 C 座十一层平面图

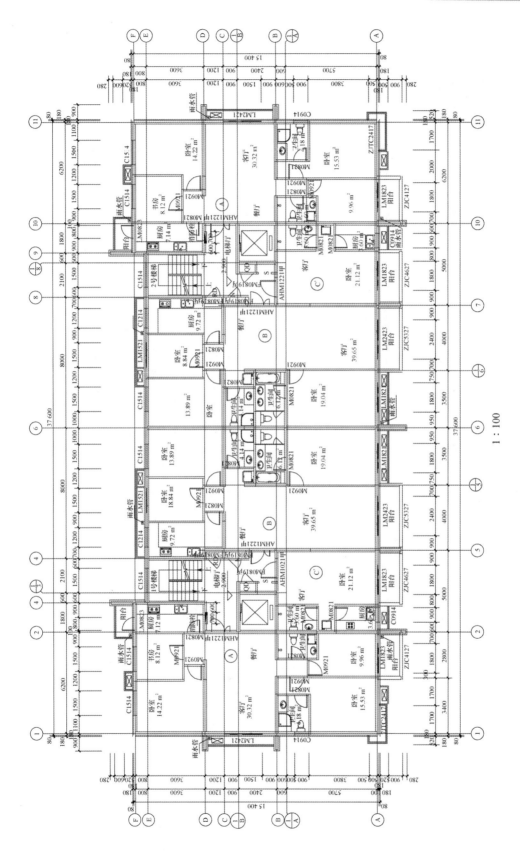

图 7-4　某家园小区 C 座二至十层平面图

1 : 100

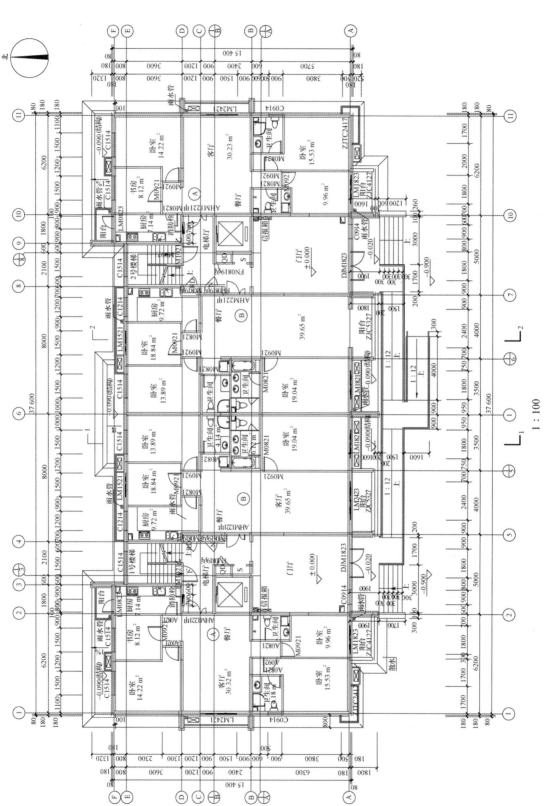

图 7-5　某家园小区 C 座首层平面图

1:100

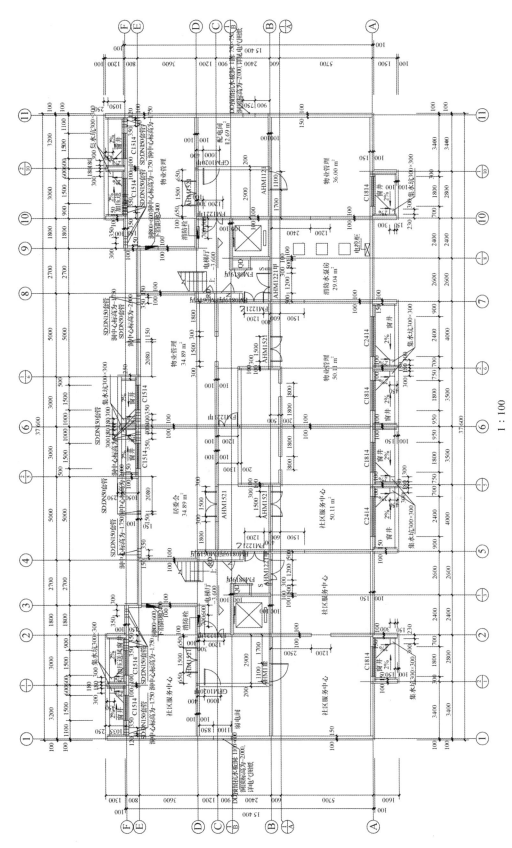

图 7-6 某家园小区 C 座地下一层平面图

1 : 100

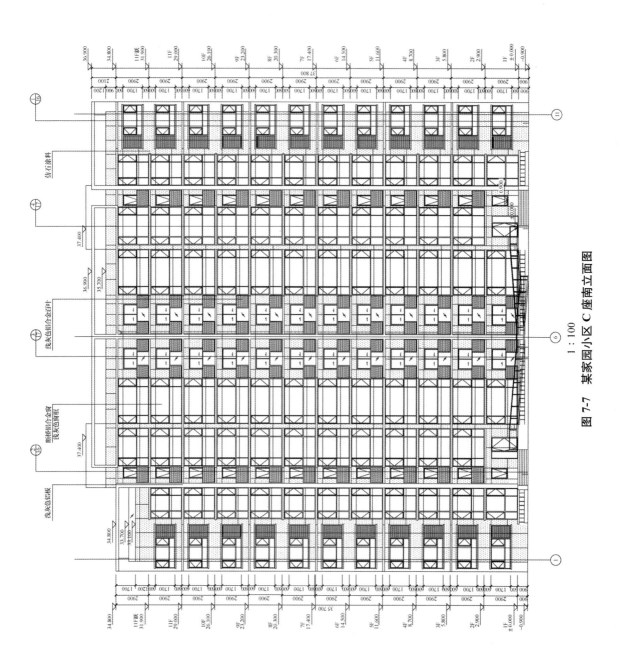

图 7-7　某家园小区 C 座南立面图

1:100

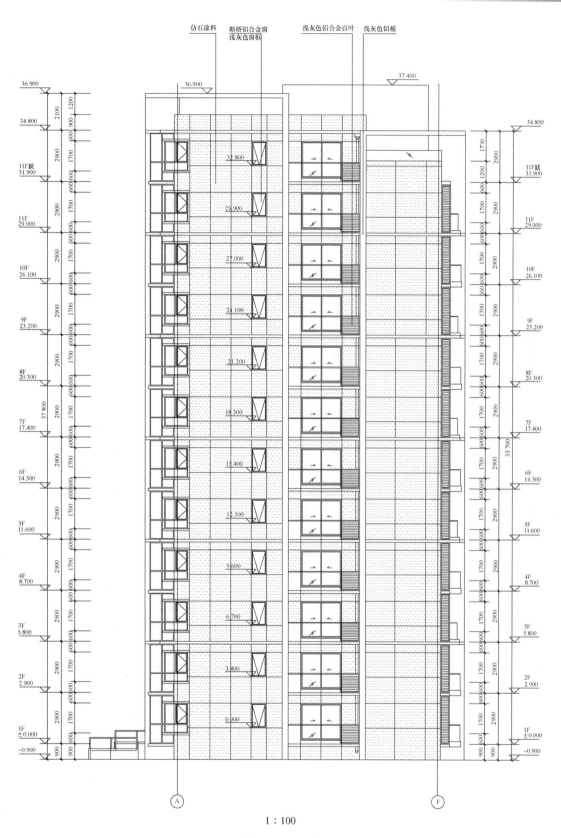

1 : 100

图 7-8　某家园小区 C 座东立面图

图 7-9　某家园小区 C 座北立面图

1 : 100

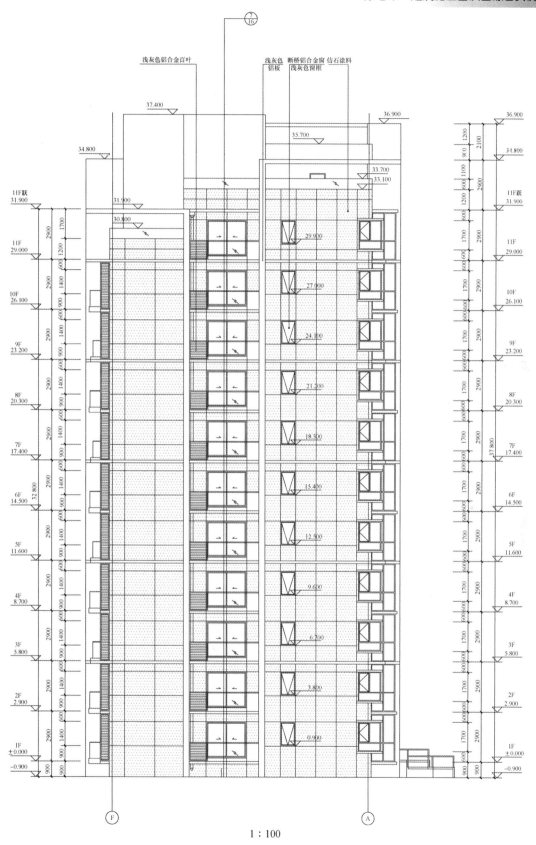

1：100

图7-10　某家园小区C座西立面图

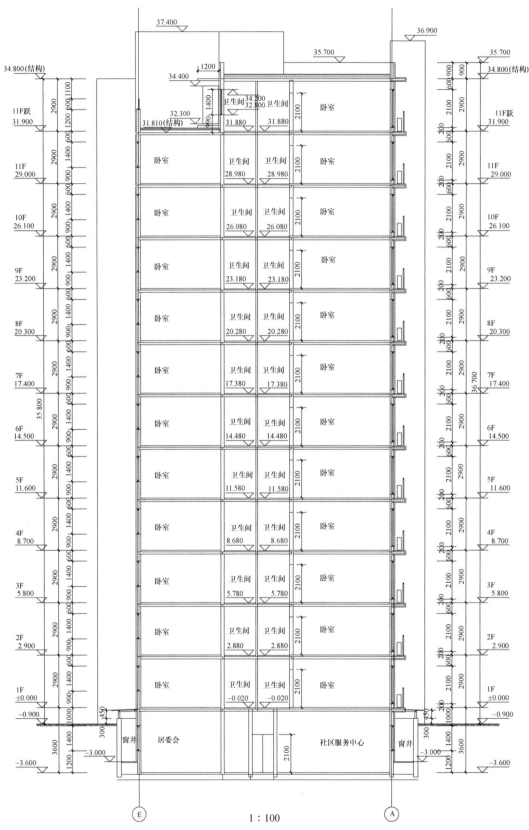

图 7-11　某家园小区 C 座 1—1 剖面图

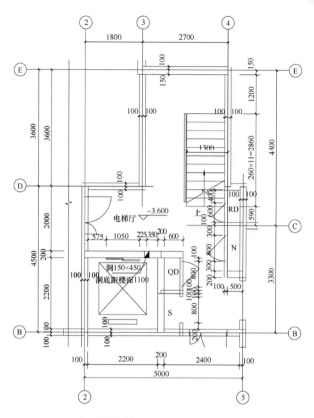

C座1号电梯地下一层平面图 1∶50

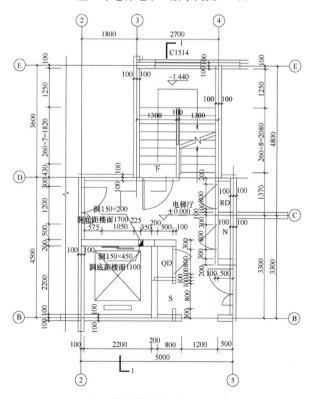

C座1号电梯首层平面图 1∶50

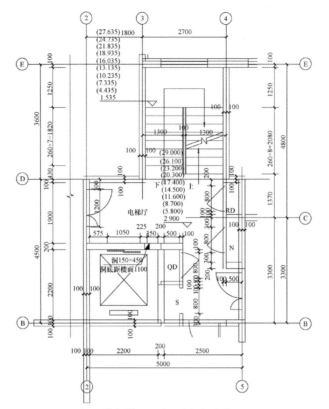

C座1号电梯二至十一层平面图 1:50

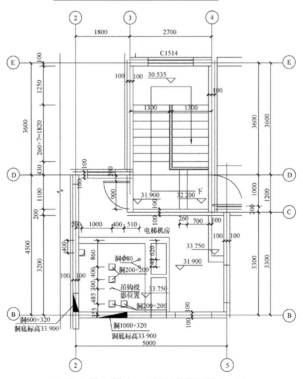

C座1号电梯十一层跃层平面图 1:50

图7-12 某家园小区C座1号电梯平面图

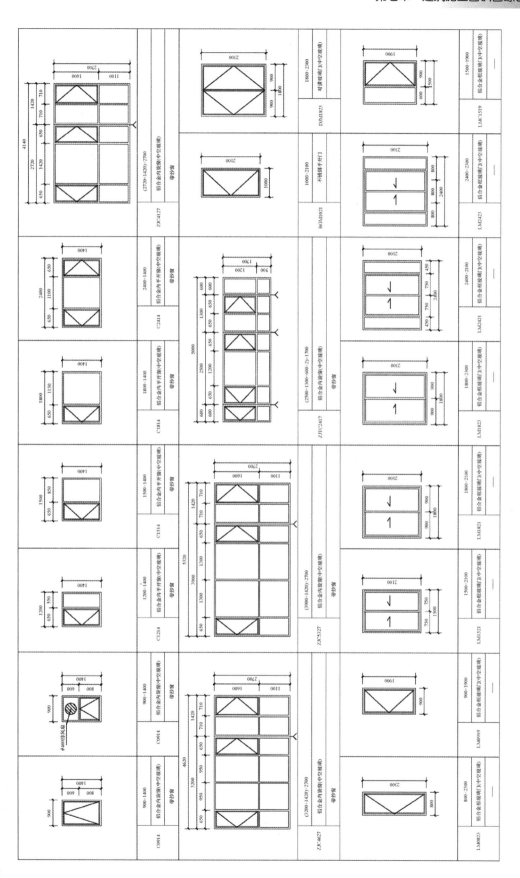

图 7-13　某家园小区 C 座门窗详图

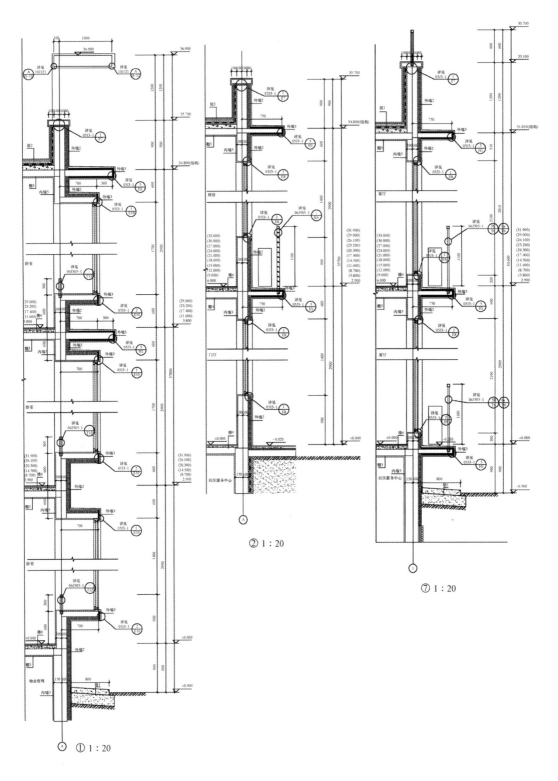

图 7-14 某家园小区 C 座墙身详图

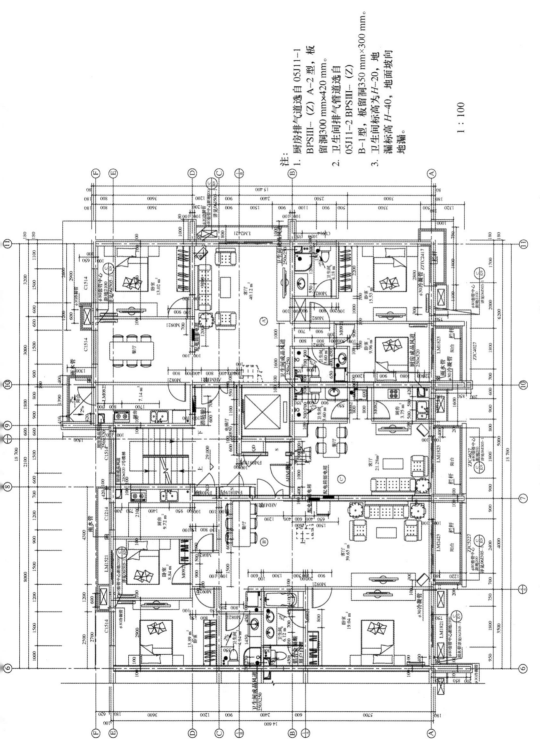

注:
1. 厨房排气道选自 05J11-1 BPSⅢ-(Z) A-2 型, 板留洞300 mm×420 mm。
2. 卫生间排气管道选自 05J11-2 BPSⅢ-(Z) B-1型, 板留洞350 mm×300 mm。
3. 卫生间标高为H-20, 地漏标高为H-40, 地面坡向地漏。

1 : 100

图 7-15 某家园小区 C 座 ABC 户型十一层大样图

表 7-1　门窗数量

类型	门窗编号	图集编号	洞口尺寸 (mm)	数量									选用图集	备注
				地下一层	首层	二层	三、五、七、九层	四、六、八层	十层	十一层	十一层跃层	合计		
窗	C0914	—	900×1400	—	—	4	16×4=64	4×3=12	4	4	7	99	建施-15（门窗详图）	内开下悬窗
	C0914	—	900×1400	—	—	—	—	—	—	—	2	2		内平开窗
	C1214	—	1200×1400	—	2	2	2×4=8	2×3=6	2	2	—	22		
	C1514	—	1500×1400	6	8	8	8×4=32	8×3=24	8	9	2	97		
	C1814	—	1800×1400	4	—	—	—	—	—	—	—	4		
	C2414	—	2400×1400	2	—	—	—	—	—	—	—	2		窗下固定扇为乙级防火窗
转角窗	ZJC4127	—	4140×2700	—	2	2	2×4=8	2×3=6	2	2	1	23		
	ZJC4627	—	4620×2700	—	—	2	2×4=8	2×3=6	2	2	2	22		
	ZJC5327	—	5320×2700	—	2	2	2×4=8	2×3=6	2	2	2	24		
转角凸窗	ZJTC2417	—	2400×1700	—	2	2	2×4=8	2×3=6	2	2	1	23		
夹板门	M0721	2PM-0721	700×2100	—	—	—	—	2×3=6	2	—	2	10	05J4-1（常用门窗）	住户自理
	M0821	2PM-0821	800×2100	—	12	16	16×4=64	12×3=36	12	15	6	161		
	M0921	1PM-0921	900×2100	—	14	14	14×4=56	18×3=54	17	11	10	176		
不锈钢门	BGM1021	—	1000×2100	—	—	—	—	—	—	—	2	2	建施-15（门窗详图）	厂家定做
对讲门	DJM1823	—	1800×2300	—	2	—	—	—	—	—	—	2		
铝合金玻璃门	LM0823	—	800×2300	—	2	2	2×4=8	2×3=6	2	1	—	21		铝合金框，下皮距室内地面400 mm
	LM0919	—	900×1900	—	—	—	—	—	—	—	1	1		
	LM1521	—	1500×2100	—	2	2	2×4=8	2×3=6	2	2	—	22	05J4-2（专用门窗）	下皮距室内地面200 mm
	LM1821	—	1800×2100	—	2	2	2×4=8	2×3=6	2	2	2	24		
	LM1823	—	1800×2300	—	4	4	4×4=16	4×3=12	4	4	3	45		下皮距室内地面200 mm
	LM2421	—	2400×2100	—	2	2	2×4=8	2×3=6	2	2	1	23		
	LM2423	—	2400×2300	—	2	2	2×4=8	2×3=6	2	2	2	24		—

续表7-1

类型	门窗编号	图集编号	洞口尺寸 (mm)	数量								合计	选用型集	备注
				地下一层	首层	二层	三、五、七、九层	四、六、八层	十层	十一层	跃层			
门联窗	LMC1519	—	1500×1900	—	—	—	—	—	—	1	3	4		铝合金框，下皮距室内地面400 mm
入户门	AHM1021甲	AHM07-1021(甲)	1000×2100	—	—	2	2×4=8	—	—	2	—	12		四防门：甲级防火、防盗、隔声、保温
	AHM1221甲	AHM07-1221(甲)	1200×2100	2	4	4	4×4=16	4×3=12	4	3	—	46		
	AHM1221	AHM07-1221	1100×2100	2	—	—	—	—	—	—	—	2		三防门防盗：隔声、保温
	AHM1521	AHM07-1521	1500×2100	6	—	—	—	—	—	—	—	6	05J4-2(专用门窗)	
防火门	FM1021乙	MFM03-1021(乙)	1000×2100	—	2	—	—	—	—	—	—	2		乙级木质防火门
	FM1221甲	MFM03-1221(甲)	1200×2100	3	—	—	—	—	—	—	—	3		甲级木质防火门
	FM1221乙	MFM03-1221(乙)	1200×2100	2	—	—	—	—	—	—	—	2		乙级木质防火门
	GFM0921甲	SFMC3-0921(甲)	900×2100	—	—	—	—	—	—	—	2	2		甲级钢质防火门
	GFM1020甲	GFM03-1020(甲)	1000×2000	2	—	—	—	—	—	—	—	2		
管井检修门	FM0619丙	MFM09-0619(丙)	600×1900	2	—	—	—	—	—	—	—	2		丙级木质防火门，下皮距室内地面200 mm
	FM0819丙	MFM09-0819(丙)	800×1900	6	8	8	8×4=32	8×3=24	8	8	—	94		

第二节 综合实例二——托老所工程

一、设计依据及工程概况

1. 设计依据

1）×××规划委员会的规划意见书（公共建筑）。

2）×××设计任务书。

3）《建筑设计防火规范》（GB 50016—2014）（2018年版）、《民用建筑设计统一标准》（GB 50352—2019）《老年人照料设施建筑设计标准》《居住建筑节能设计标准》（DB11/891—2020）。

4）其他现行国家有关建筑设计规范、规定。

2. 工程概况

1）性质：×××托老所项目。

2）位置：本工程用地位于×××地块。

3）建筑层数、高度：

本套图纸适用于×××托老所。

建筑高度：9.15 m，地上2层。

总建筑面积：1173.23 m²。

4）本工程为多层建筑，耐火等级二级，抗震设防烈度8度，结构设计使用年限50年。

5）本工程设计标高±0.000相当于绝对标高数值详见施工图总平面图。室内外高差300 mm。

各层标高为完成面标高，屋面标高为结构面标高。

本工程标高以米（m）为单位，尺寸以毫米（mm）为单位。

结构类型：框架结构。

二、墙体、门窗、屋面做法

1. 墙体

1）本建筑为钢筋混凝土框架结构。非承重外墙、部分填充墙等采用轻集料混凝土空心砌块填充，厚度为200 mm、300 mm、350 mm，部位详见图纸。

内隔墙采用轻集料混凝土空心砌块，厚度详见平面图。轻集料混凝土砌块墙构造柱设置见结构设计说明，做法详见结构专业图纸。

2）不同墙基面交界处均加铺通长玻璃纤维布防止产生裂缝，宽度为500 mm。

3）当主管沿墙（或柱）敷设时，待管线安装完毕后用轻质墙包封隐蔽，做法参见二次装修，竖井墙壁（除钢筋混凝土墙外）砌筑灰缝应饱满并随砌随抹光。

4）所有隔墙上大于300 mm×300 mm的洞口需设过梁，过梁大小参见结施过梁表。

5）凡需抹面的门窗洞口及内墙阳角处均应用 1 : 2.5 水泥砂浆包角，各边宽度为 80 mm，包角高度距楼地面不小于 2 m。

6）施工与装修均应采用干拌砂浆与干拌混凝土。

2. 门窗

1）外窗选用断桥铝合金中空玻璃窗，门窗立面形式、颜色看样订货，门窗开启方式、用料详见门窗大样图，门窗数量见门窗表。

2）门窗立樘位置：外门窗立樘平齐于外墙皮，内门窗立樘位置除注明外，外窗框与墙体缝隙采用高效保温材料填堵，双向平开门立樘居墙中，单向平开门立樘与开启方向墙面平齐。

外门窗气密性不应低于《建筑外门窗气密、水密、抗风压性能分级及检测方法》（GB/T 7106—2019）6 级，传热系数详见节能设计。

3）门窗加工尺寸要按门窗洞口尺寸减去相关外饰面的厚度。

4）内门为木夹板门，一次装修安装到位。

5）门窗玻璃应符合《铝合金门窗工程技术规范》（JGT 214—2010）的规定，开启外窗均带纱扇。

6）玻璃幕墙、铝塑板幕墙设计与施工执行《玻璃幕墙工程技术规范》（JGT 102—2003）。由专业厂家二次设计，经设计院认可后方可施工，构造做法可参见图集 03J103-2~7 建筑幕墙的相关内容。

7）出入口的玻璃门、落地玻璃隔断均采用安全玻璃。

8）面积大于 1.5 m^2 的玻璃均采用安全玻璃。距地 0.6~1.2 m 高度内，不应装易碎玻璃。

3. 屋面

1）屋1（彩色水泥瓦）：做法见《建筑构造通用图集（工作做法）》（12BJ1-1）坡屋 1-A1。

2）屋2（雨篷等屋面）：做法见《A 级不燃材料外墙外保温图集》（12BJ2-11）第 37 页 4a。

三、装饰装修做法

1. 外装修

本工程外装修为涂料饰面，做法详见《建筑构造通用图集（工作做法）》（12BJ1-1）第 B6 页外涂 2-1。其设计详见立面图，材料做法详见材料做法表，规格及排列方式见详图，材质、颜色要求须提供样板，由建设单位和设计单位认可。

2. 内装修

一般装修见房间用料表。

1）本工程设计室内装修部分详见装修设计图纸，材料做法表仅作参考。简单装修部分详见材料做法表。所选用的材料和装修材料必须符合《民用建筑工程室内环境污染控制标准》（GB 50325—2010）及《建筑内部装修设计防火规范》（GB 50222—2017）的规定。

2）房间在装修前，楼地面做至找平层，墙面做至砂浆打底，顶棚做至板面脱模。

3）凡设吊顶房间墙面抹灰高度均至吊顶以上 200 mm。

4）凡设有地漏房间应做防水层，图中未注明整个房间做坡度者，均在地漏周围 1 m 范围内做 1% 坡度坡向地漏；卫生间（无障碍卫生间除外）、设备间等有水房间的楼地面应低于相邻房间 20 mm 以上。

5）除注明外，不同材料楼面分界线均设于门框厚度中心，不同标高地面分界线应与低标高房间的内墙面平齐。

6）所有外露钢构件在涂漆前需做除锈和防锈处理，所有铁制及木制预埋件均需做防锈和防腐处理。

7）设备基础、留洞均应待货到后核实无误方可施工，且设备基础完工后再施工楼面。

8）所有栏杆及百页的样式及与墙体的固定方法均与厂家商定。室内楼梯扶手高度 0.9 m，水平段长度大于 0.5 m 时，栏杆高度 1.05 m。室外楼梯扶手高度 1.1 m。所有楼梯栏杆做法采用《北京市建筑标准设计图集（无障碍设施）》（10BJ12-1），踏步防滑做法采用《建筑造通用图集（楼梯）》08BJ7-1。

9）垃圾收集：使用成品垃圾箱，统一管理。

10）经常接触的 1.30 m 以下的室外墙面不应粗糙，室内墙面宜采用光滑易清洁的材料，墙角、窗台、暖气罩（参照《幼儿园建筑构造与设施标准图集》11J935）、窗口竖边等棱角部位必须做成小圆角。

11）本工程夏季采用分体空调制冷，空调冷凝水管集中设置，具体位置详见建筑及暖通专业图纸。

12）凡穿透墙体的暗装设备箱背后挂钢板网抹灰，然后按房间用料表做饰面层。留洞位置详见平面图或详图。凡需暗包消火栓箱的，封包做法由室内装修设计确定。

13）设备箱体留洞详见平面图。

四、无障碍设计说明

1）首层入口设无障碍坡道，见平面图。

2）建筑入口坡道、公共卫生间等处均按无障碍标准设置无障碍标志。

3）卫生间内与坐便器相邻墙面应设水平高 0.70 m 的 L 形安全扶手或"冂"形落地式安全扶手。水盆一侧贴墙设安全扶手。扶手做法详见《北京市建筑标准设计图集（无障碍设施）》（10BJ12-1）第 C10 页详图 1。无障碍卫生间地面低于楼层地面 15 mm，并以缓坡过渡。

4）各层供轮椅通行的门扇构造应符合《无障碍设计规范》（GB 50763—2012）第 3.5.3 条第 6 款、3.9.3 条第 3 款的规定。

5）通过式走道两侧墙面 0.90 m 与 0.65 m 处宜设 $\phi 40\sim50$ mm 的圆杆横向扶手，扶手离墙表面间距 40 mm；走道两侧墙面下部应设 0.35 m 高的护墙板。护墙板做法详见《北京市建筑标准设计图集（无障碍设施）》（10BJ12-1）第 B11 页详图 2。走道扶手做法详见《北京市建筑标准设计图集（无障碍设施）》（10BJ12-1）第 B36 页详图 A，上下两层。

6）楼梯与坡道两侧离地高 0.90 m 和 0.65 m 处应设连续的栏杆与扶手，沿墙一侧扶手应水平延伸。楼梯扶手做法详见《北京市建筑标准设计图集（无障碍设施）》（10BJ12-1）第 B35 页详图 5、第 B36 页详图 A，上下两层。

7）设电梯的老年人建筑，电梯厅及轿厢尺度必须保证轮椅和急救担架进出方便，轿厢沿周边离地 0.90 m 和 0.65 m 高处设介助安全扶手。电梯速度选用慢速度，梯门采用慢关闭，并内装电视监控系统。

五、保温、节能设计

1）本建筑为居住类节能建筑，执行《居住建筑节能设计标准》（DB11/891—2020）。

2）设计建筑，朝向南北向，体形系数见表 7-2。

表 7-2　各朝向外门窗窗墙比、体形系数、层数

项目	窗墙比				体形系数	层数
	南向	北向	东向	西向		
托老所	0.29	0.23	0.16	0.07	0.29	2

3）建筑为框架结构，采用外墙外保温体系，墙身细部、女儿墙、勒脚等部位均应采取保温措施，做法见《A 级不燃材料外墙外保温图集》（12BJ2-11）。

4）屋顶、外墙等部位围护结构节能设计见表 7-3。

表 7-3　屋顶、外墙等部位围护结构节能设计

序号	部位		保温材料	厚度（mm）	构造做法	传热系数 [W/（m² · K）]
1	屋面	屋1	钢网岩棉板	80	坡屋1-A1	0.51
2	外墙	外墙1	HIP 真空绝热板	20	12BJ2-11 外墙 A10	0.32
3	非采暖空调间与采暖空调间	隔墙	玻化微珠保温砂浆	35	12BJ1-1 内墙温 2B	1.39
		楼板	超细无机纤维	20	12BJ1-1 棚温 3A	1.25
4	接触室外空气的架空或外挑楼板		硬泡聚氨酯	50	12BJ2-11-37-1	0.48

注：设计建筑保温部位补充说明：

1. 平屋顶保温包括屋顶层上人平台。

2. 外墙为轻集料混凝土空心砌块外墙保温构造。

3. HIP 真空绝热板的物理性能参见《建筑构造专项图集》（12BJZ48）。

5）外门窗及屋顶天窗节能设计。

（1）各朝向外门窗窗墙比见表 7-2。

（2）外门窗、屋顶天窗构造做法及性能指标见表 7-4。

表 7-4　外门窗、屋顶天窗构造做法及性能指标

部位	框料选型	玻璃种类	间隔层厚度（mm）	传热系数 [W/（m² · K）]	遮阳系数
外门窗	断桥铝合金	6+12A +6 Low-E	12（空气）	1.8	不限

（3）外窗气密性能不应低于《建筑外门窗气密、水密、抗风压性能分级及检测方法》（GB/T 7106—2000）中的 4 级水平，透明幕墙气密性不应低于《建筑幕墙气密、水密、抗风压性能分级及检测方法》（GB/T 15227—2019）中的 2 级水平。外门窗立口平齐外墙皮，外窗框与墙体缝隙采用高效保温材料填堵。可见光透射比为 75%，满足限值要求。

六、防水、防潮、防火

1. 防水、防潮

1）室内防水：

（1）卫生间等需要防水的楼地面采用 1.5 mm 厚聚合物水泥基防水涂料，做法见房间用料表。

（2）卫生间等需要防水的楼地面的防水涂料应沿四周墙面高起 250 mm。墙面防水应做至距地 1800 mm。

（3）有防水要求的房间穿楼板立管均应预埋防水套管，防止水渗漏，做法见给水工程 91SB3。

2）屋面防水等级为 Ⅱ 级，合理使用年限 15 年。采用外排水方式，雨水管内径 100 mm。管材见平面标注。

3）防水构造要求：屋面、外墙、卫生间、水池等防水做法详见相关的节点大样图，图中未注明的部分应参见《建筑构造通用图集（屋面详图）》（08BJ5-1）、《建筑构造通用图集（卫生间、洗池）》（88J8）。管道穿过有防水要求的楼地面须做防水套管，并高出建筑地面 30 mm，管道与套管间采用麻油灰填塞密实。

4）工程中所用防水材料，必须经过有关部门认证合格。

5）防水施工应严格执行《屋面工程技术规范》（GB 50345—2012）、《屋面工程施工质量验收规范》（GB 50207—2012）及其他有关施工验收规范。

6）屋面防水层和卫生间防水做完后，应按规定要求做渗水试验，经有关部门检查合格后，方可进行下一道工序，并在后续作业和安装过程中，确保防水层不被破坏。

2. 防火

1）本建筑的一个长边临市政规划道路，且不超 150 m，满足消防要求。

2）本工程的耐火等级为二级。

3）本工程为一个单体建筑：地上部分每层为一个防火分区，面积均小于 2500 m²。

4）疏散宽度：地上部分每层人数最多为 30 人，需要的最大疏散宽度为 1.1 m，实际疏散宽度为 3.05 m，设两部疏散楼梯满足疏散要求。

5）建筑内隔墙均应从楼地面基层砌至梁板底，穿过防火墙的管道处，应采用不燃烧材料将空隙填塞密实。

6）疏散楼梯装修材料按《建筑内部装修设计防火规范》（GB 50222—2017）选材和施工。

7）水暖专业预埋穿楼板钢套管，竖井每层楼板处用相当于楼板耐火等级的非燃烧体在管道四周做防火分隔。其他各专业竖井在管线安装完毕后，在每层楼板处补浇混凝土封堵，详见结构专业图纸。

8）其他有关消防措施见各专业图。

9）本工程建筑外保温及外墙装饰设计执行公安部、住建部颁发的《民用建筑外保温及外墙装饰防火暂行规定》（公通字〔2009〕46号）的相关规定。首层防护厚度不应小于6 mm，其他层不应小于3 mm。

七、室内环境污染控制

1）所使用的砂、石、砌块、水泥、混凝土、混凝土预制构件等无机非金属建材应符合放射性限量要求，并符合《民用建筑工程室内环境污染控制标准》（GB 50325—2020）的规定。

2）非金属装修材料（如石材、建筑卫生陶瓷、石膏板、吊顶材料、无机瓷质砖粘结材料等）应符合放射性限量要求，并符合《民用建筑工程室内环境污染控制标准》（GB 50325—2020）的规定。

3）所使用的能释放氨的阻燃剂、混凝土外加剂，氨的释放量不应大于0.10%。

4）甲方提供建筑场地土壤氡浓度或土壤氡析出率检测报告，根据其结果确定是否采取防氡措施，若需采取措施，则应符合《民用建筑工程室内环境污染控制标准》（GB 50325—2020）第4.2.4～4.2.6条的规定。

5）所选建筑材料（含室内装修材料）应为无污染的建筑材料，室内空气污染物活度和浓度应符合要求。

6）楼板的撞击声隔声性能及楼板的计权标准化撞击声压级，不应大于75 dB。

八、其他

1）本施工图应与各专业设计图密切配合施工，注意预留孔洞、预埋件，不得随意剔凿。

2）预埋木砖均做防腐处理，露明铁件均做防锈处理。

3）两种材料的墙体交接处，在做饰面前均须加钉金属网，防止产生裂缝。

4）凡涉及颜色、规格等的材料，均应在施工前提供样品或样板，经建设单位和设计单位认可后，方可订货、施工。

5）本说明未尽事宜均按国家有关施工及验收规范执行。

6）电梯选型见表7-5。

表7-5　电梯选型

编号	电梯选型						数量（台）	停站层	备注
	类别	型号	乘客人数	载重（kg）	速度（m/s）				
1	乘客电梯	奥的斯 GeN2P13-09-1.0-L	13	1000	1.0		1	2	符合无障碍要求

注：电梯厅及轿厢尺度必须保证轮椅和急救担架进出方便，轿厢沿周边离地0.90 m和0.65 m高处设介助安

全扶手。电梯速度选用慢速度，梯门采用慢关闭，并内装电视监控系统。

7）房间用料见表 7-6。

8）太阳能设计：

（1）太阳能热水系统设计应在相邻建筑日照、安装部位的安全防护等方面执行《民用建筑太阳能热水系统应用技术标准》（GB 50364—2018）。

（2）建筑物上安装太阳能热水系统，不得降低相邻建筑的日照标准。

（3）在安装太阳能集热器的建筑部位，应设置防止太阳能集热器损坏后部件坠落伤人的安全防护设施。

（4）太阳能热水系统的结构设计应为太阳能热水系统安装埋设预埋件或其他连接件。连接件与主体结构的锚固承载力设计值应大于连接件本身的承载力设计值。

（5）轻质填充墙不应作为太阳能集热器的支承结构。

九、图纸内容

1）×××托老所一层、二层平面图、剖面图及其讲解，如图 7-16 ～图 7-21 所示。

2）×××托老所 3.4 m 标高处与 4.25 m 标高处雨篷平面图、立面图、剖面图及其讲解，如图 7-22、图 7-23 所示。

3）×××托老所屋顶平面图、立面图及其讲解，如图 7-24 ～图 7-28 所示。

4）×××托老所剖面图、立面图及其讲解，如图 7-29 ～图 7-32 所示。

5）×××托老所楼梯详图、卫生间详图、门窗详图、电梯详图及其讲解，如图 7-33 ～图 7-36 所示。

6）×××托老所墙身详图及其讲解，如图 7-37 ～图 7-39 所示。

表7-6 房间用料

房间名称	楼地面		踢脚线及墙裙		内墙		顶棚		备注
	做法	燃烧性能等级	做法	燃烧性能等级	做法	燃烧性能等级	做法	燃烧性能等级	
康复（保健）室、观察（理疗）室、活动室、居室、健身娱乐室、阅览室、餐厅	地13（石塑卷材防滑地砖地面）用于首层130厚，楼13B（石塑卷材防滑地砖楼面）50厚	B_1级	石塑卷材踢脚线（300高）	B_1级	内墙3内涂1（乳胶漆墙面）	A级	棚14B内涂1（乳胶漆）、石膏板吊顶	A级	
楼梯间	地13（石塑卷材防滑地砖地面）用于首层130厚，楼13B（石塑卷材防滑地砖楼面）30厚	B_1级	石塑卷材踢脚线（100高）	B_1级	内墙3内涂1（乳胶漆墙面）	A级	棚2A内涂1（乳胶漆）	A级	
厨房（操作间、库房等）	地12F（铺地砖地面）130厚、地12F改（铺地砖地面）150厚	A级	面砖落地、无踢脚线	A级	内墙10-t2（薄型面砖墙面）	A级	棚20A(铝方板吊顶)	A级	无孔
门厅、电梯厅、门斗、走廊	地13（石塑卷材防滑地砖地面）用于首层130厚，楼13B（石塑卷材防滑地砖楼面）50厚	B_1级	石塑卷材踢脚线（300高）	B_1级	内墙3内涂1（乳胶漆墙面）	A级	棚14B内涂1（乳胶漆）、石膏板吊顶	A级	
卫生间、淋浴间	地13F（石塑卷材防滑地砖地面）用于首层130厚，楼13F（石塑卷材防滑水地砖楼面）结构降板130	B_1级	石塑卷材踢脚线（100高）	B_1级	内墙9（薄型面砖墙面）	A级	棚20A(铝方板吊顶)	A级	老人使用
消毒间、备餐间	地12F（铺地砖地面）用于首层130厚，楼12F-1（铺地砖楼面）结构降板130	A级	面砖落地、无踢脚线	A级	内墙9（薄型面砖墙面）	A级	棚20A(铝方板吊顶)	A级	
设备管井	楼3D水泥楼面30厚、地3B水泥地面	A级	踢2（水泥砂浆踢脚线，100高）	A级	内墙4耐水腻子	A级	棚1	A级	

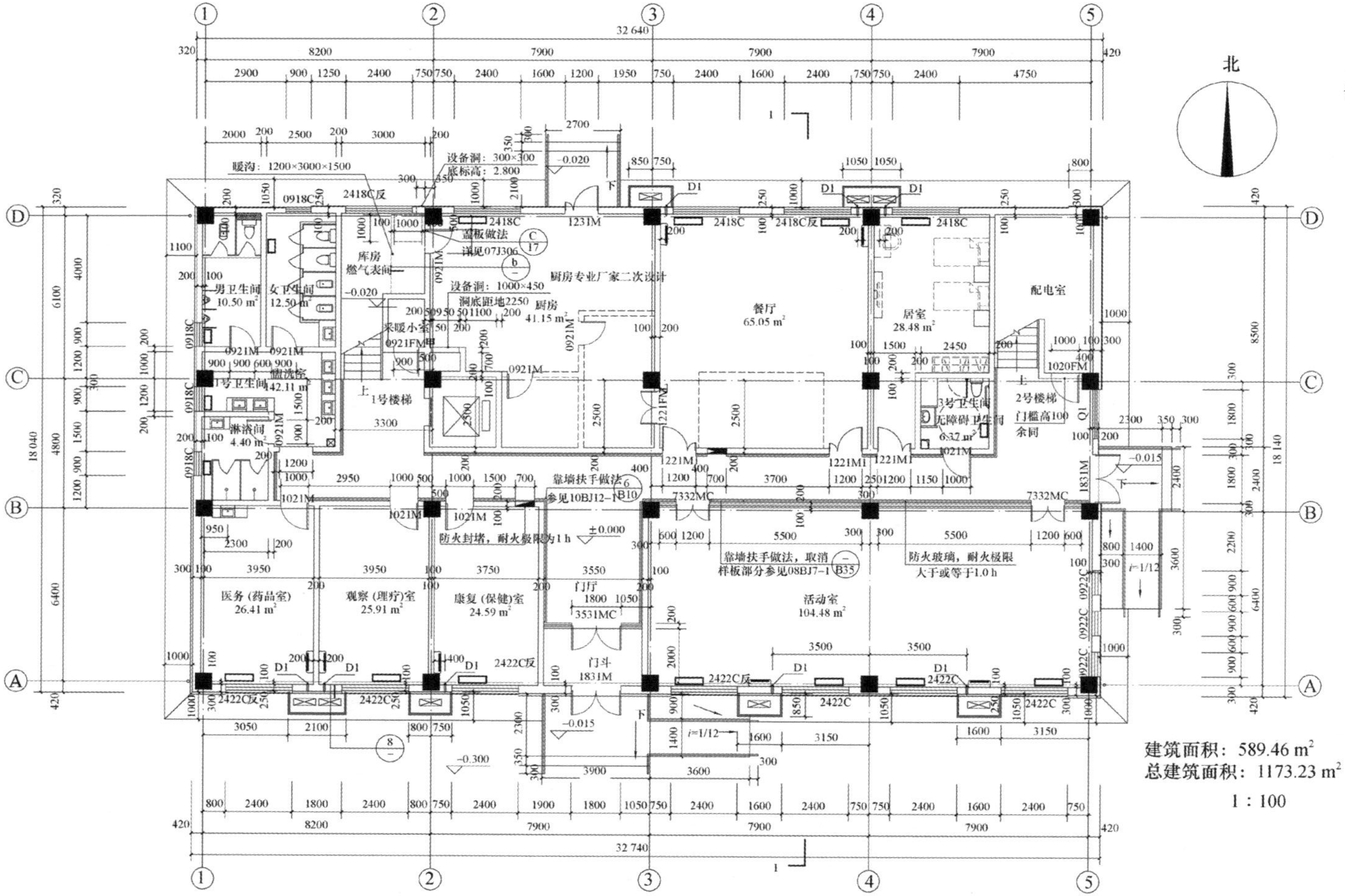

说明（适用于所有平面）：

1. 图中未标注的外墙均为200 mm厚，轻集料混凝土砌块外墙均偏轴100 mm。未标注的内墙均为200 mm厚，轻集料混凝土砌块轴线居中。

2. 台阶做法参见12BJ1-1 台A/A18。

3. 无障碍坡道做法参见12BJ1-1 坡4/A18。

4. 坡道栏杆做法参见12BJ1-1 4/18。

5. 散水向外找坡4%，做法详见12BJ1-1 散1/A21。

6. 空调墙体留洞D1、D2均为φ70，D1中心距地300 mm，D2中心距地2300 mm。

7. 除无障碍卫生间外，卫生间地面标高比户内标高低20 mm，地面向地漏找2%的坡。

建筑面积：589.46 m²
总建筑面积：1173.23 m²
1：100

图7-16 ×××托老所一层平面图

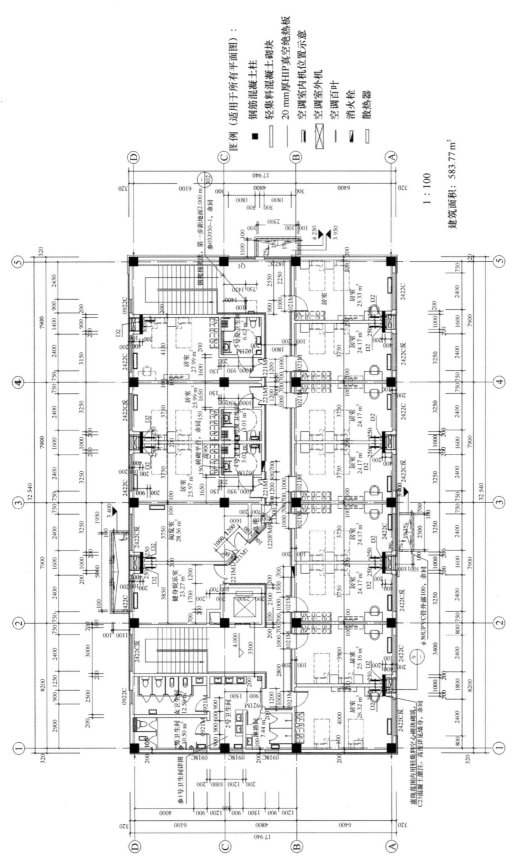

图 7-17　×××托老所二层平面图

导读:

本图为托老所一、二层平面图。

一层平面建筑面积为589.46 m²,层高为4 m。主要功能为保健区医务(药品室、观察(理疗室、康复(保健)室、厨房、餐厅、卫生间、淋浴间、门厅、活动室、老年人居室。

二层平面建筑面积为583.77 m²,层高为4 m。主要功能为健身娱乐室、阅读室、老年居室、卫生间、淋浴间。

通过一层平面图了解建筑的方向、轴线布置情况。

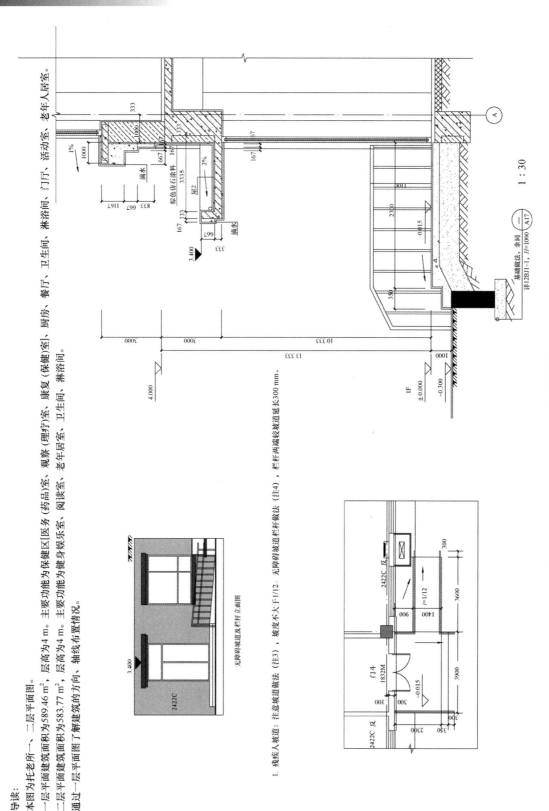

1. 残疾人坡道:注意坡道做法(注3),坡度不大于1/12。无障碍坡道栏杆做法(注4),栏杆两端较坡道延长300 mm。

无障碍坡道及栏杆立面图

图 7-18 ×××托老所一、二层平面图讲解(一)

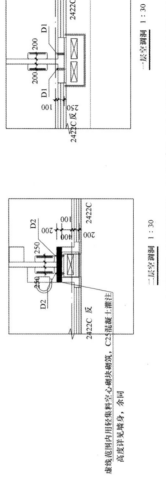

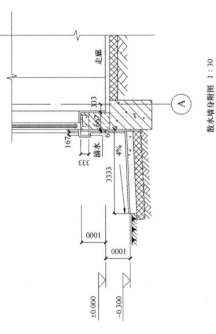

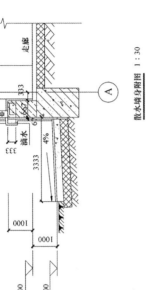

散水墙身附图 1：30

一层空调洞 1：30

二层空调洞 1：30

散水平面图 1：30

2. 台阶：注意台阶做法（注2），与无障碍坡道连接的台阶较室内地面降低15 mm，普通台
阶较室内地面降低20 mm。入口处以斜坡过渡方式连接。（详见台阶墙身附图）

3. 散水：注意散水做法（注5），散水宽度一般为800 mm宽，根据轮毂散水宽度从建筑结构面算
1000 mm即可。散水找坡为4‰。（详见散水墙身附图）

4. 空调留洞：空调洞体留洞洞D1、D2均为φ70。D1中心距地300 mm，D2中心距地2300 mm。

墙筑范围内用轻集料集料空心砌块砌筑，C25混凝土灌注，
高度详见详图墙身，余同

图 7-19　×××托老所一、二层平面图讲解（二）

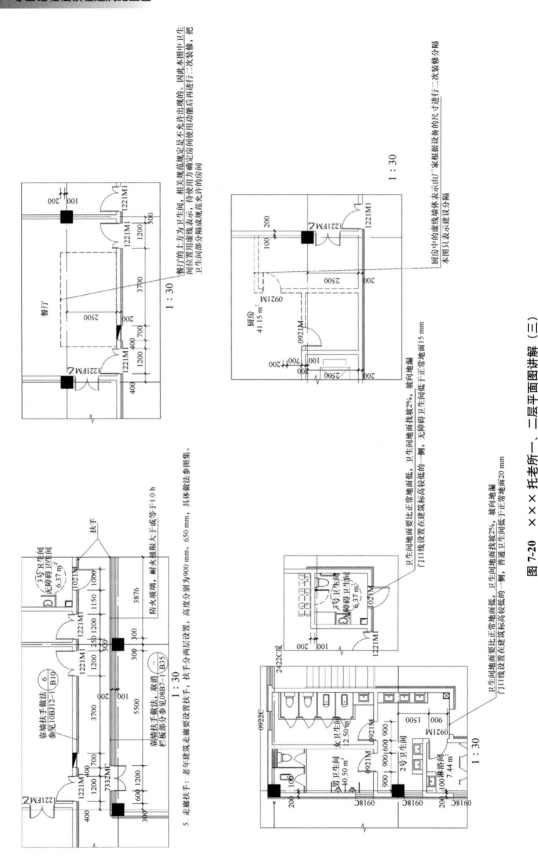

图 7-20 ×××托老所一、二层平面图讲解（三）

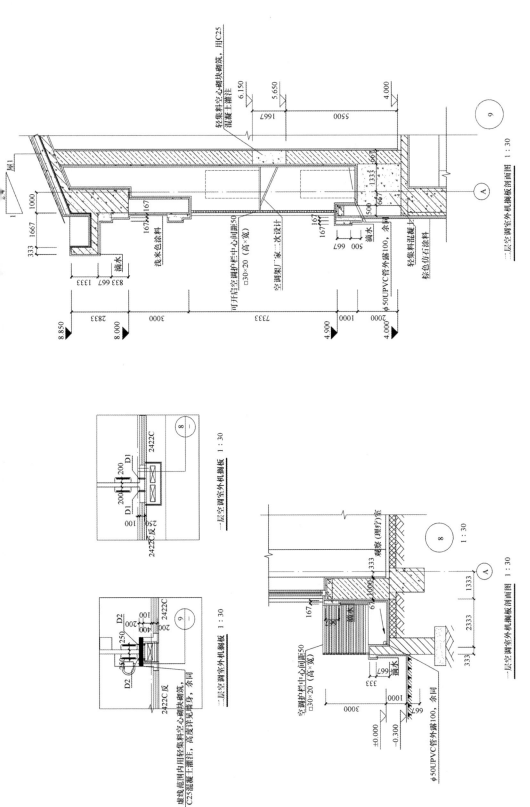

图7-21 ×××托老所一、二层空调室外机搁板剖面图

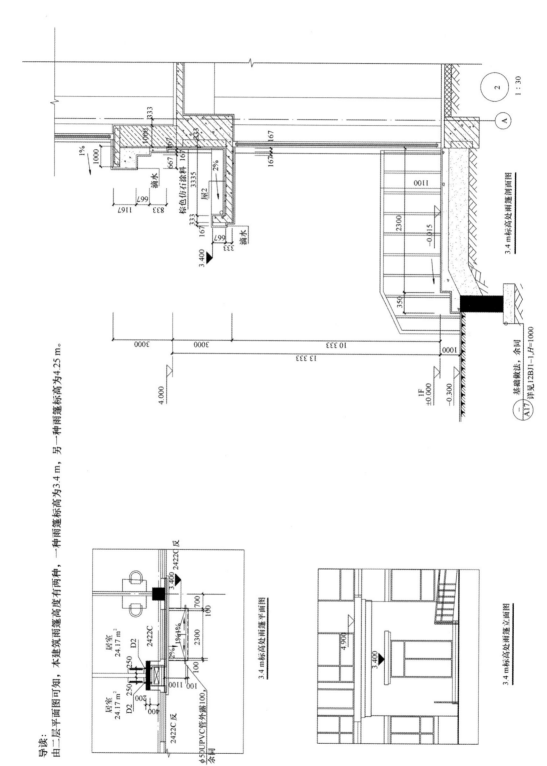

导读：
由二层平面图可知，本建筑雨篷高度有两种，一种雨篷标高为3.4 m，另一种雨篷标高为4.25 m。

图7-22 ×××托老所3.4 m标高处雨篷平面、立面及剖面图

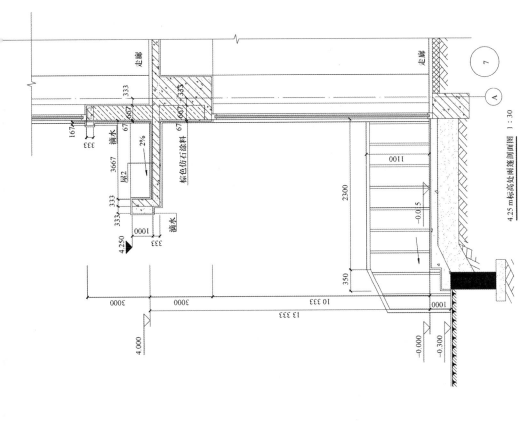

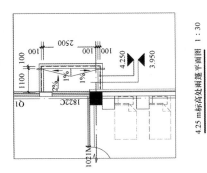

4.25 m标高处雨篷平面图 1∶30

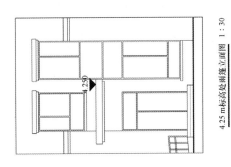

4.25 m标高处雨篷立面图 1∶30

图 7-23　×××托老所 4.25 m 标高处雨篷平面、立面及剖面图

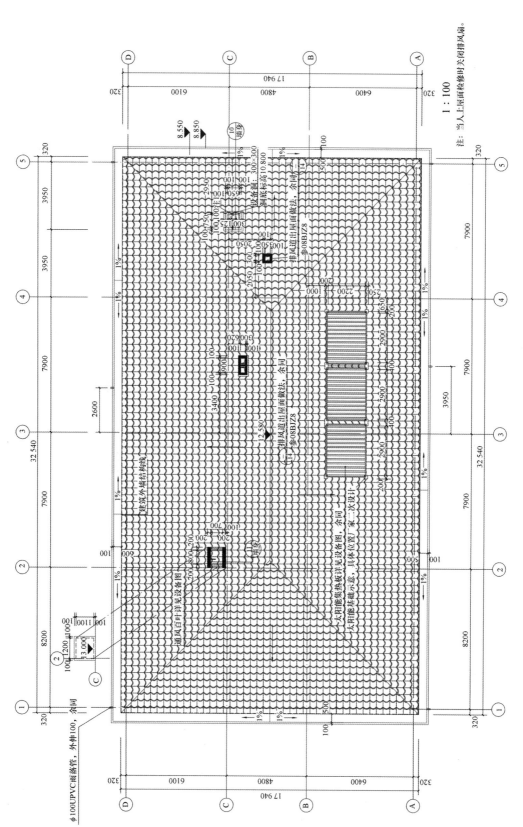

图 7-24 ×××托老所屋顶平面图

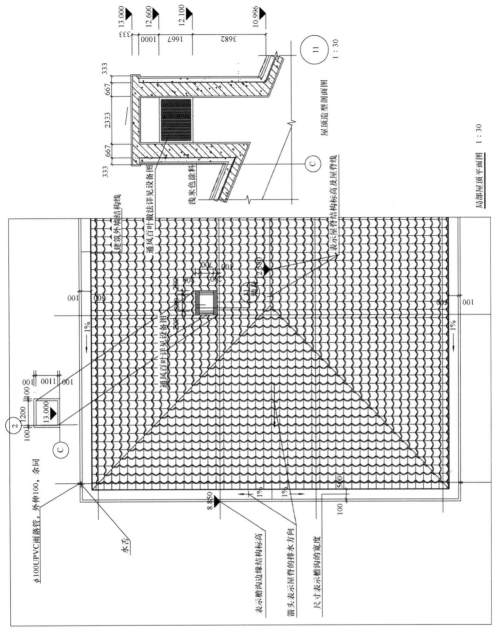

图 7-25　×××托老所屋顶平面图讲解（一）

导读：

本层为托老所屋顶平面图。屋顶平面图表示建筑物屋面的布置情况及排水方式，如屋面的排水方向、坡度、雨水管的位置、凸出屋面的物体及细部做法。该屋面为坡屋面，屋面具体做法详见建面图及墙身详图。屋面的排水方向，表示图中标有排水方向，表示建筑设计说明。图中标有排水方向，檐沟排水找坡1%。

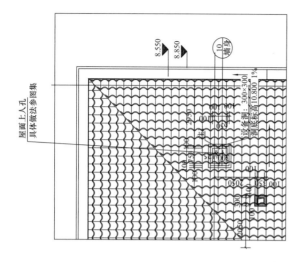

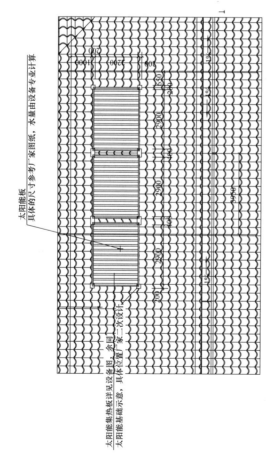

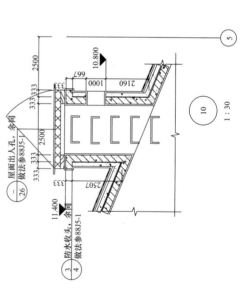

图 7-26 ×××托老所屋顶平面图详解（二）

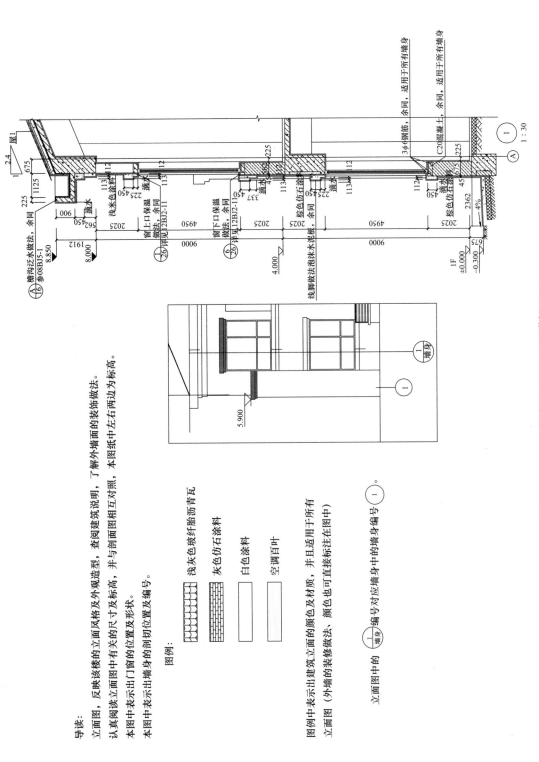

图 7-27　×××托老所屋顶立面图讲解（一）

导读：

立面图，反映该楼的立面风格及外观造型，查阅建筑说明，了解外墙面的装饰做法。

认真阅读立面图中有关的尺寸及标高，并与剖面图相互对照，本图纸中左中右两边为标高。

本图中表示出门窗的位置及形状。

本图中表示出墙身的剖切位置及编号。

图例：

浅灰色玻纤胎加青瓦

灰色仿石涂料

白色涂料

空调百叶

图例中表示出建筑立面的颜色及材质，并且适用于所有立面图（外墙面的装修做法、颜色也可直接标注在图中）。

立面图中的 墙身 编号对应墙身中的墙身编号。

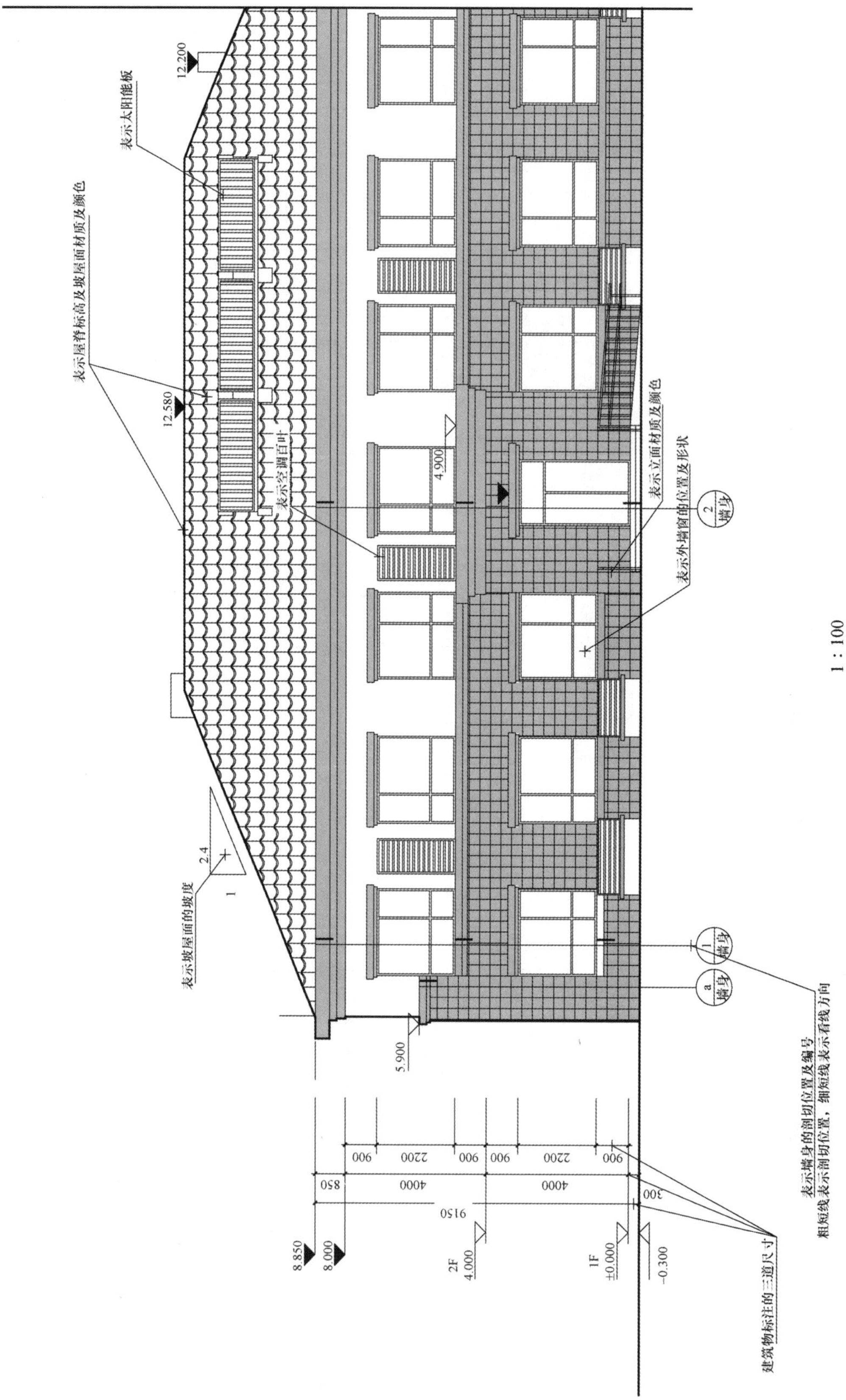
表示太阳能板
12.200
表示屋脊标高及坡屋面材质及颜色
12.580
表示空调百叶
4.900
表示立面材质及颜色
表示外墙窗的位置及形状
2
墙身
1
墙身
a
墙身
表示坡屋面的坡度
2.4
1
5.900
900
2200
900
900
2200
900
850
4000
4000
300
9150
8.850
8.000
2F
4.000
1F
±0.000
-0.300
建筑物标注的三道尺寸
表示墙身的剖切位置及编号
粗短线表示剖切位置，细短线表示看线方向

1：100

图 7-28 ××× 托老所屋顶立面图讲解（二）

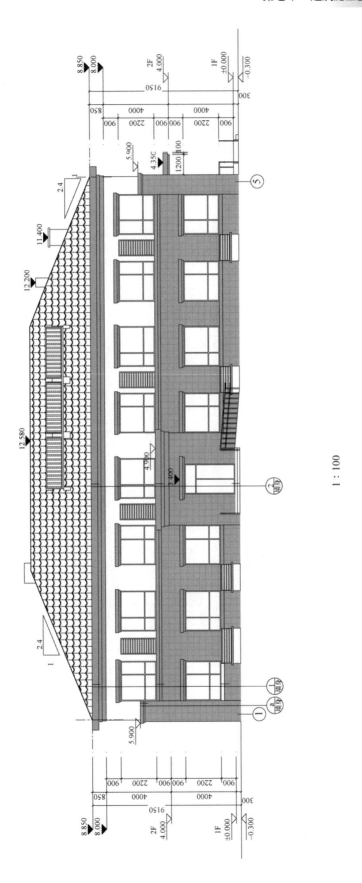

图 7-29 ×××托老所南立面图

1 : 100

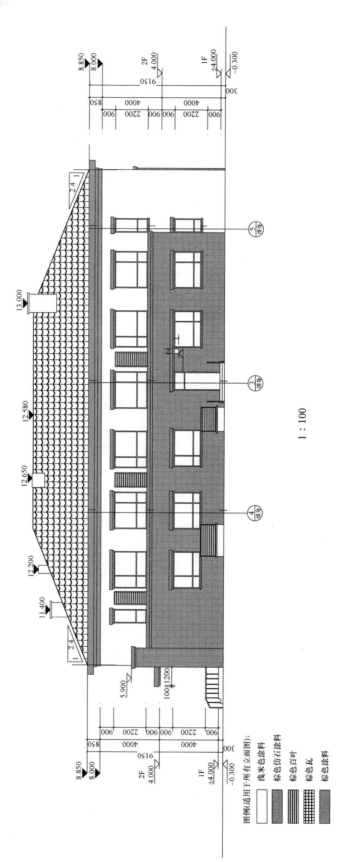

1 : 100

图 7-30 ×××托老所北立面图

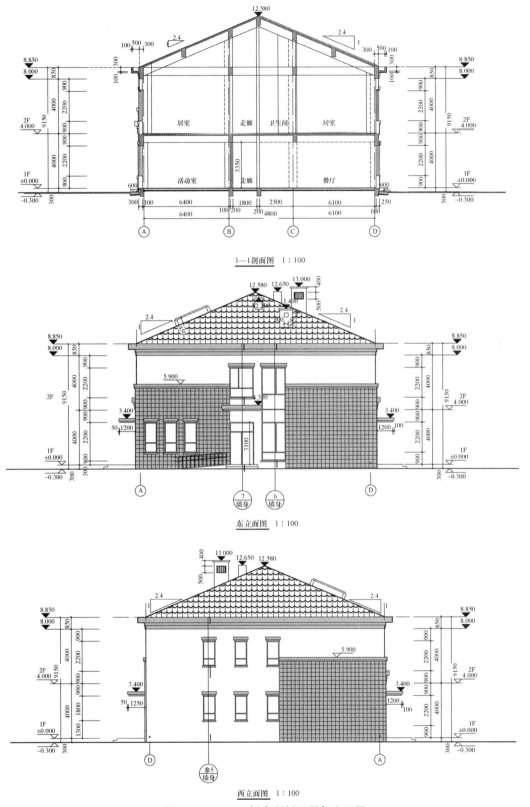

居室　走廊　卫生间　居室

活动室　走廊　餐厅

1—1剖面图　1:100

东立面图　1:100

7 墙身　6 墙身

参5 墙身

西立面图　1:100

图 7-31　×××托老所剖面图与立面图

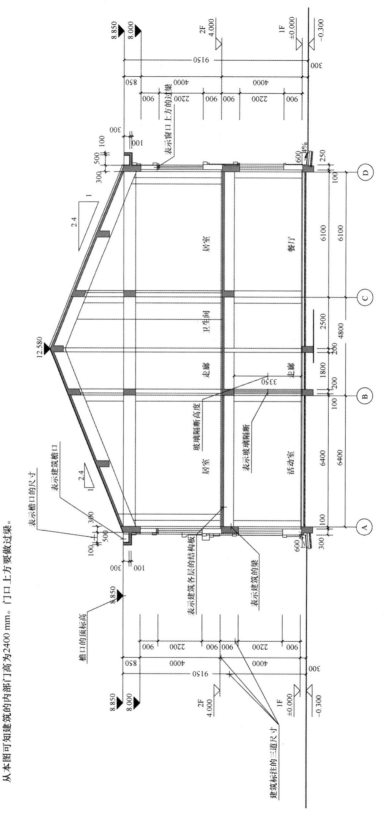

导语:

本层为托老所1—1剖面图。剖切位置详见一层平面图。

由图可知,剖面图的竖向尺寸标注为三道:最外侧一道为建筑总高尺寸,从室外地坪起标注到檐口或女儿墙顶为止。标注建筑物的总高;中间一道尺寸为建筑层高尺寸,标注建筑各层层高;最里边一道为细部尺寸,标注墙段及洞口尺寸。

从本图中可知,标注建筑物外墙上一部分窗的高度为2100 mm,窗台高度为1000 mm。

从本图可知本楼建筑总高度为16.2 m。

剖面图内部主要表示剖到建筑的内部门高。

从本图可知建筑剖到的墙体门高为2400 mm。门口上方要做建筑过梁。

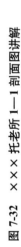

图7-32 ×××托老所1—1剖面图讲解

1—1剖面图 1:100

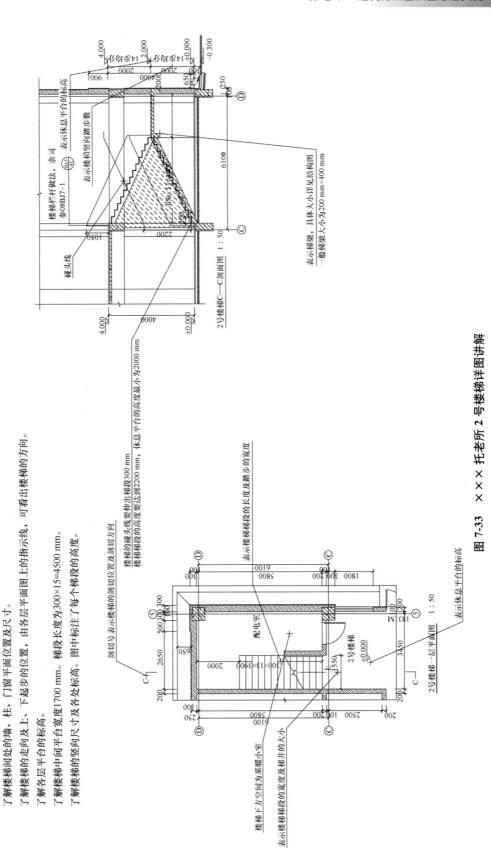

图 7-33　×××托老所 2 号楼梯详图讲解

导语：

本层为托老所2号楼梯详图。

由1号楼梯一层平面图楼梯的相应剖切位置及投影方向，可知楼梯剖面图各为2号楼梯C—C剖面图。

了解楼梯间、梯段、梯井、休息平台的平面形式和尺寸以及楼梯踏步的宽度和踏步数。

了解楼梯间处的墙、柱、门窗平面位置及尺寸。

了解楼梯的走向及上、下起步的位置，由各层平面图上的指示线，可看出楼梯的方向。

了解各层平台的标高。

了解楼梯中间平台平台宽度1700 mm。梯段长度为300×15=4500 mm。

了解楼梯的竖向尺寸及各处标高。图中标注了每个梯段的高度。

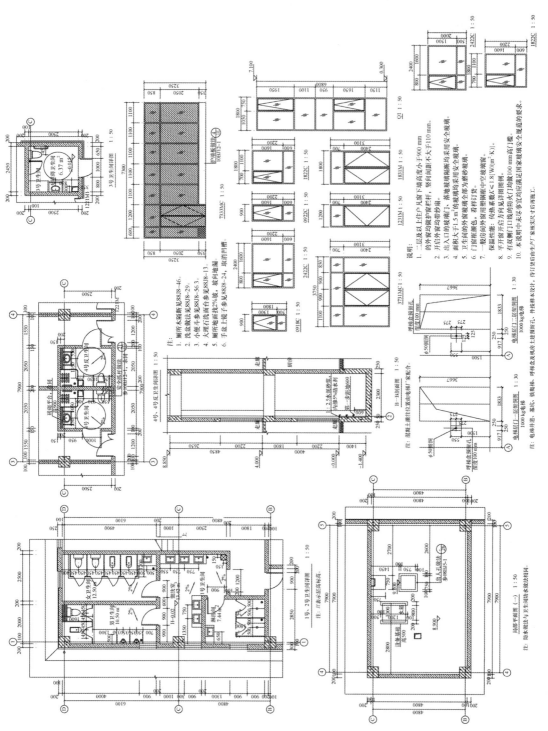

图7-34 ×××托老所门窗、卫生间、电梯井详图

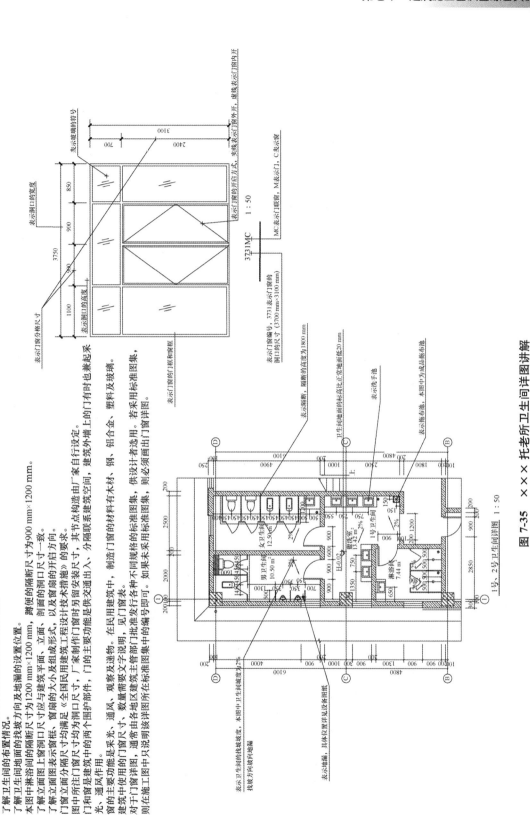

了解卫生间在建筑平面图中的位置及有关轴线的布置。

了解卫生间的布置情况。

本图中淋浴间的找坡方向及地漏的设置位置。

了解卫生间地面的隔断尺寸为1200 mm×1200 mm，蹲便的隔断尺寸为900 mm×1200 mm。

了解立面图上窗洞洞口尺寸应与建筑平面、立面、剖面的洞口尺寸一致。

了解立面图表示窗框架，窗隔画的大小及组成形式，以及窗隔的开启方向。

门窗立面分隔尺寸均满足《全国民用建筑工程设计技术措施》的要求。

图中所注门窗尺寸均为洞口尺寸，厂家制作门窗时另留安装尺寸，其节点构造由厂家自行设定。

门和窗是建筑中的两个围护部件，门的主要功能是供交通通出入，分隔联系建筑空间，建筑外墙上的门有时也兼起采光、通风作用。

窗的主要功能是采光、通风、观察及逃物。在民用建筑中，制造门窗的材料有木材、钢、铝合金、塑料及玻璃。

建筑中使用的门窗尺寸，数量需要文字说明，见门窗表。

对于门窗详图，通常由各地区建筑主管部门批准发行各种不同规格的标准图集，供设计者采用。若采用标准图集，则在施工图中只说明该详图所在标准图集中的编号即可。如果未采用标准图集，则必须画出门窗详图。

表示卫生间间的找坡坡度，本图中卫生间坡度为2%

表示卫生间地面的找坡方向及地漏

表示门洞口的符号

表示门窗的开启方式，头线表示门窗外开，虚线表示门窗内开

MC表示门联窗，M表示门，C表示窗

表示门洞口的宽度

表示门洞口的分格尺寸

表示门窗编号，3731表示门窗的洞口尺寸 (3700 mm×3100 mm)

表示门窗的洞口的高度

表示门窗的门框利铆框

卫生间内地面的标高比正常地面低20 mm

卫生间门洞的高度为1800 mm

表示隔断，隔断的高度为1800 mm

表示洗手池

表示地漏，本图中为成品地台池

表示隔断，具体位置详见设备图纸

3731MC　　1：50

图 7-35　×××托老所卫生间详图讲解

1号、2号卫生间详图　1：50

导读：

由于现在建筑的设计过程中电梯厂家未确定，所以设计中选用电梯为参考样本，待项目施工前确定厂家后，由厂家确认提供电梯井道尺寸等数据后，由设计院配合厂家修改确认图纸后方可施工。

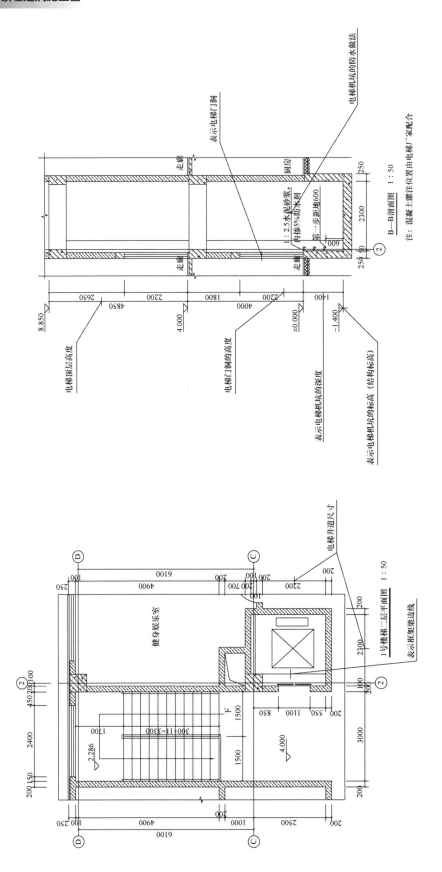

图 7-36 ×××托老所电梯井详图讲解

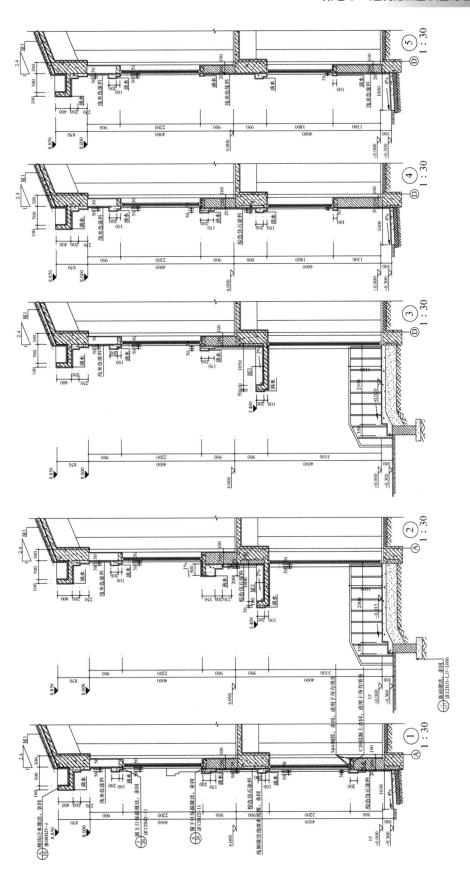

图 7-37 ×××托老所墙身详图（一）

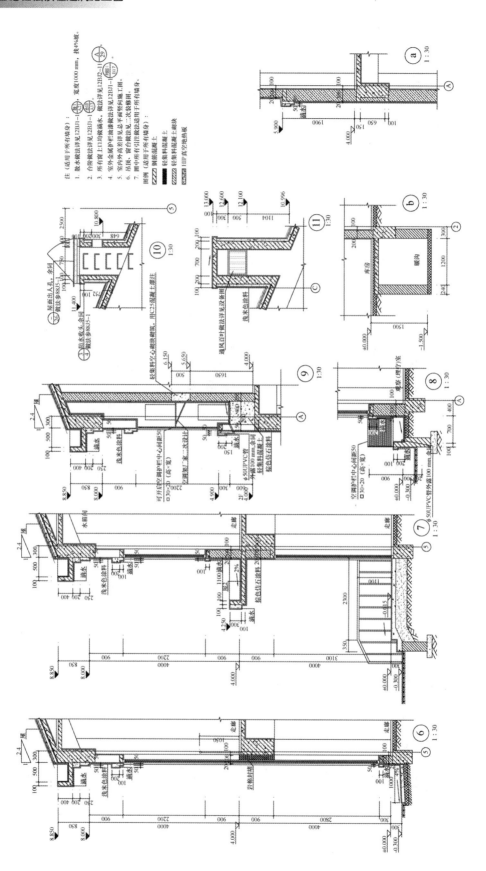

图 7-38 ×××托老所墙身详图（二）

导读：

本图为托老所的墙身详图。

了解建筑各部位的建筑做法。

了解门窗的洞口尺寸及窗口做法。

了解建筑外墙的装饰做法。

了解建筑立面造型。

图例

▨ 钢筋混凝土

▨ 轻集料混凝土

▨ 轻集料混凝土砌块

▨ HIP真空绝热板

说明：

1. 散水做法详见12BJ1-1 散1/A21，宽度1000，找4%坡。

2. 台阶做法：12BJ1-1 台1B/A17。

3. 所有窗上口均做滴水，做法详见12BJ2-11 A/29。

4. 室外金属护栏油漆做法详见12BJ1-1 外围涂2-1/B17。

5. 室内外高差详见总平面竖向施工图。

6. 吊顶、窗台做法见二次装修图。

7. 图中所有引注做法适用于所有墙身。

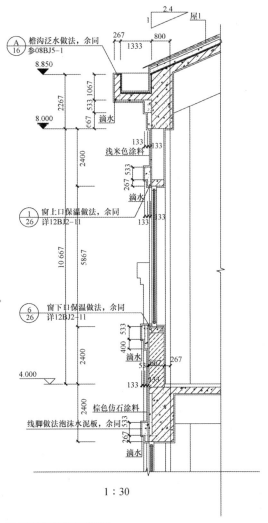

图 7-39　×××托老所墙身详图讲解

第三节　综合实例三——文体活动中心工程

一、设计依据及工程概况

1.设计依据

1）×××规划委员会的规划意见书（公共建筑）。

2）×××文体活动中心设计任务书。

3）《建筑设计防火规范》（GB 50016—2014）（2018年版）、《民用建筑设计统一标准》（GB 50352—2019）、《公共建筑节能设计标准》（DB11/891—2019）。

4）其他现行国家有关建筑设计规范、规定。

2. 工程概况

1）性质：×××文体活动中心项目。

2）位置：本工程用地位于×××地块。

3）建筑层数、高度：

本套图纸适用于：×××文体活动中心。

建筑高度为13.15 m，地上3层，地下一层。

总建筑面积为2939.24 m²，其中地上建筑面积为2215.13 m²，地下建筑面积为724.11 m²。

4）本工程为多层建筑，耐火等级二级，抗震设防烈度8度，结构设计使用年限50年。

5）本工程设计标高±0.000相当于绝对标高数值详见施工图总平面图。室内外高差300 mm。各层标高为完成面标高，屋面标高为结构面标高。

本工程标高以米（m）为单位，尺寸以毫米（mm）为单位。

6）结构类型：框架结构。

二、墙体、门窗、屋面做法

1. 墙体

1）本建筑为钢筋混凝土框架结构。非承重外墙、部分填充墙等采用轻集料混凝土空心砌块填充，厚度分别为200 mm、300 mm，部位详见图纸。

内隔墙采用轻集料混凝土空心砌块，厚度详见平面图。轻集料混凝土砌块墙构造柱设置见结构设计说明，做法详见结构专业图纸。

2）不同墙基面交界处均加铺通长玻璃纤维布防止产生裂缝，宽度为500 mm。

3）当主管沿墙（或柱）敷设时，待管线安装完毕后用轻质墙包封隐蔽，做法参见二次装修，竖井墙壁（除钢筋混凝土墙外）砌筑灰缝应饱满并随砌随抹光。

4）所有隔墙上大于300 mm×300 mm的洞口需设过梁，过梁大小参见结施过梁表。

5）凡需抹面的门窗洞口及内墙阳角处均应用1:2.5水泥砂浆包角，各边宽度为80 mm，包角高度距楼地面不小于2 m。

6）施工与装修均应采用干拌砂浆与干拌混凝土。

2. 门窗

1）外窗选用断桥铝合金中空玻璃窗，门窗立面形式、颜色看样订货，门窗开启方式、用料详见门窗大样图，门窗数量见门窗表。

2）门窗立樘位置：外门窗立樘平齐于外墙皮，内门窗立樘位置除注明外，双向平开门立樘居墙中，单向平开门立樘与开启方向墙面平齐。

外门窗气密性不应低于《建筑外门窗气密、水密、抗风压性能分级及检测方法》（GB/T 7106—2019）中的6级，传热系数详见节能设计。

3）门窗加工尺寸要按门窗洞口尺寸减去相关外饰面的厚度。

4）内门为木夹板门，一次装修安装到位。

5）门窗玻璃应符合《铝合金门窗工程技术规范》（JGJ 214—2010）的规定，开启外窗均带纱扇。

6）出入口的玻璃门、落地玻璃隔断均采用安全玻璃。

7）面积大于 1.5 m² 的玻璃均采用安全玻璃。距地 0.6~1.2 m 高度内，不应装易碎玻璃。

3. 屋面

1）屋 1（彩色水泥瓦）：做法见《建筑构造通用图集（工程做法）》12BJ1-1 坡屋 1-A1。

2）屋 2（雨篷等屋面）：做法见《A 级不燃材料外墙外保温图集》12BJ2-11 第 37 页 4a。

三、装饰装修做法

1. 外装修

本工程外装修为涂料饰面，做法详见《建筑构造通用图集（工程做法）》12BJ1-1 第 B6 页，外涂材料设计详见立面图，材料做法详见材料做法表，规格及排列方式见详图，材质、颜色要求须提供样板，由建设单位和设计单位认可。

2. 室外工程

室外挑檐、雨篷、台阶、坡道、散水等工程做法见立面图、总平面图及有关详图。

3. 内装修

此工程仅做到初装修，精装修用户自理。房间用料表仅供参考。

1）本工程设计室内装修部分详见材料做法表。所选用的材料和装修材料必须符合《民用建筑工程室内环境污染控制标准》（GB 50325—2009）及《建筑内部装修设计防火规范》（GB 50222—2017）的规定。

2）房间在装修前，楼地面做至找平层，墙面做至砂浆打底，顶棚做至板面脱模计。

3）凡设吊顶房间墙面抹灰高度均至吊顶以上 200 mm。

4）凡设有地漏房间应做防水层，图中未注明整个房间做坡度者，均在地漏周围 1 m 范围内做 2% 坡度坡向地漏；卫生间（无障碍卫生间除外）、设备间等有水房间的楼地面应低于相邻房间 20 mm 以上。

5）除注明外，不同材料楼面分界线均设于门框厚度中心，不同标高地面分界线应与低标高房间的内墙面平齐。

6）所有外露钢构件在涂漆前需做除锈和防锈处理，所有铁制及木制预埋件均需做防锈和防腐处理。

7）设备基础、留洞均应待货到后核实无误方可施工，且设备基础完工后再施工楼面。

8）所有栏杆及百页的样式及与墙体的固定方法均与厂家商定。所有护窗栏杆处，高度为 1.05 m，栏杆的垂直杆件间距不应大于 0.11 m。室内楼梯扶手高度 1.1 m，水平段长度大于 0.5 m 时，栏杆高度 1.05 m。室外楼梯扶手高度 1.1 m。所有楼梯栏杆做法采用图集 10BJ12-1，踏步防滑做法采用图集《建筑造通用图集（楼梯）》08BJ7-1。

9）垃圾收集：使用成品垃圾箱，统一管理。

10）经常接触的 1.30 m 以下的室外墙面不应粗糙，室内墙面宜采用光滑易清洁的材料，墙角、窗台、暖气罩（参照《幼儿园建筑构造与设施》（11J935）第 26 页）、窗口竖边等棱角部位必须做成小圆角。

11）本工程夏季采用分体空调制冷，空调冷凝水管集中设置，具体位置详见建筑及暖通专业图纸。

12）凡穿透墙体的暗装设备箱背后挂钢板网抹灰，然后按房间用料表做饰面层。留洞位置详见平面图或详图。凡需暗包消火栓箱的，封包做法由室内装修设计确定。

13）设备箱体留洞详见平面图。

四、无障碍设计说明

1）首层入口设无障碍坡道，见平面图。

2）建筑入口坡道、公共卫生间等处均按无障碍标准设置无障碍标志。

3）卫生间内与坐便器相邻墙面应设水平高 0.70 m 的"L"形安全扶手或"冂"形落地式安全扶手。

水盆一侧贴墙设安全扶手。扶手参见《北京市建筑标准设计图集（无障碍设施）》（10BJ12-1）第 10 页详图 1。无障碍卫生间地面低于楼层地面 15 mm，并以缓坡过渡。

4）各层供轮椅通行的门扇构造应符合《无障碍设计规范》（GB 50763—2012）第 3.5.3 条第 6 款、第 3.9.3 条第 3 款的规定。

5）无障碍电梯设置应满足《无障碍设计规范》（GB 50763—2012）第 8.1.4 条的规定。

五、保温、节能设计

1）本建筑为乙类节能建筑，执行《公共建筑节能设计标准》（DB11/891—2020）。

2）设计建筑，朝向南北向，体形系数见表 7-7。

表 7-7　各朝向外门窗窗墙比、体形系数、层数

项目	窗墙比				体形系数	层数
	南向	北向	东向	西向		
文体活动中心	0.27	0.24	0.13	0.16	0.25	3

3）建筑为框架结构，采用外墙外保温体系，墙身细部、女儿墙、勒脚等部位均应采取保温措施，做法见《A 级不燃材料外墙外保温图集》（12BJ2-11）。

4）屋顶、外墙等部位围护结构节能设计见表 7-8。

表 7-8　屋顶、外墙等部位围护结构节能设计

序号	部位		保温材料	保温材料厚度（mm）	构造做法	传热系数 $[W/(m^2 \cdot K)]$
1	屋面	屋1	钢网岩棉板	80	坡屋 1-A1	0.51
2	外墙	外墙1	HIP 真空绝热板	20	12BJ2-11 外墙 A10	0.32
3	非采暖空调间与采暖空调间	隔墙	玻化微珠保温砂浆	35	12BJ1-1 内墙温 2B	1.39
		楼板	喷超细无机纤维	20	12BJ1-1 棚温 3A	1.25
4	接触室外空气的架空或外挑楼板		硬泡聚氨酯	50	12BJ2-11-37-1	0.48

注：设计建筑保温部位补充说明：

　　1. 平屋顶保温包括屋顶层上人平台。

　　2. 外墙为轻集料混凝土空心砌块外墙保温构造。

5）外门窗及屋顶天窗节能设计：

（1）各朝向外门窗窗墙比见表7-7。

（2）外门窗、屋顶天窗构造做法及性能指标见表7-9。

表 7-9　外门窗、屋顶天窗构造做法及性能指标

部位	框料选型	玻璃种类	间隔层厚度（mm）	传热系数 [W/ (m² · K)]	遮阳系数
外门窗	断桥铝合金	中空	12（空气）	2.8	0.62

（3）外窗气密性能不应低于《建筑外门窗气密、水密、抗风压性能分级及检测方法》（GB/T 7106—2010）中的 6 级水平，透明幕墙气密性不应低于《建筑幕墙气密、水密、抗风压性能分级及检测方法》（GB/T 15227—2019）中规定的 2 级水平。外门窗立口平齐外墙皮，外窗框与墙体缝隙采用高效保温材料填堵。可见光透射比为 75%，满足限值要求。

六、防水、防潮、防火

1. 防水、防潮

1）室内防水：

（1）卫生间等需要防水的楼地面采用 1.5 mm 厚聚合物水泥基防水涂料，做法见房间用料表。

（2）卫生间等需要防水的楼地面的防水涂料应沿四周墙面高起 250 mm。墙面防水应做至距地 1800 mm。

（3）有防水要求的房间穿楼板立管均应预埋防水套管，防止水渗漏，做法见给水工程 91SB3。

2）屋面防水等级为 Ⅱ 级，合理使用年限 15 年。采用外排水方式，泄水管内径 70 mm。管材见平面标注。

3）防水构造要求：屋面、外墙、卫生间、水池等防水做法详见相关的节点大样图，图中未注明的部分应参见《建筑构造通用图集（层面详图）》（08BJ5-1）、《建筑构造通用图集（卫生间、洗池）》（88J8）。管道穿过有防水要求的楼地面须做防水套管，并高出建筑地面 30 mm，管道与套管间采用麻油灰填塞密实。

4）工程中所用防水材料，必须经过有关部门认证合格。

5）防水施工应严格执行《屋面工程技术规范》（GB 50345—2012）、《屋面工程施工质量验收规范》（GB 50207—2012）及其他有关施工验收规范。

6）屋面防水层和卫生间防水做完后，应按规定要求做渗水试验，经有关部门检查合格后，方可进行下一道工序，并在后续作业和安装过程中，确保防水层不被破坏。

7）地下室防水为一级，采用钢筋混凝土结构自防水（等级为 S6），防水材料为双层 BAC 双面自粘防水卷材（3 mm+3 mm），防水保护层用 60 mm 厚模塑聚苯板，做法参照

《自粘防水卷材》（10BJZ50）第 10 页 E1、E11。

2. 防火

1）本建筑周边有 4 m 宽消防通道或距市政道路小于 15 m，满足消防要求。

2）本工程的耐火等级为二级。

3）本工程为一个单体建筑：地上部分每层为一个防火分区，面积均小于 2500 m²。地下部分分为两个防火分区，防火分区一建筑面积为 301.56 m²，防火分区二建筑面积为 334.07 m²，面积均小于允许最大防火分区面积 500 m²。

4）疏散宽度：地上部分每层人数最多为 280 人，需要的最大疏散宽度为 2.8 m，实际疏散宽度为 3.20 m，设两部疏散楼梯满足疏散要求。

5）建筑内隔墙均应从楼地面基层砌至梁板底，穿过防火墙的管道处，应采用不燃烧材料将空隙填塞密实。

6）疏散楼梯装修材料按《建筑内部装修设计防火规范》（GB 50222—2017）选材和施工。

7）水暖专业预埋穿楼板钢套管，竖井每层楼板处用相当于楼板耐火等级的非燃烧体在管道四周做防火分隔。其他各专业竖井在管线安装完毕后，在每层楼板处补浇混凝土封堵，详见结构专业图纸。

8）其他有关消防措施见各专业图。

9）本工程建筑外保温及外墙装饰设计执行公安部、住建部颁发的《民用建筑外保温及外墙装饰防火暂行规定》（公通字〔2009〕46 号）的相关规定。首层防护厚度不应小于 6 mm，其他层不应小于 3 mm。

七、室内环境污染控制

1）所使用的砂、石、砌块、水泥、混凝土、混凝土预制构件等无机非金属建材应符合放射性限量要求，并符合《民用建筑工程室内环境污染控制标准》（GB 50325—2020）的规定。

2）非金属装修材料（如石材、建筑卫生陶瓷、石膏板、吊顶材料、无机瓷质砖粘结材料等）应符合放射性限量要求，并符合《民用建筑工程室内环境污染控制标准》（GB 50325—2020）的规定。

3）所使用的能释放氨的阻燃剂、混凝土外加剂，氨的释放量不应大于 0.10%。

4）甲方提供建筑场地土壤氡浓度或土壤氡析出率检测报告，根据其结果确定是否采取防氡措施，如需采取措施则应符合《民用建筑工程室内环境污染控制标准》（GB 50325—2020）第 4.2.4 ～ 4.2.6 条的规定。

5）所选建筑材料（含室内装修材料）应为无污染的建筑材料，室内空气污染物活度和浓度应符合要求。

6）楼板的撞击声隔声性能及楼板的计权标准化撞击声压级，不应大于 75 dB。

八、其他

1）本施工图应与各专业设计图密切配合施工，注意预留孔洞、预埋件，不得随意剔凿。

2）预埋木砖均做防腐处理，露明铁件均做防锈处理。

3）两种材料的墙体交接处，在做饰面前均须加钉金属网，防止产生裂缝。

4）凡涉及颜色、规格等的材料，均应在施工前提供样品或样板，经建设单位和设计单位认可后，方可订货、施工。

5）电梯选型见表 7-10。

表 7-10　电梯选型

编号	电梯选型					数量（台）	停站层	备注
	类别	型号	乘客人数	载重（kg）	速度（m/s）			
1	乘客电梯	KONE3000	13	1000	1.0	1	4	符合无障碍要求
2	医用电梯	KONE3000S	18	1350	1.0	1	4	符合无障碍要求

6）施工图图例：

比例大于等于 1∶100 时　　　　比例小于 1∶100 时

钢筋混凝土墙、柱　　

轻集料混凝土砌块

7）房间用料见表 7-11。

表 7-11　房间用料

部位	房间名称	楼地面做法及燃烧性能等级	踢脚线、墙裙做法及燃烧性能等级	内墙做法及燃烧性能等级	顶棚做法及燃烧性能等级
地上部分	活动室、多功能厅、健身房、声乐培训室、才艺培训室、阅览室、视听室、舞蹈培训室、休息室、办公室、活动室、青少年活动室、值班室、科技活动室	楼 12B（铺地砖楼面），50 厚，燃烧性能等级 B_1 级	石塑卷材踢脚线（300 高），燃烧性能等级 B_1 级	内墙 3 内涂 1（乳胶漆墙面），燃烧性能等级 A 级	棚 14B 内涂 1（乳胶漆），石膏板吊顶，燃烧性能等级 A 级
	楼梯间	楼 13B（石塑卷材防滑地砖楼面），30 厚，燃烧性能等级 B_1 级	石塑卷材踢脚线（100 高），燃烧性能等级 B_1 级	内墙 3 内涂 1（乳胶漆墙面），燃烧性能等级 A 级	棚 2A 内涂 1（乳胶漆），燃烧性能等级 A 级

部位	房间名称	楼地面做法及燃烧性能等级	踢脚线及墙裙做法及燃烧性能等级	内墙做法及燃烧性能等级	顶棚做法及燃烧性能等级
地上部分	门厅、电梯厅、门斗、走廊	楼12B（铺地砖楼面），50厚，燃烧性能等级B₁级	石塑卷材踢脚线（300高），燃烧性能等级B₁级	内墙3内涂1（乳胶漆墙面），燃烧性能等级A级	棚14B内涂1（乳胶漆），石膏板吊顶，燃烧性能等级A级
	卫生间、淋浴间	楼13F（石塑卷材防水地砖楼面），结构降板130，燃烧性能等级B₁级	石塑卷材踢脚线（100高），燃烧性能等级B₁级	内墙9（薄型面砖墙面），燃烧性能等级A级	棚20A（铝方板吊顶），燃烧性能等级A级
	设备管井	楼3D（水泥楼面），30厚，地3B（水泥地面），燃烧性能等级A级	踢2（水泥砂浆踢脚线，100高），燃烧性能等级A级	内墙4耐水腻子，燃烧性能等级A级	棚1，燃烧性能等级A级
	消防控制室	楼39B（导静电通体聚氯乙烯地砖楼面），燃烧性能等级B₁级	石塑卷材踢脚线（300高），燃烧性能等级B₁级	内墙3内涂1（乳胶漆墙面），燃烧性能等级A级	棚14B内涂1（乳胶漆），石膏板吊顶，燃烧性能等级A级
地下部分	楼梯间走廊	地3A（水泥地面），110厚，燃烧性能等级A级	踢2（水泥砂浆踢脚线，100高），燃烧性能等级A级	内墙3内涂1（乳胶漆墙面），燃烧性能等级A级	刷涂料顶棚，棚2A（内涂1），燃烧性能等级A级
	设备机房	地2F（水泥防水地面），110厚，燃烧性能等级A级	踢2（水泥砂浆踢脚线，100高），燃烧性能等级A级	内墙3内涂1（乳胶漆墙面），燃烧性能等级A级	刷涂料顶棚，棚2A（内涂1），燃烧性能等级A级
	消防水池	地2F（水泥防水地面），110厚，燃烧性能等级A级	燃烧性能等级A级	内墙10-f1（薄型面砖墙面，防水），燃烧性能等级A级	刷涂料顶棚，棚2A（内涂1），燃烧性能等级A级

8）太阳能设计：

（1）太阳能热水系统设计应在相邻建筑日照、安装部位的安全防护等方面执行《民用建筑太阳能热水系统应用技术规范》（GB 50364—2018）。

（2）建筑物上安装太阳能热水系统，不得降低相邻建筑的日照标准。

（3）在安装太阳能集热器的建筑部位，应设置防止太阳能集热器损坏后部件坠落伤人的安全防护设施。

（4）太阳能热水系统的结构设计应为太阳能热水系统安装埋设预埋件或其他连接件。连接件与主体结构的锚固承载力设计值应大于连接件本身的承载力设计值。

（5）轻质填充墙不应作为太阳能集热器的支承结构。

九、图纸内容

1）×××文体活动中心地下一层平面图及其讲解，如图7-40、图7-41所示；×××文体活动中心一层平面图及其讲解，如图7-42~图7-45所示；×××文体活动中心二层平面图及其讲解，如图7-46~图7-49所示；×××文体活动中心三层平面图及其讲解，如图7-50~图7-54所示；×××文体活动中心屋顶平面图及其讲解，如图7-55~图7-57所示。

2）×××文体活动中心立面图及其讲解，如图7-58~图7-61所示。

3）×××文体活动中心剖面图及其讲解，如图7-62、图7-63所示。

4）×××文体活动中心楼梯详图及其讲解，如图7-64~图7-67所示。

5）×××文体活动中心卫生间详图及其讲解，如图7-68、图7-69所示。

6）×××文体活动中心门窗详图及其讲解，如图7-70、图7-71所示。

7）×××文体活动中心墙身详图及其讲解，如图7-72~图7-74所示。

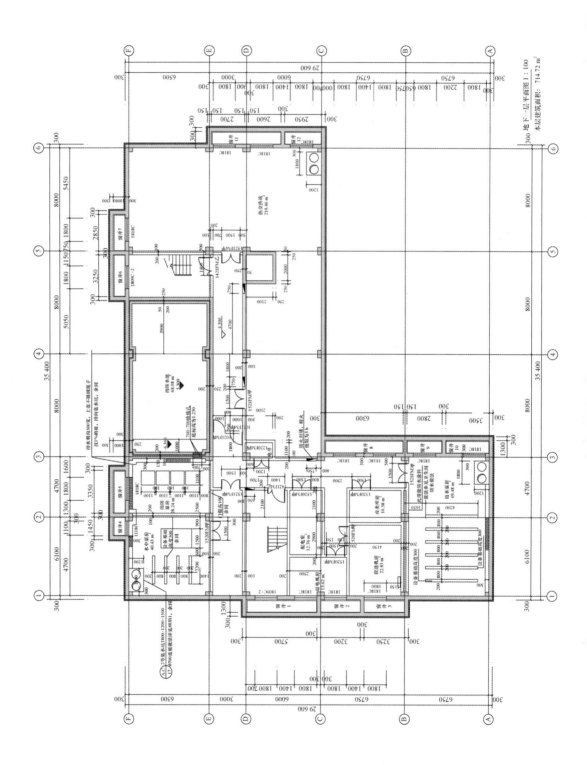

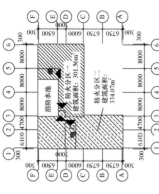

防火分区示意图　1:100

消防水池　防火分区一　建筑面积：301.56m²

防火分区二　建筑面积：334.07m²

注：1. 本层建筑面积：724.11m²。
　　2. ▲表示安全出口。

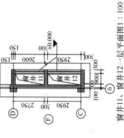

窗井1-窗井3一层平面图　1:100

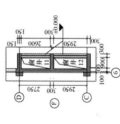

窗井8-窗井10一层平面图　1:100

窗井11、窗井12一层平面图　1:100

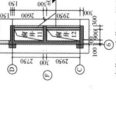

窗井6、窗井7一层平面图　1:100

窗井4、窗井5一层平面图　1:100

图7-40　×××文体活动中心地下一层平面图

导读：

1. 建筑平面图的形成和用途：

建筑平面图，简称平面图，它是假想用一水平剖切平面沿房屋门窗洞口以上适当部位剖切开来，对剖切平面以下部分所做的水平投影图。平面图通常用1：50、1：100、1：200的比例绘制，它反映出房屋的平面形状、大小和房间的布置，墙（或柱）的位置、大小，开启方向等情况，作为施工放线、安装门窗、室内外装修及编制预算等的重要依据。

2. 建筑平面图的图示方法：

当建筑物的各层房间布置不同时，应分别画出各层平面图；若建筑物的各层房间布置相同，则可以用两个或三个平面图表达，即只画底层平面图和楼层平面图（或顶层平面图）。此例画出各层不同的平面，因建筑平面图是水平剖面图，故在绘制时，故称标准层平面图。因底层平面图和楼层平面图（或顶层平面图），门窗的开启方向可用细实线等用细实线（0.5b）或细实线（0.25b），窗的轮廓线以及其他未见轮廓线及尺寸等用细实线（0.25b）表示。

3. 建筑平面图的图示内容：

1) 表示建筑物的墙、柱位置并对其轴线编号。
2) 表示建筑物的门、窗位置及编号。
3) 注明各房间名称及室内外楼地面标高。
4) 表示楼梯的位置及楼梯上下行方向及级数、楼梯平台标高。
5) 表示阳台、雨篷、台阶、散水、明沟、花池等的形状、位置。
6) 画出卫生器具（如洗脸盆、污水池、水池等）的形状、位置。
7) 标注各剖切符号及详图索引符号及编号。
8) 标注墙厚、墙段、门窗、房屋开间、进深等尺寸。
9) 标注详图索引符号。

索引符号是由直径为10mm的圆和水平直径组成，圆和水平直径均应以细实线绘制。

索引符号应按下列规定编写：

(1) 索引出的详图，如与被索引的详图同在一张图纸内，应在索引符号的上半圆中用阿拉伯数字注明该详图的编号，并在下半圆中间画一段水平细实线。

(2) 索引出的详图，如与被索引的详图不在同一张图纸内，应在索引符号的上半圆中用阿拉伯数字注明该详图的编号，在索引符号的下半圆中用阿拉伯数字注明该详图所在图纸的编号。数字较多时，可加文字注释。

(3) 索引出的详图，如采用标准图，应在索引符号水平直径的延长线上加注该标准图册的编号；图与被索引图样同在一张标准图册内时，详图符号内用阿拉伯数字注明详图的编号。详图符号应以直径为14mm粗实线绘制。详图应按下列规定编号：

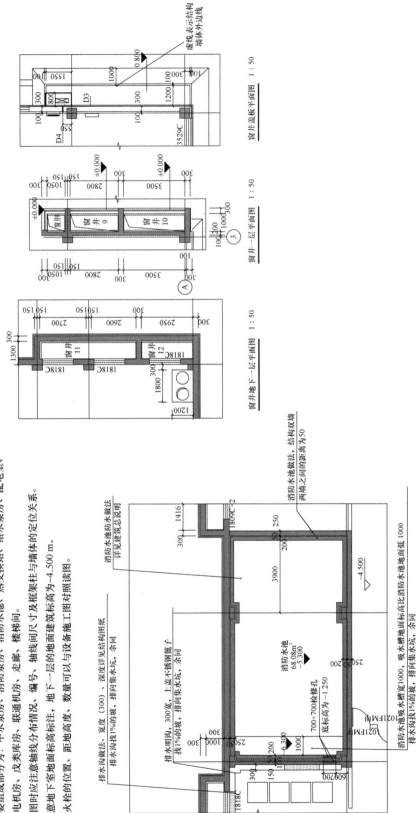

导读：

本图为文体活动中心地下一层平面图讲解，本层建筑面积：714.72 m²，层高4.5 m。

主要组成部分为：中水泵房、消防泵房、消防水池、热交换站、给水泵房、配电室、弱电机房、戊类库房、联通机房、走廊、楼梯间。

读图时应注意轴线分布情况、编号、轴线间尺寸及框架柱与墙体的定位关系。

注意地下室地面标高标注，地下一层的地面建筑标高为−4.500 m。

消火栓的位置、距地高度、数量可以与设备施工图对照读图。

图 7-41　×××文体活动中心地下一层平面图讲解

说明（适用于所有平面）：
1. 图中未标注的外墙均为200 mm厚轻集料混凝土砌块。外墙均偏轴100 mm。未标注的内墙一为为200 mm厚轻集料混凝土砌块，轴线居中。
2. 台阶做法参见12BJ1-1。
3. 无障碍坡道做法参见12BJ1-1。
4. 坡道栏杆做法参见10BJ12-1。
5. 散水向外找坡2%，做法详见12BJ1-1。
6. 空调墙体留洞D1、D2、D4，尺寸为φ70，D1中心距地303 mm，D2中心距地2100 mm，D4中心距地1000 mm。
7. 空调UPVC冷凝水管留洞D3，尺寸为φ30。
8. 除无障碍卫生间外、卫生间地面标高比户内标高低20 mm、地面向地漏找2%的坡。

图例（适用于所有平面图）：
	钢筋混凝土柱
	轻集料混凝土砌块
	20 mm厚HIP真空绝热板
	空调室内机位置示意
	空调室外机
	空调百叶
	消火栓
	散热器
	线脚
	栏杆

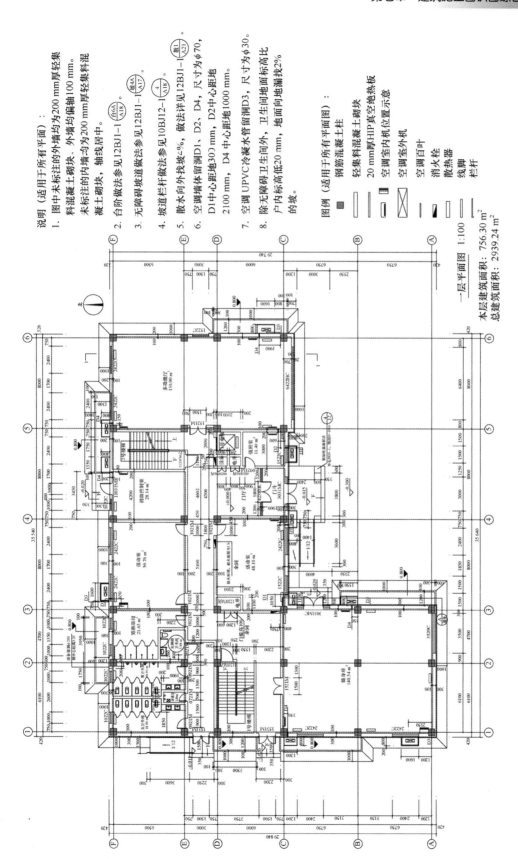

一层平面图 1:100

本层建筑面积：756.30 m²
总建筑面积：2939.24 m²

图7-42 ×××文体活动中心一层平面图

179

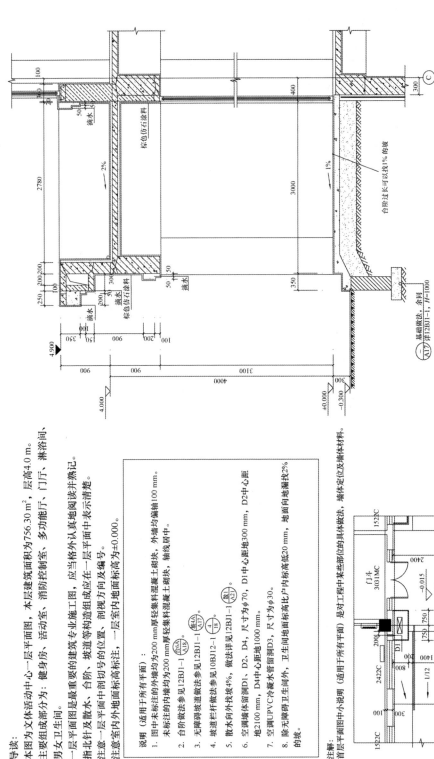

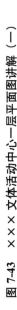

台阶墙身附图 1：30

导读：

本图为文体活动中心一层平面图，本层建筑面积为756.30 m²，层高4.0 m。

主要组成部分为：健身房、活动室、消防控制室、多功能厅、门厅、淋浴间、男女卫生间。

一层平面图是最重要的建筑专业施工图，应当格外认真地阅读并熟记。

指北针及散水、台阶、坡道等构造组成应在一层平面中表示清楚。

注意一层平面中剖切号的位置、剖视方向及编号。

注意室内外地面标高。一层室内地面标高为±0.000。

说明（适用于所有平面）：

1. 图中未标注的外墙均为200 mm厚轻集料混凝土砌块、外墙均偏轴100 mm。未标注的内墙均为200 mm厚轻集料混凝土砌块、轴线居中。
2. 台阶做法参见12BJ1-1。
3. 无障碍坡道做法参见12BJ1-1。
4. 坡道栏杆做法参见。
5. 散水向外找坡4%，做法详见12BJ1-1。
6. 空调隔体留洞D1、D2、D4，尺寸为φ70，D1中心距300 mm，D2中心距地300 mm，D4中心距地1000 mm。
7. 空调UPVC冷凝水管留洞D3，尺寸为φ30。
8. 除无障碍卫生间外、卫生间地面高比户内高低20 mm，地面向地漏找2%的坡。

注解：

首层平面图中小说明（适用于所有平面）是对工程中某些部位的具体做法、墙体定位及墙体材料。

无障碍坡道平面图 1：30

1. 残疾人坡道

注意坡道做法（注3），坡度不大于1/12。无障碍弧坡轻道延长300 mm，栏杆两弧坡轻道延长300 mm。

图7-43 ×××文体活动中心一层平面图讲解（一）

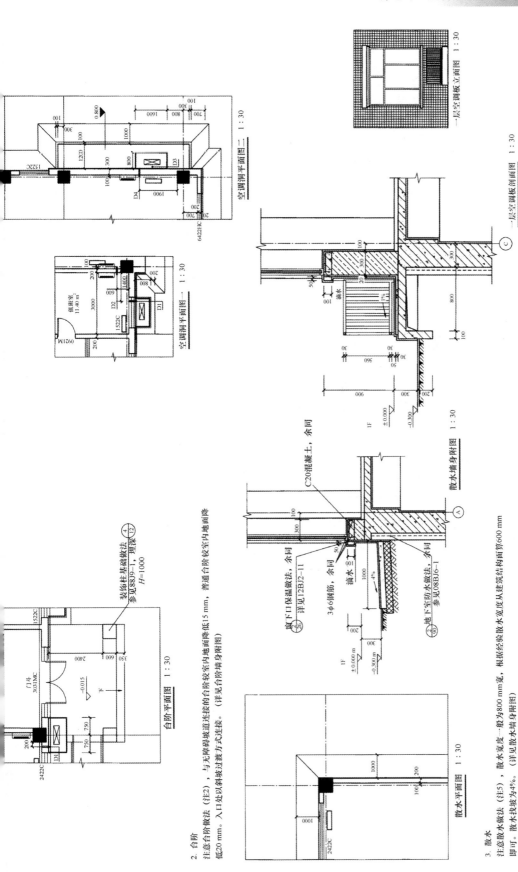

图 7-44　×××文体活动中心一层平面图讲解（二）

2. 台阶

注意台阶做法（注2），与无障碍坡道连接较室内地面降低20 mm。入口处以斜坡过渡方式连接。普通台阶做法，较室内地面降低15 mm，（详见台阶墙身附图）

3. 散水

注意散水做法（注5），散水宽度一般为800 mm宽，根据经验散水宽度从建筑结构面算600 mm即可。散水找坡为4‰。（详见散水墙身附图）

4. 空调留洞

空调留洞D1、D2尺寸均为φ70，为了立面要求空调留洞D1中心距地400 mm（地面为各层室内地面建筑标高），但室内空间效果差。D2中心距地2100 mm。D3为空调冷凝水管留洞，大小为φ30。

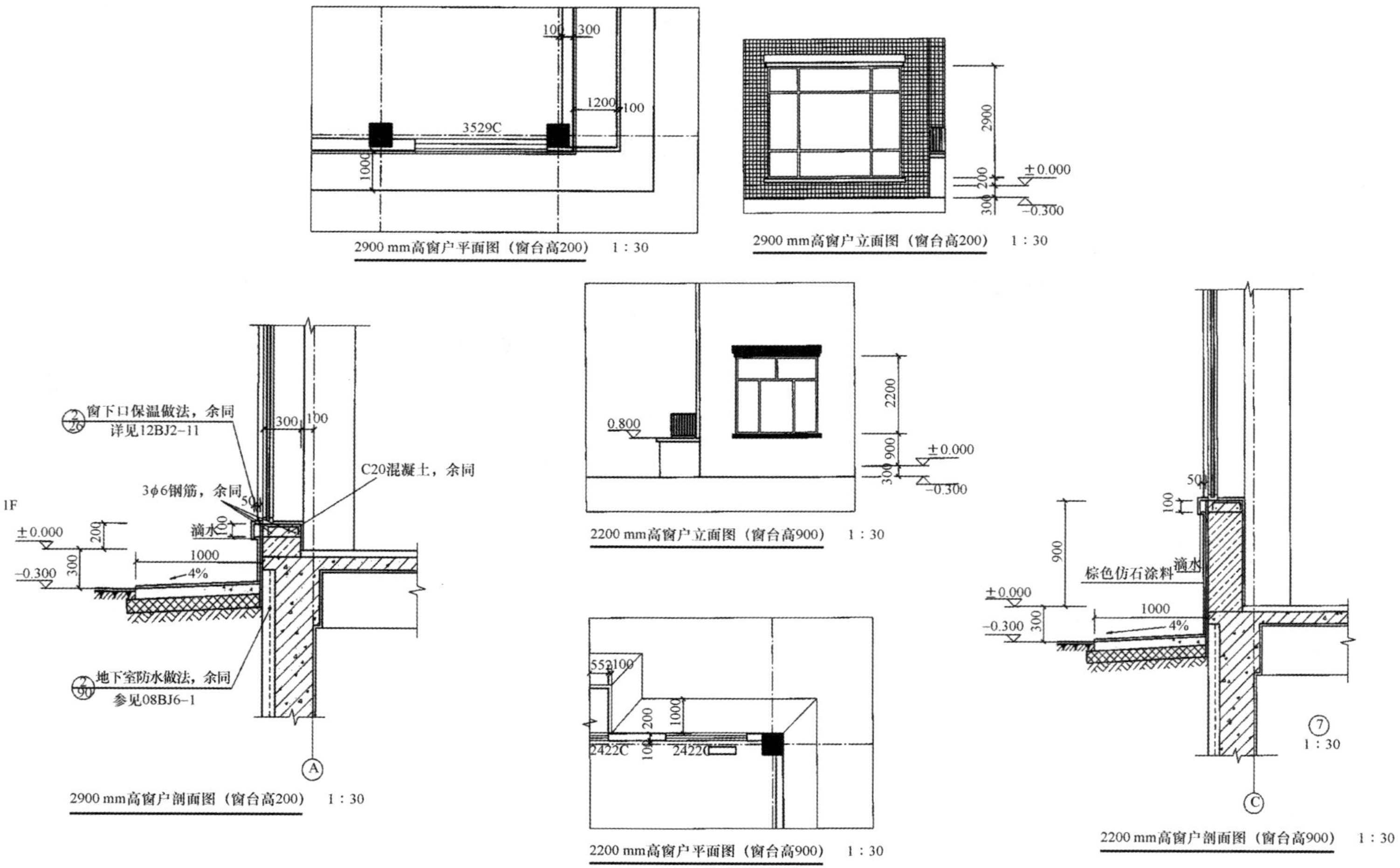

2900 mm高窗户立面图（窗台高200） 1：30

2900 mm高窗户平面图（窗台高200） 1：30

2900 mm高窗户剖面图（窗台高200） 1：30

2200 mm高窗户立面图（窗台高900） 1：30

2200 mm高窗户平面图（窗台高900） 1：30

2200 mm高窗户剖面图（窗台高900） 1：30

综色仿石涂料

窗下口保温做法，余同 详见12BJ2-11

3φ6钢筋，余同

滴水

地下室防水做法，余同 参见08BJ6-1

C20混凝土，余同

图7-45 ×××文体活动中心一层平面图讲解（三）

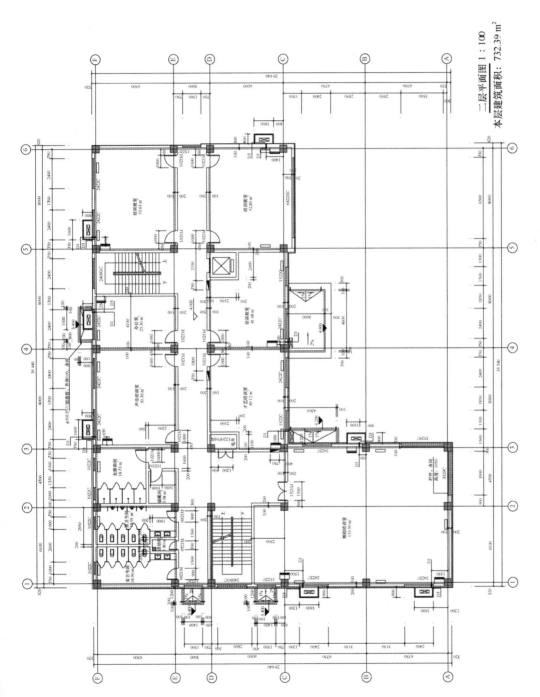

图7-46　×××文体活动中心二层平面图

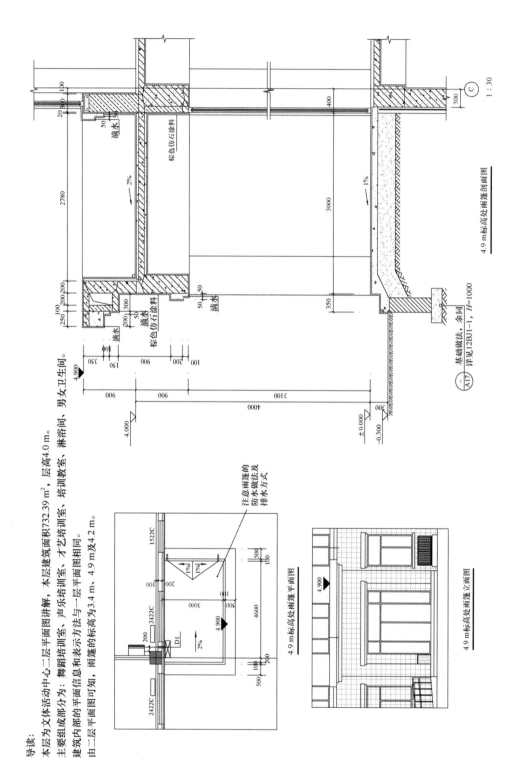

导读：

本层为文体活动中心二层平面图讲解，本层建筑面积732.39 m²，层高4.0 m。

主要组成部分为：舞蹈培训室、声乐培训室、才艺培训室、培训教室、淋浴间、男女卫生间。

建筑内部的平面信息和表示方法与一层平面图相同。

由二层平面图可知，雨篷的标高为3.4 m、4.9 m及4.2 m。

图7-47 ×××文体活动中心二层平面图讲解（一）

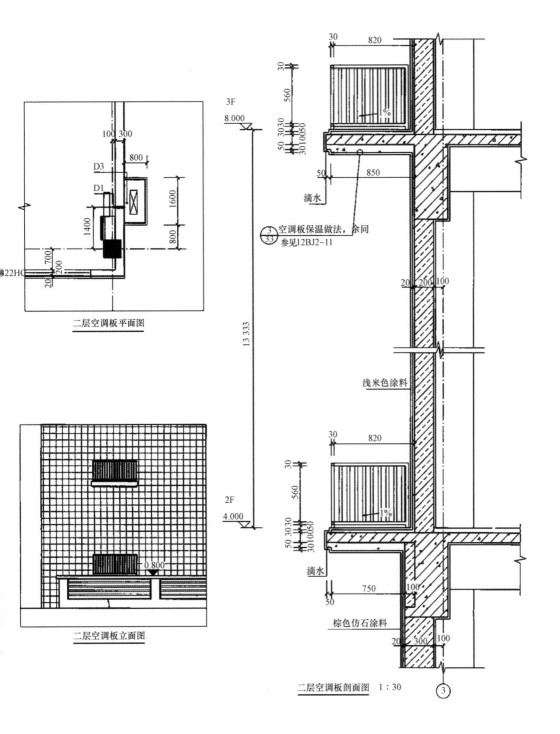

图 7-48　×××文体活动中心二层平面图讲解（二）

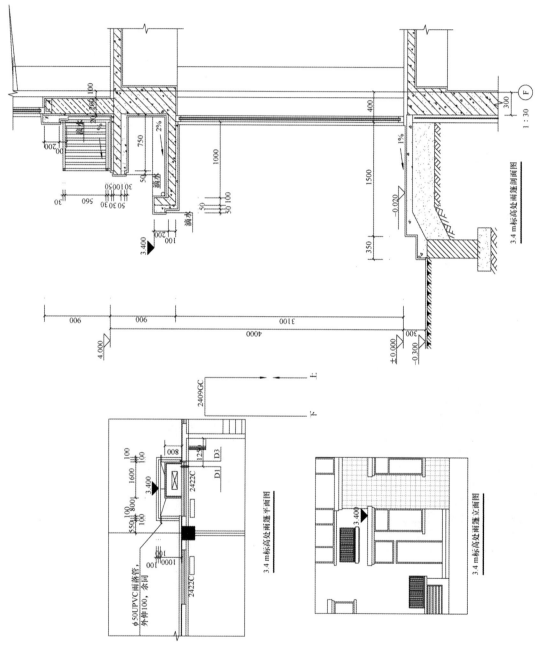

图 7-49 ×××文体活动中心二层平面图讲解（三）

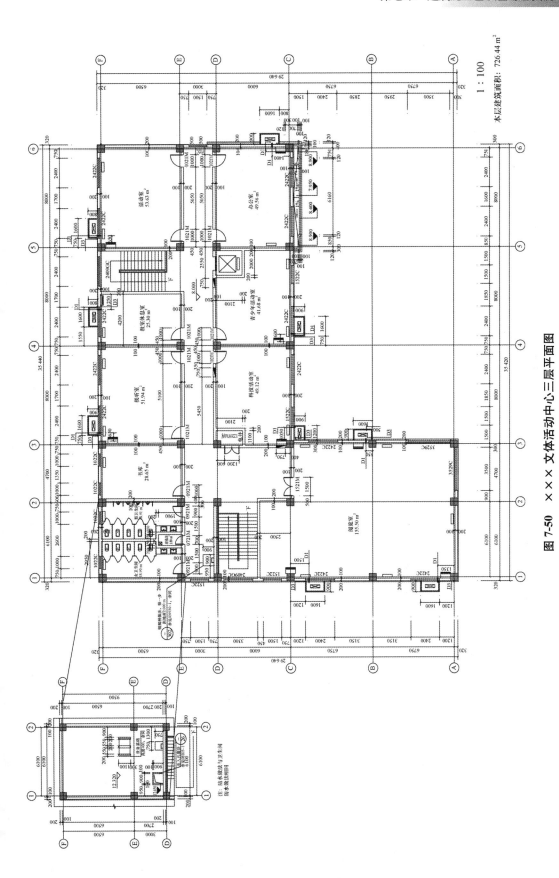

图 7-50　×××文体活动中心三层平面图

导读：

本层为文体活动中心三层平面图讲解，本层建筑面积726.44 m²，层高4.0 m。

主要组成部分为：阅览室、科技活动室、青少年活动室、办公室、活动室、教师休息室、视听室、男女卫生间。

建筑内部的平面信息和表示方法与一层平面图相同。

由三层平面图可知⑤～⑥轴交⒞局部屋面女儿墙高度。（详见附图）

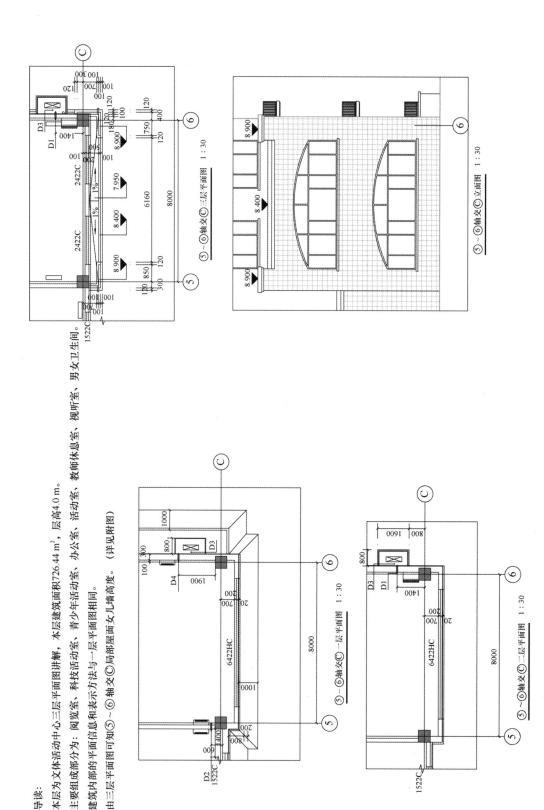

图 7-51 ×××文体活动中心三层平面图讲解（一）

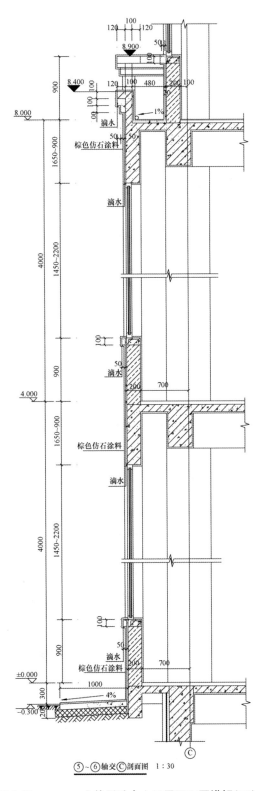

⑤~⑥轴交ⓒ剖面图　1:30

图 7-52　×××文体活动中心三层平面图讲解（二）

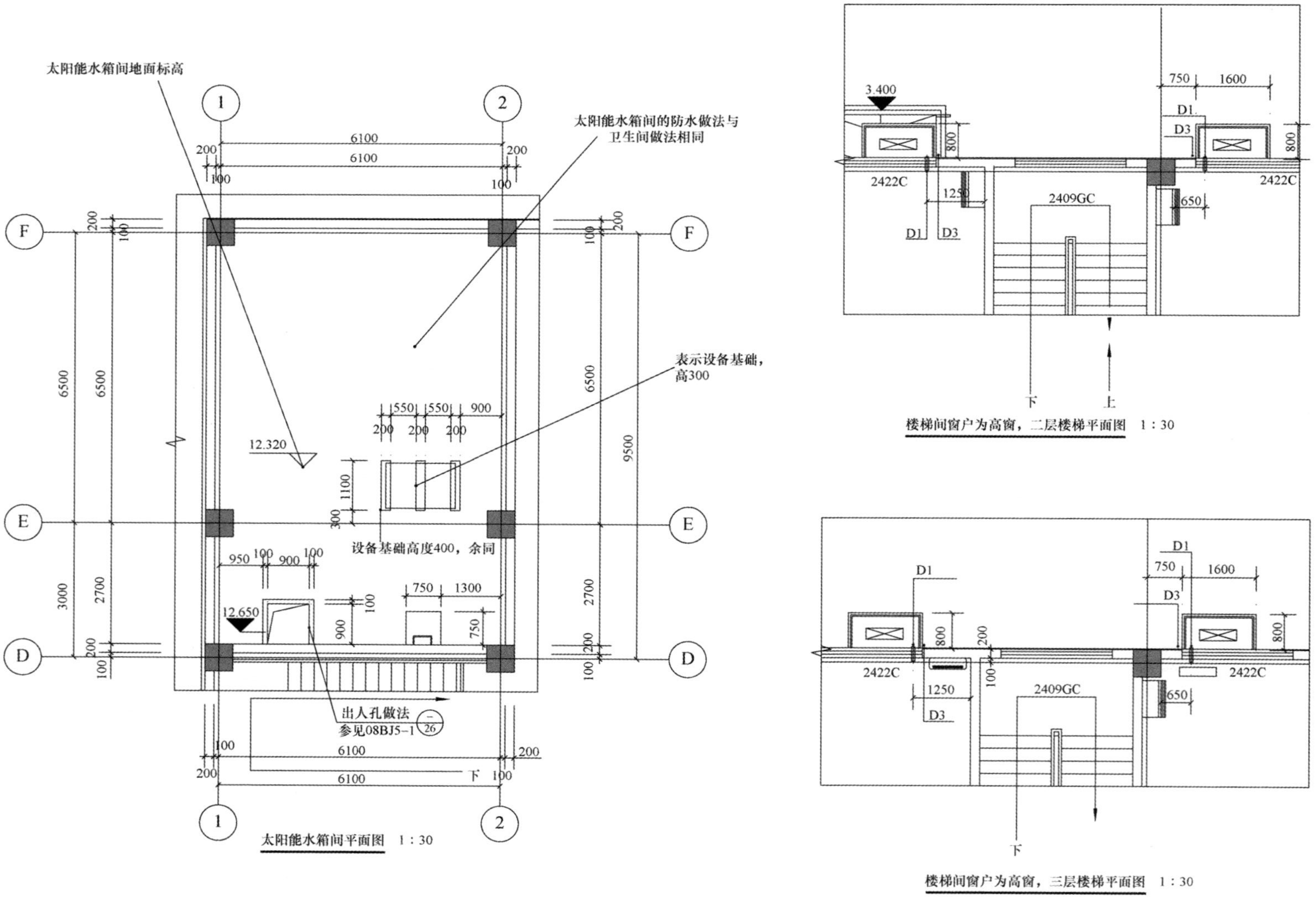

图7-53 ×××文体活动中心三层平面图讲解（三）

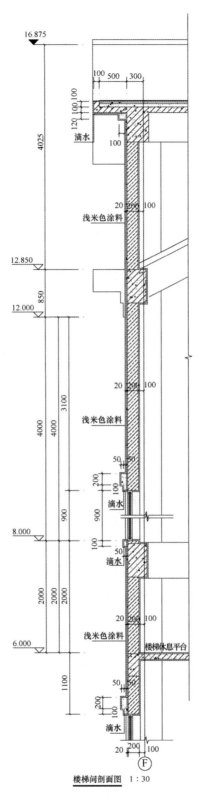

楼梯间剖面图　1:30

图 7-54　×××文体活动中心三层平面图讲解（四）

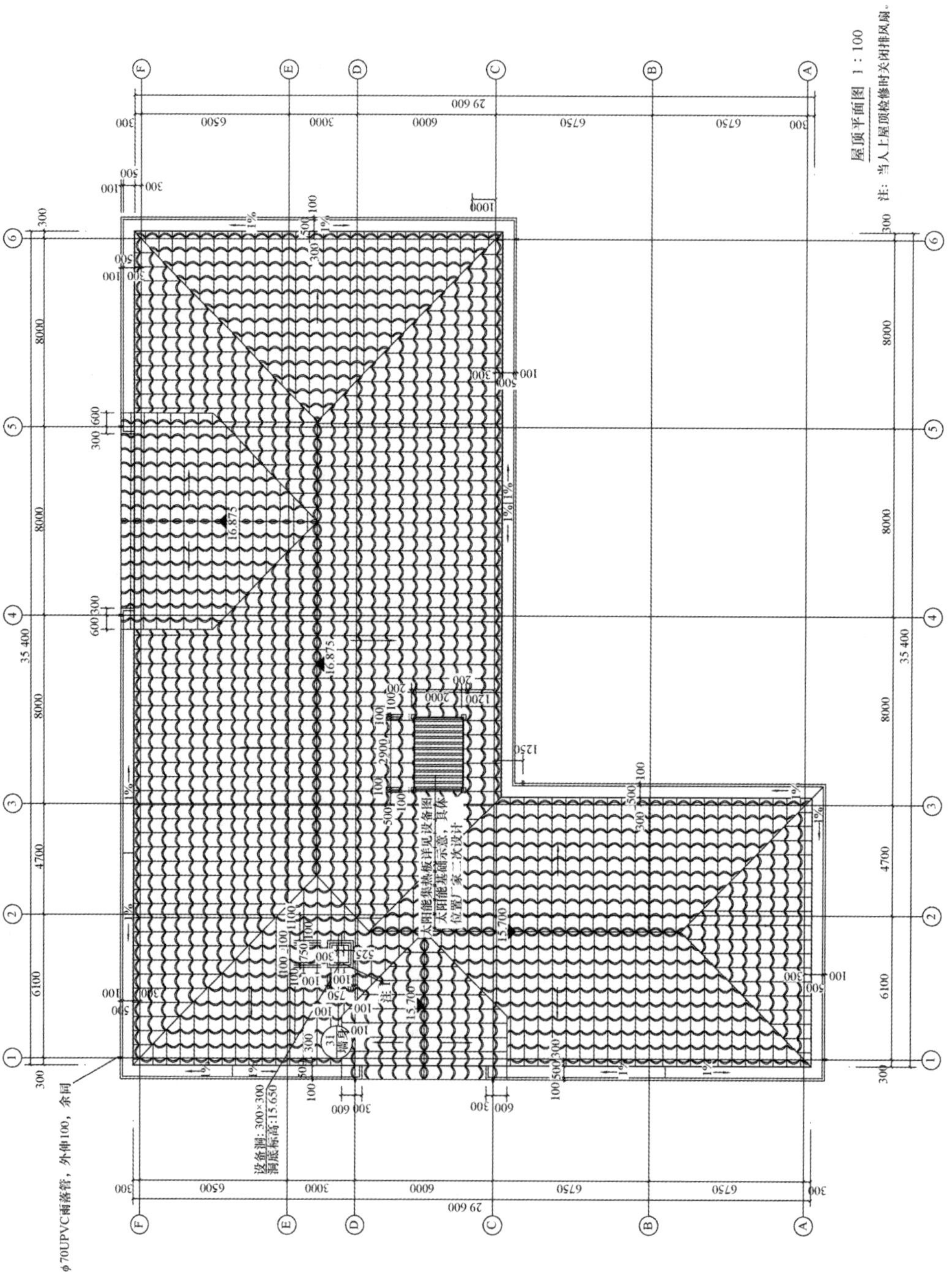

图 7-55 ×××文体活动中心屋顶平面图

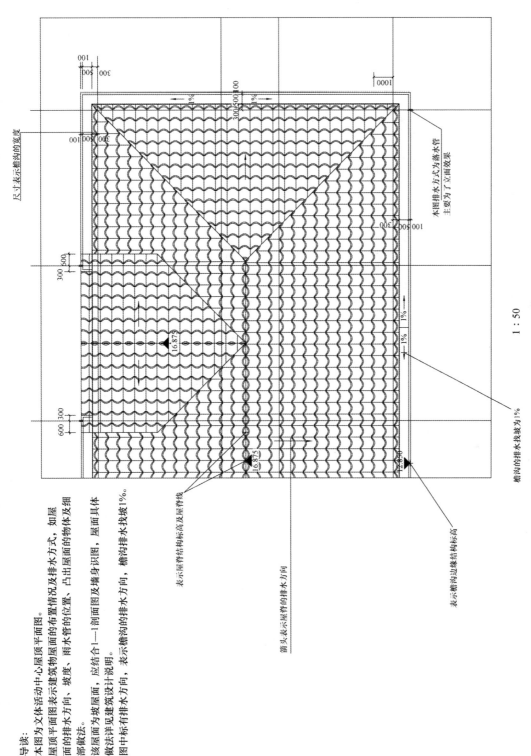

1：50

檐沟的排水找坡为1‰

图7-56 ×××文体活动中心屋顶平面图讲解（一）

导读：
本图为文体活动中心屋顶平面图。
屋顶平面图表示建筑物屋面的布置情况及排水方式，如屋面的排水方向、坡度、雨水管的位置、凸出屋面的物体及细部做法。
该屋面为坡屋面，应结合1—1剖面图及墙身识图，屋面具体做法详见建筑设计说明。
图中标有排水方向，表示檐沟的排水方向，檐沟排水找坡1‰。

尺寸表示檐沟的宽度

本图排水方式为落水管，主要为了立面效果

表示屋脊结构标高及屋脊线

箭头表示屋脊的排水方向

表示檐沟边缘结构标高

193

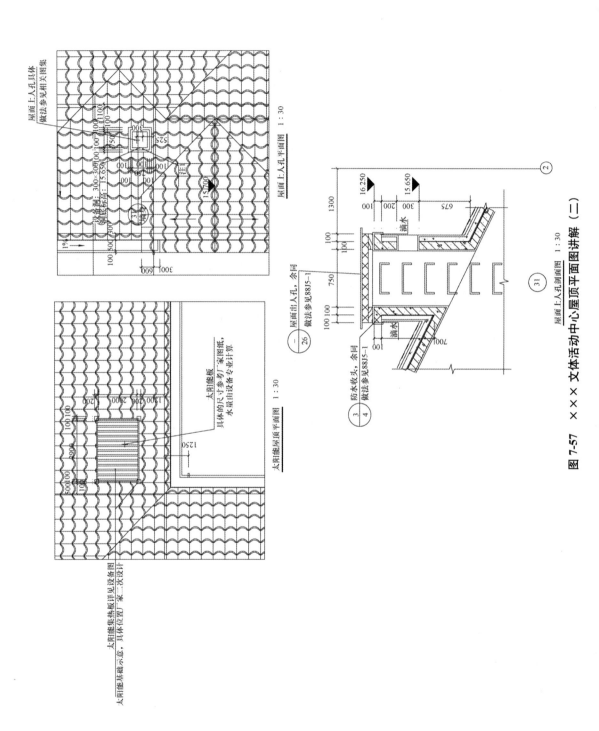

图7-57 ×××文体活动中心屋顶平面图图讲解（二）

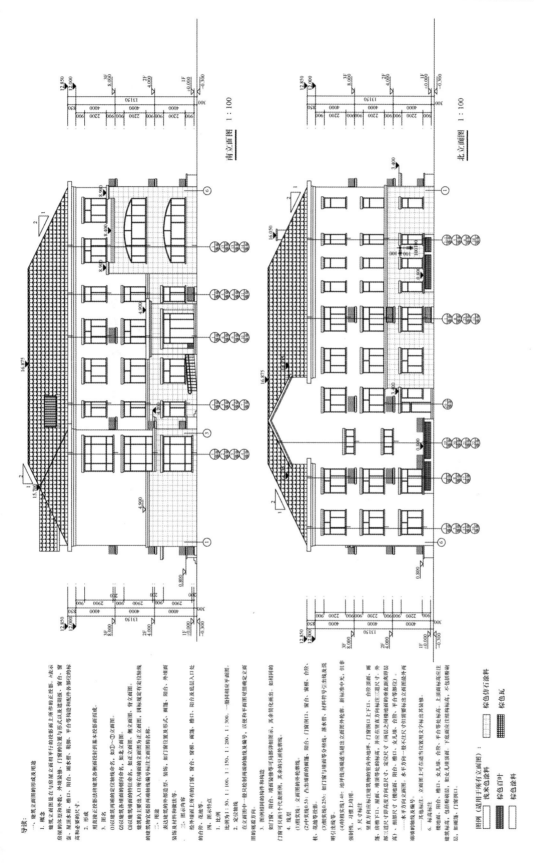

图 7-58　×××文体活动中心立面图（一）

导读：

立面图反映该楼的立面风格及外观造型。查阅建筑说明，了解外墙面的装饰做法。

认真阅读立面图中有关的尺寸及标高，并与剖面图相互对照。本图纸中左右两边为标高。

本图中表示出门窗的位置及形状。

本图中表示出墙身的剖切位置及编号。

网例（适用于所有立面图）：

☐	浅米色涂料
▨	棕色仿石涂料
▤	棕色百叶
▦	棕色瓦
▩	棕色涂料

图例中表示出建筑立面的颜色及材质，并且适用于所有立面图(外墙的装修做法、颜色也可直接标注在图中)

立面图中的 ①/墙身 编号对应墙身中的墙身编号 ① 。

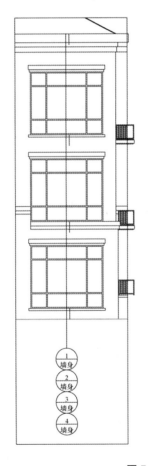

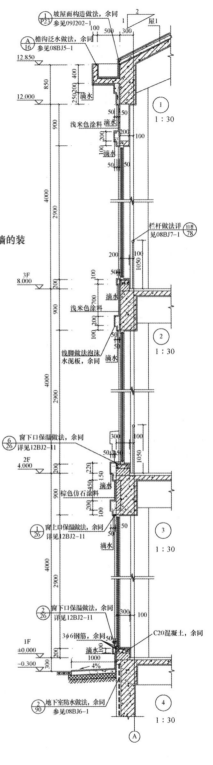

图 7-59 ×××文体活动中心立面图讲解（一）

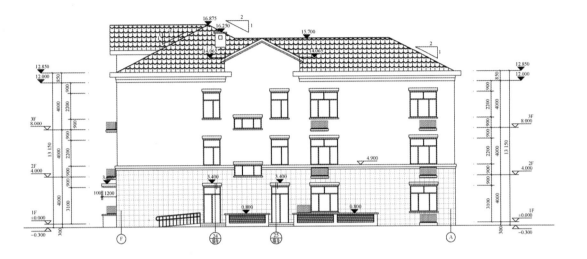

西立面图　1:100

东立面图　1:100

图7-60　×××文体活动中心立面图（二）

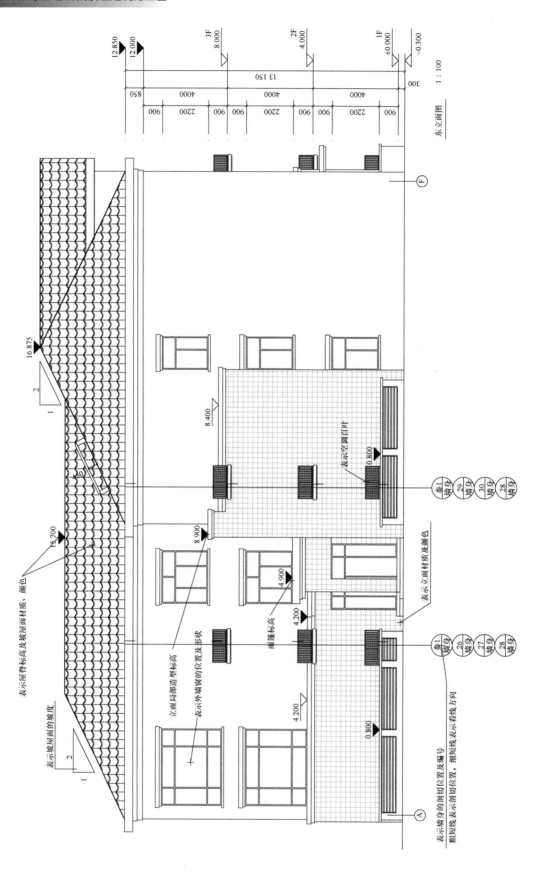

图 7-61 ×××文体活动中心立面图（二）讲解

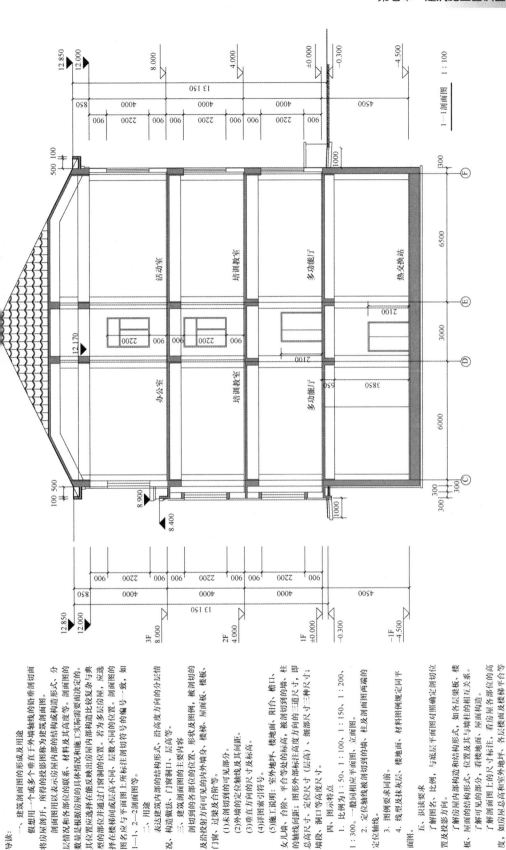

图7-62　×××文体活动中心剖面图

导读：

一、建筑剖面图的形成及用途

假想用一个或多个垂直于外墙轴线的铅垂剖切面将房屋剖切开，所得的投影图称为建筑剖面图。

剖面图用以表示房屋内部的结构或构造形式，分层情况和各部位的联系、材料及其高度等。剖面图的数量是根据房屋的复杂程度和施工实际需要确定的。其位置应选择在能反映出房屋内部构造比较复杂与典型的部位，并应通过门窗洞的位置。若为多层房屋，应选择在楼梯间或层高不同、层数不同的位置。剖面图的图名应与平面图上所标注剖切号编号一致，如1—1、2—2剖面图等。

二、用途

表达建筑内部的结构形式、沿高度方向的分层情况、构造做法、门窗洞口、层高等。

三、建筑剖面图的主要内容

剖切到的各部位的位置、形状及比例，形状及图例，被剖切到的内外墙身、楼板、屋面板、门窗、过梁及合阶等。

(1)未剖切到的可见部分。

(2)外墙身的定位轴线及其间距。

(3)垂直方向的尺寸及标高。

(4)详图索引符号等。

(5)施工说明：室外地坪、楼地面、附台、檐口、女儿墙、合阶、散水处的标高，被剖切到的墙、柱的轴线编号及间距，图形外部标注的三道尺寸，即总尺寸、定位尺寸（层高）、细部尺寸三种尺寸；墙段、洞口等高度尺寸。

四、图示特点

1. 比例为1：50、1：100、1：150、1：200、1：300。一般同相应平面图、立面图。

2. 定位轴线及被剖切到的墙、柱及剖面图两端的定位轴线。

3. 图例要求同平面。

4. 线型及详本关层。

五、识读要求

了解图名、比例，与底层平面图对照确定剖切位置及投影方向。

了解房屋内部构造和结构构造形式，如各层楼板、楼面的结构形式、位置及与墙柱的相互关系。

了解屋面的结构构造、屋面构造。

了解剖面图上的尺寸标注、看各层各部位的高度，如房屋总高和室外地坪、各层楼面及楼梯平台合等标高。

了解详图索引符号引出的位置和编号。

看图中有关部位的坡度和标注。

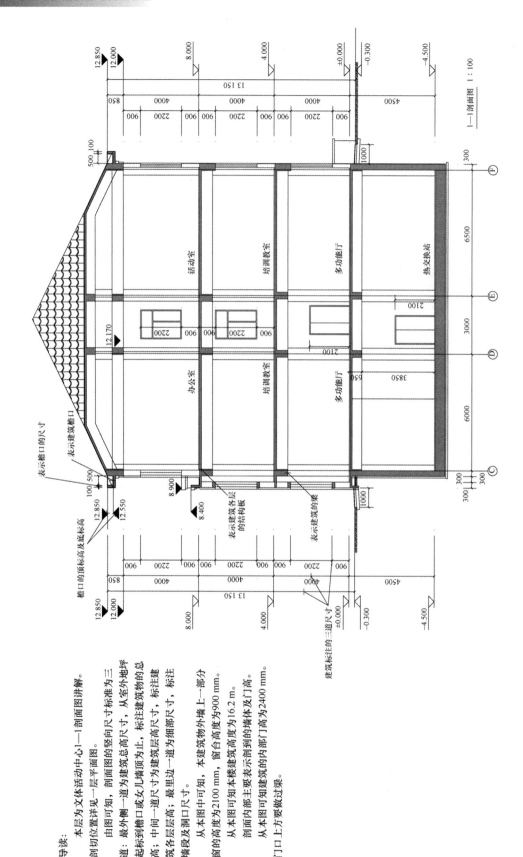

图 7-63 ×××文体活动中心剖面图讲解

导读：

本层为文体活动中心1—1剖面图讲解。

剖切位置详见一层平面图。

由图可知，剖面图的竖向尺寸标准为三道：最外侧一道为建筑总高尺寸，从室外地坪起标到檐口或女儿墙顶为止，标注建筑物的总高；中间一道尺寸为建筑层高尺寸，标注建筑各层层高；最里边一道为细部尺寸，标注墙段及洞口尺寸。

从本图中可知，本建筑物外墙上一部分窗的高度为2100 mm，窗台高度为900 mm。

从本图可知本楼建筑高度为16.2 m。

剖面图内部主要表示剖到的墙体及门高，从本图可知建筑的内部门高为2400 mm。门口上方要做过梁。

导读：

楼梯是多层房屋上下交通的主要设施，它除了要满足行走方便和人流疏散畅通外，还应有足够的坚固耐久性。目前多采用预制或现浇钢筋混凝土的楼梯。

楼梯是由楼梯段（简称梯段，包括踏步或斜梁）、平台（包括平台板和平台梁）和栏杆（或栏板）等组成。

楼梯详图主要表示楼梯的类型、结构做法、各部位的尺寸及装修做法。楼梯详图一般包括平面图、剖面图及踏步、栏板详图等，并尽可能画在同一张图纸内。平、剖面图比例要一致，以便对照阅读。踏步、栏板详图比例要大些，以便表达清楚该部分的构造情况。楼梯详图一般分为建筑详图与结构详图，并分别绘制，分别编入"建筑施工"和"结构施工"中。但对于构造和装修较简单的现浇钢筋混凝土楼梯，其建筑详图和结构详图可合并绘制，编入"建筑施工"或"结构施工"均可。

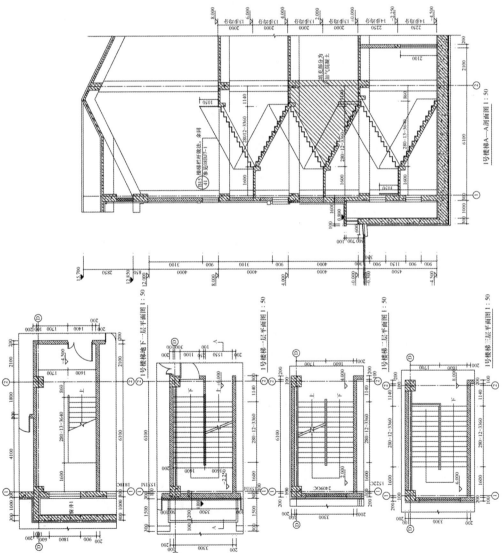

图 7-64 ×××文体活动中心楼梯详图（一）

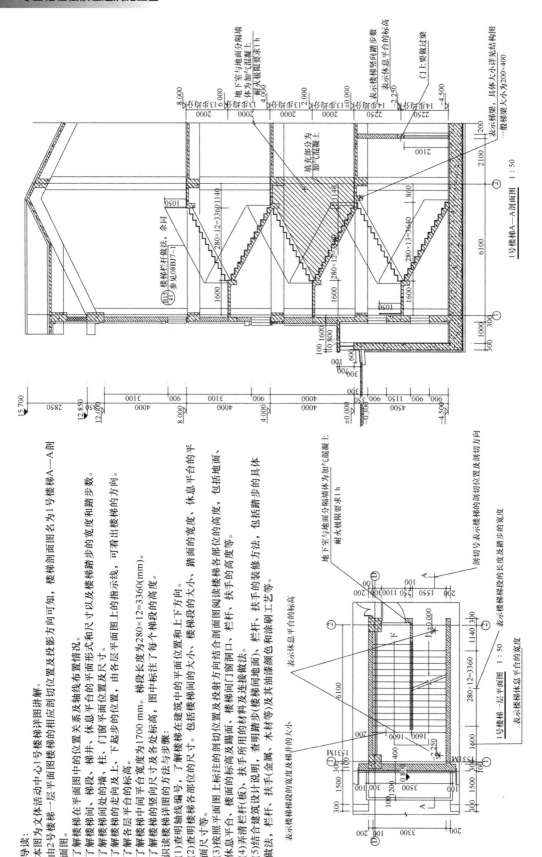

导读:

本图为文体活动中心1号楼梯详图讲解。

由2号楼梯一层平面图楼梯的相应部位剖切投影方向可知,楼梯剖面图图名为1号楼梯A—A剖面图。

了解楼梯在平面图中的位置关系及轴线布置情况。

了解楼梯间、梯段、休息平台等的平面形式及踏步数。

了解楼梯间处的墙、柱、门窗平面位置及尺寸。

了解楼梯的走向及上、下起步的位置,由各层平面图上的指示线,可看出楼梯的方向。

了解各层休息平台的标高。

了解楼梯中间平台全宽度为1700 mm。梯段长度为280×12=3360(mm)。

了解楼梯的竖向尺寸及各处标高,图中标注了每个梯段的高度。

识读楼梯详图的方法与步骤:

(1)查明轴线编号,了解楼梯在建筑平面位置和上下方向。

(2)查明楼梯各部位的尺寸。包括楼梯间的大小、楼梯段的大小,踏面的宽度、休息平台的平面尺寸等。

(3)按照平面图上标注的剖切位置及投射方向结合剖面图阅读剖面图。包括地面、休息平台、楼面的标高及踢面、楼梯间门窗洞口、楼梯段各部位的高度、栏杆、扶手的高度等。

(4)弄清楚栏杆(板)、扶手所用的材料及连接做法。

(5)结合建筑装饰设计说明,查明踏步(楼梯间地面)、栏杆、扶手等及其油漆颜色和涂刷工艺等。做法、栏杆、扶手(金属、木材等)及梯井等的具体装修方法,包括踏步的具体尺寸。

图7-65 ×××文体活动中心楼梯详图(一)讲解

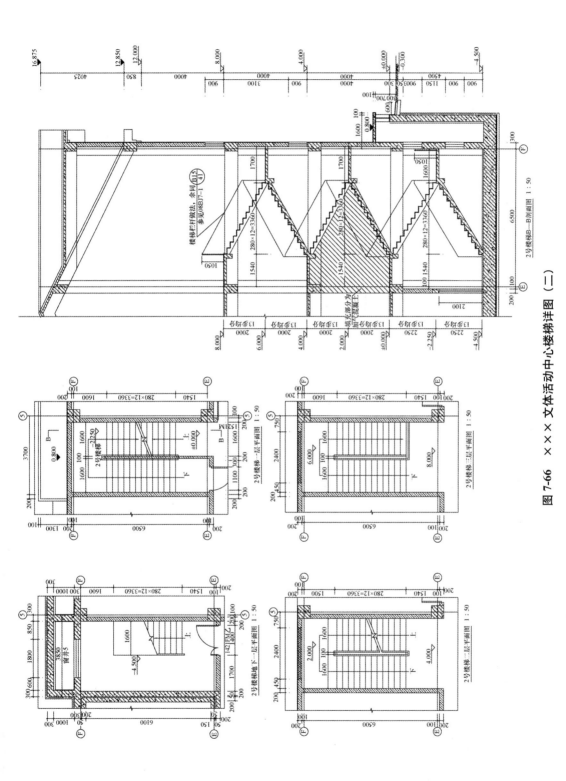

图 7-66 ×××文体活动中心楼梯详图（二）

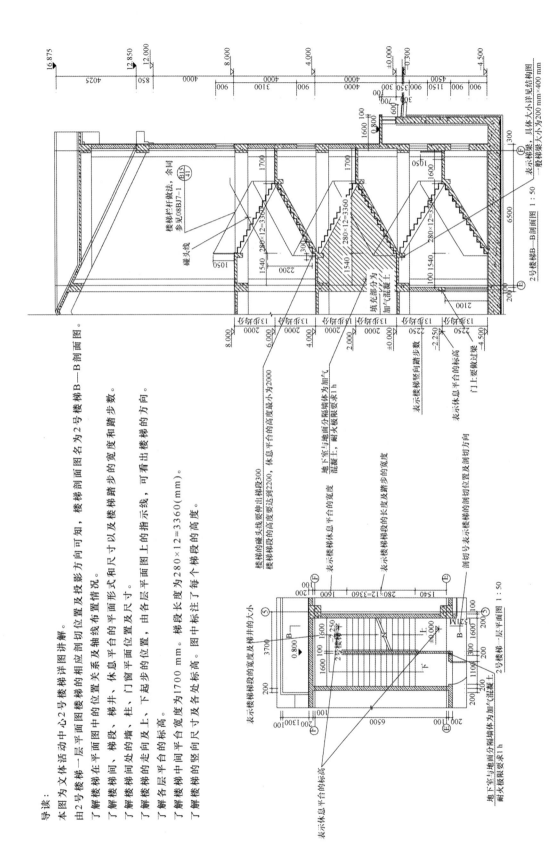

导读:

本图为文体活动中心2号楼梯详图讲解。

由2号楼梯一层平面图楼梯的相应的相切位置及投影方向可知, 楼梯剖面图名为2号楼梯B—B剖面图。

了解楼梯在平面图中的位置关系及轴线布置情况。

了解楼梯梯间、梯段、梯井、休息平台的平面形式和尺寸以及梯踏步的宽度及踏步数。

了解楼梯间处的墙、柱、门窗平面位置及尺寸。

了解楼梯的走向及上、下起步位置, 由各层平面图上的指示线, 可看出楼梯的方向。

了解各层楼梯平台的标高。

了解楼梯中间平台宽度为1700 mm。

了解楼梯的竖向尺寸及各处标高。梯段高度为17000 mm。梯段长度为280×12=3360(mm)。图中标注了每个梯段的高度。

图 7-67 ×××文体活动中心楼梯详图 (二) 讲解

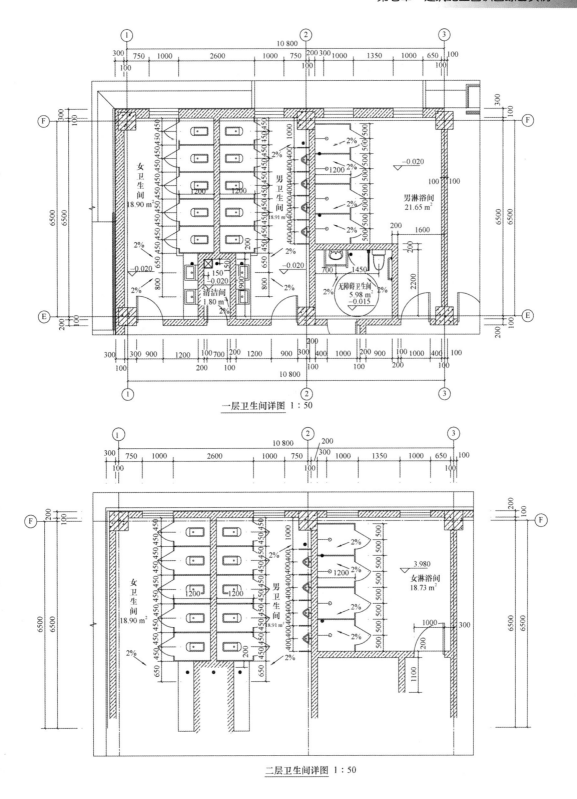

一层卫生间详图 1：50

二层卫生间详图 1：50

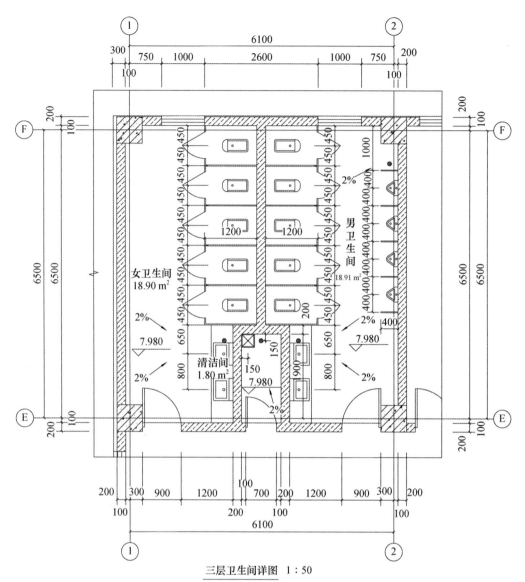

三层卫生间详图 1:50

图 7-68 ×××文体活动中心卫生间详图

导读:

本图是文体活动中心的卫生间详图讲解。

了解卫生间在建筑平面图中的位置及有关轴线的布置。

了解卫生间的布置情况。

了解卫生间地面的找坡方向及地漏的设置位置。

本图中淋浴间的隔断尺寸为1000 mm×1200 mm, 蹲便间的隔断尺寸为900 mm×1200 mm。

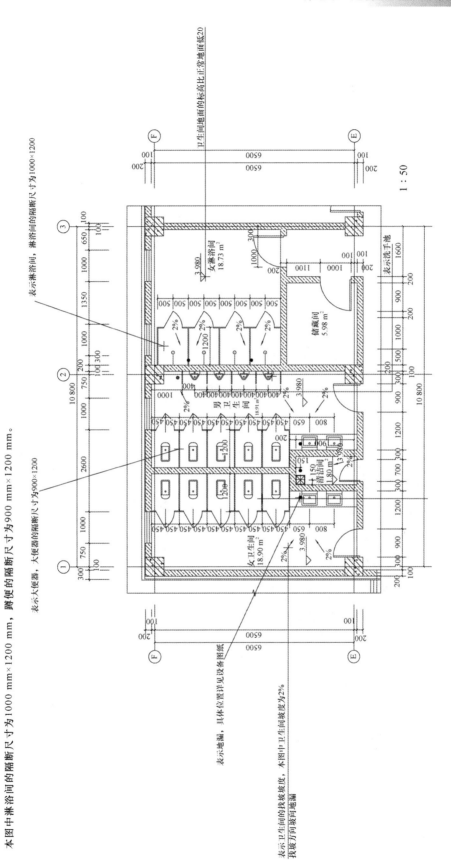

图 7-69 ×××文体活动中心卫生间详图讲解

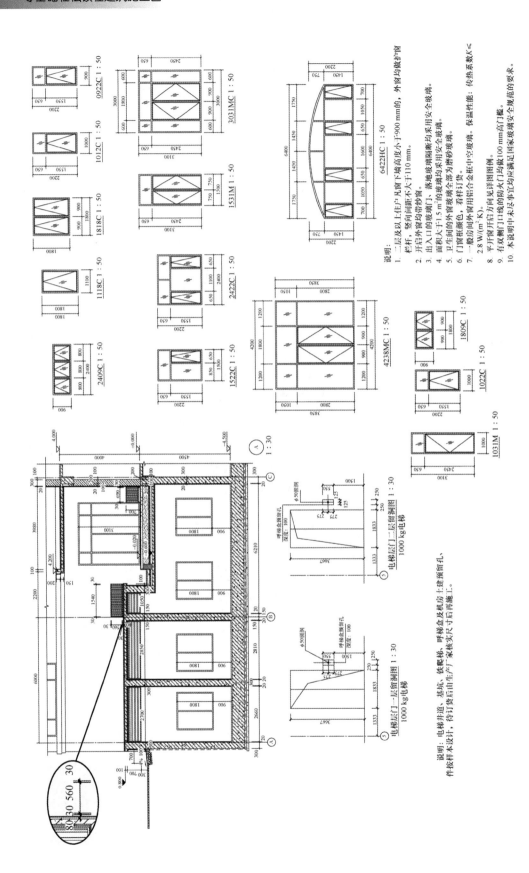

图 7-70　×××文体活动中心门窗详图

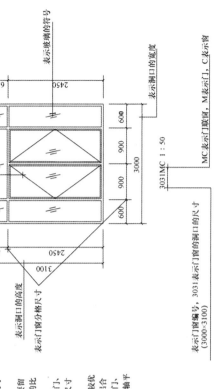

次窗的开启方式为外上悬

006

900
900
1800

1809C　1：50

表示门窗的门框和窗框

表示玻璃的符号

表示门窗的开启方式，实线表示门窗外开，
虚线表示门窗内开

2450
650

60C
3000
1800
600

900
900
600
3000

600
650
2450

表示洞口的高度

表示门窗分格尺寸

650
2450
3100

3031MC　1：50

MC表示门联窗，M表示门，C表示窗

表示洞口的宽度

表示门窗编号，3031表示门窗的洞口的尺寸
（3000×3100）

图 7-71　×××文体活动中心门窗详图详解

导读：

本图为文体活动中心的门窗详图。

了解立面图上窗洞口尺寸应与建筑平面、立面、剖面的洞口尺寸一致。

了解立面图表示窗框。窗洞的大小及组成形式，以及窗扇的开启方向。

图中所注门窗尺寸应为满足《全国民用建筑工程设计技术措施》的要求。

图中所注门窗尺寸是外包尺寸，厂家制作门窗时易留安装尺寸，其节点构造由厂家自行设定。

门和窗是建筑物中的两个围护部件，门的主要功能是供交通出入、分隔联系建筑空间，建筑外墙上的门有时也兼起采光、通风作用。

窗的主要功能是采光、通风、观察及瞭物。在民用建筑中，制造门窗的材料有木材、钢、铝合金、塑料及玻璃。

建筑中使用的门窗尺寸、门窗数量都需要文字说明，见门窗表。

对于门窗详图，通常由各地区建筑主管部门批准发行各种不同规格的标准图集，门窗详图则在标准图集中选用即可。如果未采用标准图集，则必须绘出门窗详图。

工程图中只说明该详图所在标准图集中的编号即可。

（1）门、窗立面图。常用1：20的比例绘制。门、窗立面图的尺寸一般在水平和竖直方向各标注三道，最外一道为标注……

（2）节点详图。常用1：10的比例绘制。书店详图主要表达各个门窗框……

（3）门窗断面图。常用1：5的比例……

（4）门、窗扇立面图。常用1：20的比例绘制……

识图要注意：
（1）详图的名称、比例。
（2）详图符号及编号。
（3）详图所表示的构造、配件各部位的形状、材料、尺寸及做法。
（4）需要标注的定位轴线及编号。

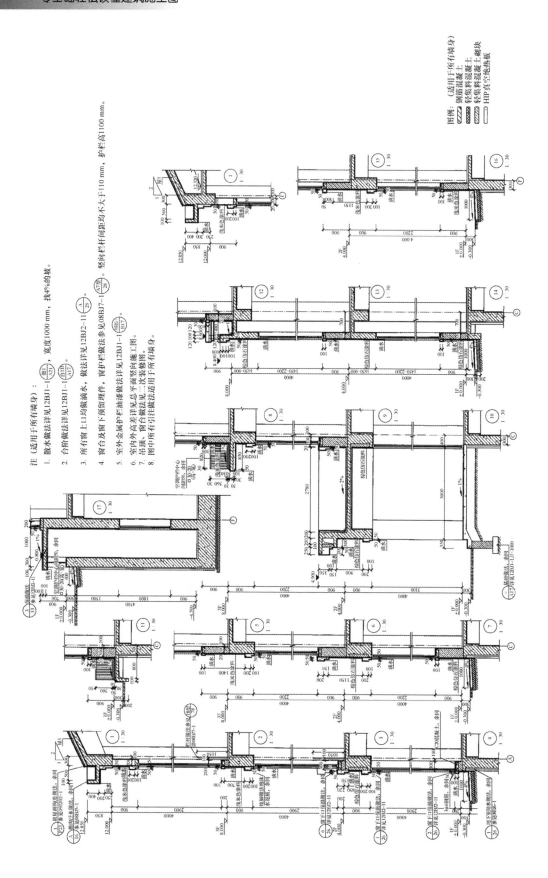

图 7-72 ×××文体活动中心墙身详图（一）

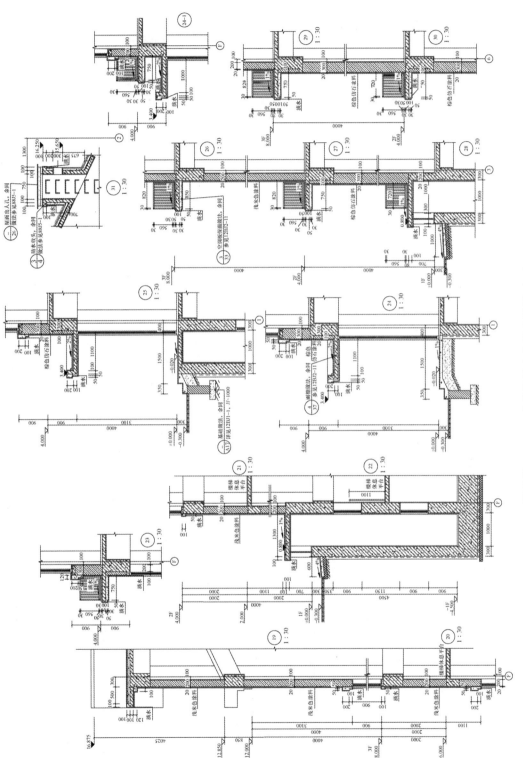

图 7-73　×××文体活动中心墙身详图（二）

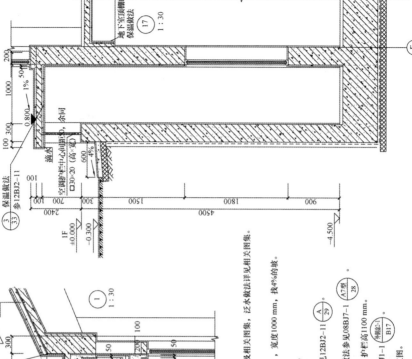

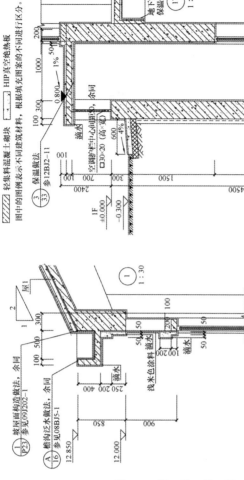

图例：（适用于所有墙身）

钢筋混凝土；

轻集料混凝土；

轻集料混凝土；

HIP度空绝热板；

轻集料混凝土砌块；

图中图例表示不同建筑材料，根据填充图案的不同进行区分。

地下室外墙防水做法详见相关图集及建筑总说明，泛水做法详见相关图集。

坡屋面防水做法详见12BJ1-1（适用于所有墙身）：

注：

1. 散水做法详见12BJ1-1，宽度1000 mm，找坡4%的坡。
2. 台阶做法详见12BJ1-1。
3. 所有窗口上口做滴水。
4. 窗台及窗下预留排气件，窗护栏做法参见08BJ7-1。竖向栏杆间距的大于110 mm，护栏高1100 mm。
5. 室内外高差详见总平面做法做法施工图。
6. 室内外墙护壁油漆做法见平面竖向施工图。
7. 吊顶、窗台等的细部装修做法以二次修饰。
8. 图中所有引出做法适用于所有墙身。
本图中列出丁一些建筑部位的基本做法。

图 7-74 ×××文体活动中心墙身详图讲解

导读：

本图为文体活动中心的墙身详图。
了解建筑各部位的建筑构造和做法。
了解门窗洞口尺寸及窗口及窗口做法。
了解建筑外墙的装饰面做法。
了解建筑立面造型。

一、概述

墙身剖面详图实际上是主墙身的局部放大图，详尽地表达了墙身从基础到屋顶间的各主要节点的构造和做法。画图时常将各节点剖面图连在一起，中间用折断线断开，各节点详图都分别注明详图所号和比例。

二、墙身剖面详图的内容

墙身剖面详图一般包括檐口节点、窗台节点、窗台节点、窗口节点、散水节点等。

（1）檐口节点剖面详图：主要表达屋顶顶层檐过梁、屋面的构造与构配件、根据实际做法、屋面板、屋面梁、室内顶棚、雨水管和水斗、架空隔热层、女儿墙等的构造做法。

（2）窗台节点剖面详图：主要表达窗台的构造以及外墙面的做法。

（3）窗顶节点剖面详图：主要表达窗顶过梁处的构造和内雨水做法以及楼内成层地面的构造情况。

（4）勒脚和明沟节点剖面详图：主要表达勒脚处的构造和明沟处的雨水排泄和离离的室内外墙的构造情况。

（5）散水节点剖面详图：主要表达室散水在外墙墙脚处的构造以及室内地面的构造做法，如散水也称防水坡，其作用是将泄泄水排遣到离室脚一定距离的自然土壤中去，以保护外墙的墙脚免受雨水的侵蚀。

三、读图方法及步骤

（1）根据图上的索引符号，该图时应结合各自层平面图所表示的范围。
（2）零墙身剖面图是哪条墙身上的墙。
字注写的墙身是与哪形的墙相对应的。
（3）掌握构件与墙体间的关系。读图时地面和分层地面、楼板与墙体间的关系。阅读时掌握材料做法表、阅读方式，即平
（4）结合建筑设计说明或材料做法表的关系。在建筑工程中，门窗框的立口中，门窗框的立口中有三种方式，即平
（5）表明门窗立口与墙身的关系。平外墙面、平内墙面。
（6）表明各部位的细部装修做法及防水防潮做法。如图中的排水沟、散水、防潮层、窗合、窗檐、天沟等的细部做法。

四、注意事项

（1）在±0.000 m或防潮层以下的墙称为基础墙，施工做法应以建筑图为准。在±0.000 m或防潮层以上的墙，施工做法以建筑施工图为准，并注意注接关系及防潮层的做法。

第四节 综合实例四——医院工程

一、设计依据及工程概况

1.设计依据

1）规划委员会的规划意见书。

2）医院施工图设计任务书。

3）中华人民共和国和××市现行的有关法律、法规。

4）《民用建筑设计统一标准》（GB 50352—2019）。

5）《建筑设计防火规范》（GB 50016—2014）。

6）《综合医院建筑设计规范》（GB 51039—2014）。

7）《无障碍设计规范》（GB 50763—2012）。

8）《城镇污水处理厂污染物排放标准》（GB 18918—2002）。

9）《医疗机构水污染物排放标准》（GB 18466—2005）。

2.工程概况

1）性质：×××医院。

2）位置：本工程用地位于×××的社区医院。东临×××，西临×××，北临×××，南临×××，规模较小，不属于综合医院。

3）地块用地面积：4265.00 m²。地块总建筑面积：3716.92 m²。

4）建筑层数、高度：

本套图纸适用于：×××医院。

主楼建筑高度为16.2 m，主体地上3层，局部4层。

建筑面积为3592.10 m²，均为地上。

附属用房建筑高度为3.9 m，地上1层。

建筑面积为：124.82 m²。

5）本工程为多层建筑，耐火等级二级，抗震设防烈度8度，结构设计使用年限50年。

6）本工程设计标高±0.000相当于绝对标高数值，详见施工图总平面图。各层标高为完成面标高，屋面标高为结构面标高。

本工程标高以米（m）为单位，尺寸以毫米（mm）为单位。

7）结构类型：框架结构。

二、墙体、门窗、屋面做法

1.墙体

1）本建筑为钢筋混凝土框架结构。非承重外墙、部分填充墙等采用轻集料混凝土空心砌块填充，厚度分别为200 mm、300 mm，部位详见图纸。

内隔墙采用轻集料混凝土空心砌块，厚度详见平面图。轻集料混凝土砌块墙构造柱设置见结构设计说明，做法详见结构专业图纸。

2）不同墙基面交界处均加铺通长玻璃纤维布防止产生裂缝，宽度为500 mm。加气混凝土砌块墙内外抹灰均应加玻璃纤维布。

3）当主管沿墙或柱敷设时，待管线安装完毕后用轻质墙包封隐蔽，做法参见二次装修，竖井墙壁（除钢筋混凝土墙外）砌筑灰缝应饱满并随砌随抹光。

4）所有隔墙上大于 300 mm×300 mm 的洞口需设过梁，过梁大小参见结施过梁表。

5）凡需抹面的门窗洞口及内墙阳角处均应用 1∶2.5 水泥砂浆包角，各边宽度为 80 mm，包角高度距楼地面不小于 2 m。

6）施工与装修均应采用干拌砂浆。

2. 门窗

1）外窗选用断桥铝合金中空玻璃窗，门窗立面形式、颜色看样订货，门窗开启方式、用料详见门窗大样图，门窗数量见门窗表。

2）门窗立樘位置：外门窗立樘平齐于结构墙中心，内门窗立樘位置除注明外，双向平开门立樘居墙中，单向平开门立樘与开启方向墙面平齐。

外门窗气密性不应低于《建筑外门窗气密、水密、抗风压性能分级及检测方法》中的 6 级，传热系数详见节能设计。

3）门窗加工尺寸要按门窗洞口尺寸减去相关外饰面的厚度。

4）具有疏散功能的防火门均装闭门器，双扇防火门均装顺序器；常开防火门须有自行关闭和信号反馈装置。

5）内门为木夹板门，一次装修安装到位。

6）门窗玻璃应符合《铝合金门窗工程技术规范》（JGJ 214—2010）的规定。

3. 屋面

1）平屋面做法：

屋 1 上人屋面：3 平屋，防水等级为 Ⅱ 级，保温采用 60 mm 厚挤塑聚苯板保温，防水层采用 3 mm 厚高聚物改性沥青防水卷材，泛水等相应做法见《平屋面图集》（15ZJ201）相关部分。

屋 2 不上人屋面：8 平屋，防水等级为 Ⅱ 级，保温采用 60 mm 厚挤塑聚苯板保温，防水层 4 采用自粘型橡胶沥青聚酯胎防水卷材，泛水等相应做法见《平屋面图集》（15ZJ201）相关部分。

2）坡屋面做法：

屋 3 坡屋面：防水等级为 Ⅱ 级，保温采用 60 mm 厚挤塑聚苯板保温，防水层 3 采用 80 mm 厚高聚物改性沥青防水卷材，泛水等相应做法见《平屋面图集》（15ZJ201）相关部分。

三、装饰装修做法

1. 外装修

本工程外装修为涂料饰面。其设计详见立面图，材料做法详见材料做法表，规格及排列方式见详图，材质、颜色要求须提供样板，由建设单位和设计单位认可。

2. 内装修

一般装修见房间用料表。根据房间用料表预留面层做法一次装修到位。

1）本工程设计室内装修部分详见材料做法表，所选用的材料和装修材料必须符合《建筑内部装修设计防火规范》（GB 50222—2017）的规定。

2）房间在装修前，楼地面做至找平层，墙面做至砂浆打底，顶棚做至板面脱模计。

3）凡设吊顶房间墙面抹灰高度均至吊顶以上 200 mm。

4）凡设有地漏房间应做防水层，图中未注明整个房间做坡度者，均在地漏周围 1 m 范围内做 1% 坡度坡向地漏；卫生间、设备间等有水房间的楼地面应低于相邻房间 20 mm 以上或做挡水门槛。

5）除注明外，不同材料楼面分界线均设于门框厚度中心，不同标高地面分界线应与低标高房间的内墙面平齐。

6）所有外露钢构件在涂漆前需做除锈和防锈处理，所有铁制及木制预埋件均需做防锈和防腐处理。

7）设备基础、留洞均应待货到后核实无误方可施工，且设备基础完工后再施工楼面。

8）所有栏杆及百页的样式及与墙体的固定方法均与厂家商定。所有护窗栏杆处，高度为 0.8 m。室内楼梯扶手高度 0.9 m，水平段长度大于 0.5 m 时，栏杆高度 1.05 m。所有楼梯栏杆及踏步防滑做法均采用相关图集做法。坡道栏杆为不锈钢管，做法参见相关图集。

9）垃圾收集：使用成品垃圾箱，由卫生服务中心统一管理。

10）本工程夏季采用分体空调制冷，空调冷凝水管集中设置，具体位置详见建筑及暖通专业图纸。

11）凡穿透墙体的暗装设备箱背后挂钢板网抹灰，然后按房间用料表做饰面层。留洞位置详见平面图或详图。凡需暗包消火栓箱的，封包做法由室内装修设计确定。

12）设备箱体留洞表详见平面图。

四、无障碍设计说明

1）首层入口设无障碍坡道，见平面图；建筑无障碍入口处的门设置视线观察玻璃、横执把手、关门拉手，门下方安装 0.35 m 高的护门板。

2）建筑入口坡道、公共卫生间等处均按无障碍标准设置无障碍标志。

3）候梯厅、电梯应符合无障碍要求，电梯轿厢为无障碍轿厢，内设残疾人使用设施。

五、保温、节能设计

1）本建筑为节能建筑，依据《公共建筑节能设计标准》（GB 50189—2015）。

2）设计建筑，朝向南北向。卫生服务中心为乙类建筑，附属用房为丙类建筑。体形系数见表 7-12。

表 7-12　各朝向外门窗窗墙比、体形系数、层数

项目 楼号	窗墙比				体形系数	层数
	南向	北向	东向	西向		
卫生服务中心	0.324	0.155	0.34	0.21	0.228	4
附属用房	0.13	—	0.06	0.17	0.756	1

3）建筑为框架结构，采用外墙外保温体系，墙身细部、女儿墙、勒脚及窗井等部位

均应采取保温措施，做法见相关图集。

4）屋顶、外墙等部位围护结构节能设计见表7-13。

表7-13　屋顶、外墙等部位围护结构节能设计

序号	部位		保温材料	保温材料厚度（mm）	构造做法	传热系数［W/（m²·K）］
1	屋顶	平屋面	挤塑聚苯板	60	×××-平屋3	0.50
		坡屋面	挤塑聚苯板	60	相关图集	0.50
2	外墙		岩棉复合板	80	相关图集	0.48

注：设计建筑保温部位补充说明：

1. 平屋顶保温包括屋顶层上人平台及封闭阳台顶板。

2. 外墙为轻集料混凝土空心砌块外墙保温构造。

3. 岩棉复合板的物理性能参见相关图集。

5）外门窗及屋顶天窗节能设计

（1）各朝向外门窗窗墙比见表7-12。

（2）外门窗、屋顶天窗构造做法及性能指标见表7-14。

表7-14　外门窗、屋顶天窗构造做法及性能指标

部位	框料选型	玻璃种类	间隔层厚度（mm）	传热系数［W/（m²·K）］
外门窗	PA断桥铝合金	Low-E中空	9	2.2

（3）外窗气密性能不应低于《建筑外门窗气密、水密、抗风压性能分级及检测方法》（GB 50325—2020）中的6级水平，外门窗立口外墙中心、框料与墙体之间缝隙填堵和密封材料做法见相关图集。

六、防水、防潮、防火

1.防水、防潮

1）室内防水：

（1）卫生间等需要防水的楼地面采用1.5mm厚聚合物水泥基防水涂料，做法见房间用料表。

（2）卫生间等需要防水的楼地面的防水涂料应沿四周墙面高起250mm。

（3）有防水要求的房间穿楼板立管均应预埋防水套管，防止水渗漏，做法见给水工程91SB3。

2）屋面防水等级为Ⅱ级，合理使用年限15年。外排水方式，雨水管内径为100mm。

3）防水构造要求：屋面、外墙、卫生间、水池等防水做法详见相关的节点大样图，图中未注明的部分应参见相关图集。管道穿过有防水要求的楼地面须做防水套管，并高出建筑地面30mm，管道与套管间采用麻油灰填塞密实。

4）工程中所用防水材料，必须经过有关部门认证合格。

5）防水施工应严格执行《屋面工程技术规范》（GB 50345—2012）、《屋面工程施工

质量验收规范》（GB 50207—2012）及其他有关施工验收规范。

6）屋面防水层和卫生间防水做完后，应按规定要求做渗水试验，经有关部门检查合格后，方可进行下一道工序，并在后续作业和安装过程中，确保防水层不被破坏。

7）所有集水坑内壁均抹 20 mm 厚 1：2.5 水泥砂浆（内掺水泥用量 5% 的防水剂）。

2. 防火

1）本建筑周边有 4 m 宽消防通道或距市政道路小于 15 m，满足消防要求。

2）本工程防火设计的耐火等级地上部分为二级。

3）本工程为一个单体建筑：地上部分为一个防火分区，面积小于 5000 m²，设喷洒。

4）疏散宽度：每层人数为 522 人，需要的最大疏散宽度为 3.90 m，实际疏散宽度为 4.10 m，设 3 部疏散楼梯，两部疏散楼梯间距离小于 50 m，满足疏散要求。

5）防火墙均应砌至梁板底，穿过防火墙的管道处，应采用不燃烧材料将空隙填塞密实。

6）疏散楼梯装修材料按《建筑内部装修设计防火规范》（GB 50222—2017）选材和施工。

7）水暖专业预埋穿楼板钢套管，竖井每层楼板处用相当于楼板耐火等级的非燃烧体在管道四周做防火分隔。其他各专业竖井在管线安装完毕后，在每层楼板处补浇混凝土封堵，详见结构专业图纸。

8）其他有关消防措施见各专业图。

9）本工程建筑外保温及外墙装饰设计执行《民用建筑外保温系统及外墙装饰防火暂行规定》（公通字〔2009〕46 号）的相关规定。

10）屋顶与外墙交界处、屋顶开口部位四周的保温层采用宽度不小于 500 mm 的 A 级保温材料设置水平防火隔离带。

七、室内环境污染控制

1）所使用的砂、石、砌块、水泥、混凝土、混凝土预制构件等无机非金属建材应符合放射性限量要求，并符合相关规定。

2）非金属装修材料（石材、建筑卫生陶瓷、石膏板、吊顶材料、无机瓷质砖粘结材料等）应符合放射性限量要求，并符合相关规定。

3）所使用的能释放氨的阻燃剂、混凝土外加剂，氨的释放量不应大于 0.10%。

4）甲方提供建筑场地土壤氡浓度或土壤氡析出率检测报告，根据其结果确定是否采取防氡措施，若需采取措施则应符合相关规定。

八、其他

1）本施工图应与各专业设计图密切配合施工，注意预留孔洞、预埋件，不得随意剔凿。

2）预埋木砖均做防腐处理，露明铁件均做防锈处理。

3）两种材料的墙体交接处，在做饰面前均须加钉金属网，防止产生裂缝。

4）凡涉及颜色、规格等的材料，均应在施工前提供样品或样板，经建设单位和设计单位认可后，方可订货、施工。

5）本说明未尽事宜均按国家有关施工及验收规范执行。

6）电梯选型见表7-15。

表 7-15　电梯选型

| 编号 | 电梯选型 | | | | | 数量（台） | 停站层 | 备注 |
	类别	型号	乘客人数	载重（kg）	速度（m/s）			
1	乘客电梯	KONE 3000	13	1000	1.0	1	4	符合无障碍要求
2	医用电梯	KONE 3000S	18	1350	1.0	1	4	符合无障碍要求

7）施工图图例：

	比例大于等于 1：100 时	比例小于 1：100 时
钢筋混凝土墙、柱		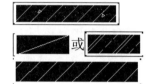
轻骨料混凝土砌块		
砖砌体（非黏土、非页岩）		

8）房间用料见表7-16。

表 7-16　房间用料

楼层	房间名称	楼地面做法及燃烧性能等级	墙面做法及燃烧性能等级	踢脚线做法及燃烧性能等级	顶棚做法及燃烧性能等级	备注
首层	门厅	地16（花岗岩地面），燃烧性能等级A级	内墙3A，内涂3（乳胶漆涂料），燃烧性能等级A级	踢4C2（花岗岩），100高	棚20B（铝方板吊顶），燃烧性能等级A级	大厅局部地面做法详见地33A（单层地毯地面），浮铺
	卫生间、淋浴间、更衣室、缓冲室、化验室、污物间	地12F（铺地砖防水地面），燃烧性能等级A级	内墙9（薄型面砖墙面）	—	棚8A（铝条板吊顶），燃烧性能等级A级	卫生间的踢脚线为阴圆角
	值班室、消防控制室、药房、洗片室、照相室、医生值班室、观察室、挂号缴费室	地12（铺地砖地面），燃烧性能等级A级	内墙3A，内涂3（乳胶漆涂料），燃烧性能等级A级	踢3E（地砖踢脚线），100高	棚14A（纸面石膏板吊顶），燃烧性能等级A级	
	全科门诊、输液室、透视室、治疗室、护士站、急诊室、抢救室、处置室	地32A（橡胶地板地面），燃烧性能等级B₁级	内墙3A，内涂3（乳胶漆涂料），燃烧性能等级A级	踢10E（橡胶踢脚线），100高	棚14A（纸面石膏板吊顶），燃烧性能等级A级	诊室的踢脚线为阴圆角
	透视室	透视室墙面、地面、屋顶均做铅板防护				土建及设备要求由专业厂家配合二次设计

楼层	房间名称	楼地面做法及燃烧性能等级	墙面做法及燃烧性能等级	踢脚线做法及燃烧性能等级	顶棚做法及燃烧性能等级	备注
首层	楼梯间、走廊	地13（石塑卷材防滑地砖地面），燃烧性能等级 B_1 级	内墙3A，内涂3（乳胶漆涂料），燃烧性能等级A级	踢3E（地砖踢脚线），100高	棚14A（纸面石膏板吊顶），燃烧性能等级A级	
	门厅	地16A（花岗岩楼面无垫层），50mm厚，燃烧性能等级A级	内墙3A，内涂3（乳胶漆涂料），燃烧性能等级A级	踢4C2（地砖踢脚线），100高	—	
二至四层	中医诊室、口腔科、眼科、耳鼻喉科、检验室、心电图室、B超室、全科诊室、妇科诊室、手术室、妇科体检室、接种室、儿童体检室、精防保健室、冷链室、物理训练室、康复室、专家诊室、诊室	楼32A-1（橡胶地板楼面），50mm厚，燃烧性能等级 B_1 级	内墙3A，内涂3（乳胶漆涂料），燃烧性能等级A级	踢10E（地砖踢脚线），100高	棚14A（纸面石膏板吊顶），燃烧性能等级A级	诊室的踢脚线为阴圆角
二至四层	妇科咨询室、接种观察室、库房、休息室、办公健康教育室、餐厅、行政用房、会议室、多功能厅、走廊	楼12B（铺地砖楼面），50mm厚，燃烧性能等级A级	内墙3A，内涂3（乳胶漆涂料），燃烧性能等级A级	踢3E（地砖踢脚线），100高	棚14A（纸面石膏板吊顶），燃烧性能等级A级	
	厨房、备餐间	楼12F-1（铺地砖防水楼面），燃烧性能等级A级	内墙10-f2（薄型面砖墙面），燃烧性能等级A级	—	—	
	卫生间	楼12F-1（铺地砖防水楼面），燃烧性能等级A级	内墙9A（薄型面砖墙面），燃烧性能等级A级		棚8A（铝条板吊顶），燃烧性能等级A级	卫生间踢脚线为阴圆角
	楼梯间	楼13B（石塑卷材防滑地砖楼面），30mm厚，燃烧性能等级 B_1 级	内墙3A，内涂3（乳胶漆涂料），燃烧性能等级A级	踢3E（地砖踢脚线），100高	棚14A（纸面石膏板吊顶），燃烧性能等级A级	顶层楼梯间吊顶

九、图纸内容

1）×××医院一层平面图及其讲解，如图 7-75~图 7-84 所示；×××医院二层平面图及其讲解，如图 7-85~图 7-89 所示；×××医院三层平面图及其讲解，如图 7-90~图 7-92 所示；×××医院四层平面图及其讲解，如图 7-93~图 7-96 所示；×××医院屋顶平面图及其讲解，如图 7-97~图 7-99 所示。

2）×××医院立面图及其讲解，如图 7-100～图 7-103 所示。

3）×××医院剖面图及其讲解，如图 7-104、图 7-105 所示。

4）×××医院楼梯详图及其讲解，如图 7-106～图 7-110 所示。

5）×××医院卫生间详图及其讲解，如图 7-111 和图 7-112 所示。

6）×××医院门窗表及门窗详图及其讲解，见表 7-17、图 7-113、图 7-114。

7）×××医院墙身详图及其讲解，如图 7-115~图 7-123 所示。

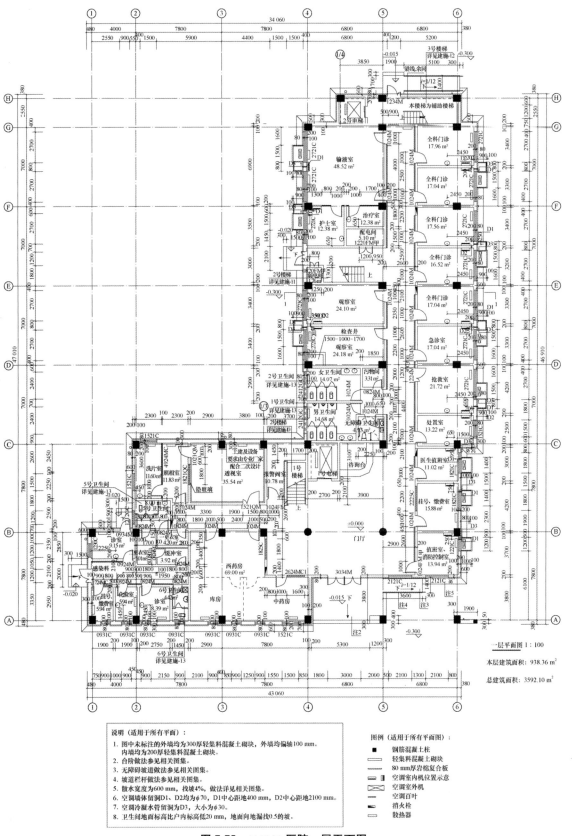

一层平面图 1:100

本层建筑面积：938.36 m²

总建筑面积：3592.10 m²

说明（适用于所有平面）：
1. 图中未标注的外墙均为300厚轻集料混凝土砌块，外墙均偏轴100 mm。
   内墙为200厚轻集料混凝土砌块。
2. 台阶做法参见相关图集。
3. 无障碍坡道做法参见相关图集。
4. 坡道栏杆做法参见相关图集。
5. 散水宽度为600 mm，找坡4%，做法详见相关图集。
6. 空调墙体留洞D1、D2均为φ70，D1中心距离400 mm，D2中心距2100 mm。
7. 空调冷凝水管留洞为D3，大小为φ30。
8. 卫生间地面标高比户内标高低20 mm，地面向地漏找0.5的坡。

图例（适用于所有平面图）：
■　钢筋混凝土柱
▭　轻集料混凝土砌块
▱　80 mm厚岩棉复合板
▤　空调室内机位置示意
▭　空调室外机
—　空调百叶
▰　消火栓
▱　散热器

图7-75　×××医院一层平面图

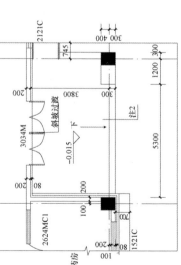

图7-76　×××医院一层平面图讲解（一）

导读：

本层为医院一层平面图，本层建筑面积为938.36 m²，层高为4.2 m。主要组成部分如下：

感染科室（挂号、缴费室、化验室、诊室、缓冲室、一更衣、二更衣、卫生间）：本科室主要为传染性疾病患者，因此要与其他科室分开，形成独立空间。与其他科室相连时要经过一更衣、二更衣、缓冲室，依次相连。

放射科室（透视室、照相室、洗片室）：本科室要注意透视室具有放射性，因此地面、楼面及周围墙面必须由专业厂家配合设计，方可施工。

公共空间（药房、大厅、咨询台、挂号、卫生间、西药房及库房）：本空间要注意各功能的链接，将其有机组合在一起。药房分为中药房、西药房及库房。

抢救科室（医生值班室、处置室、抢救室、急诊室、观察室）：本科室要注意功能的连续性，一定要设置在距离建筑主入口不太远的位置。

全科诊室（全科诊室、输液室、治疗室、护士站）。

注：一层平面图中的"说明"（适用于所有平面）是对工程中某些部位的具体做法，墙体定位及墙体材料的解释说明。

合阶：
注2：台阶合阶踏步坡道连接的合阶较室内地面降低15 mm，普通合阶较室内地面降低20 mm，入口处以斜坡过渡方式连接，详见合阶墙身附图。

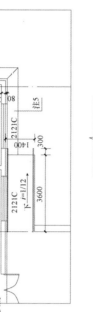

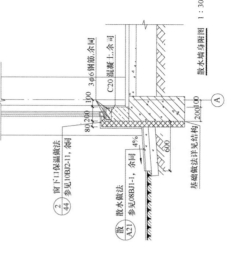

散水：
注意散水做法（注5），散水宽度一般为800 mm宽，根据经验从建筑结构面算散水宽度600 mm即可。散水投坡坡为4%。详见散水墙身附图。

无障碍坡道：
注意坡道做法（注3），坡度不大于1/12。无障碍坡道栏杆做法（注4），栏杆两端较坡道延长300 mm。

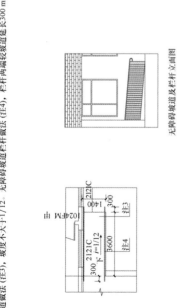

无障碍坡道及栏杆立面图

空调留洞：
空调留洞D1、D2均为φ70。为了达到立面要求，空调洞D1中心距地400 mm（地面为每层室内地面建筑标高），但室内空间效果差。D2中心距地2100 mm。D3为空调冷凝水管留洞，大小为φ30。

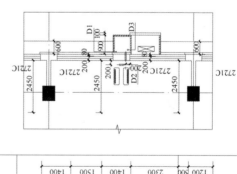

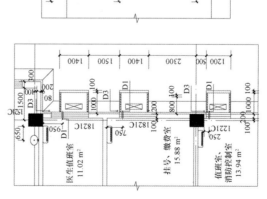

图7-77 ×××医院一层平面图讲解（二）

走廊扶手：
医疗建筑、老年建筑的走廊要设置扶手，扶手分两层设置，高度分别为900 mm、650 mm，具体做法参见相关图集。

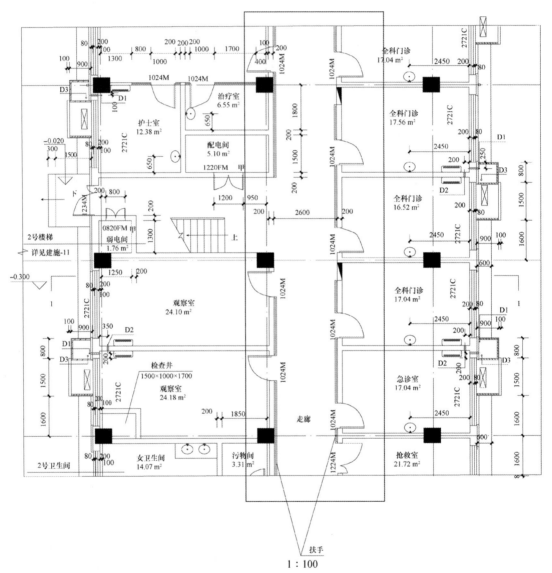

图 7-78 ×××医院一层平面图讲解（三）

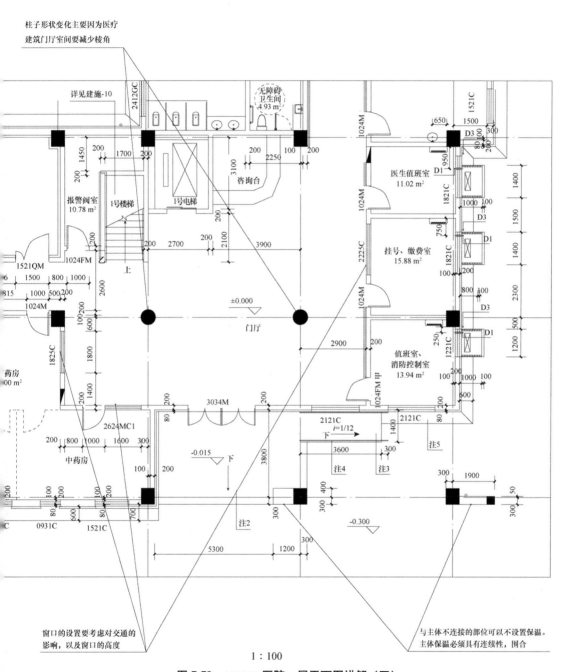

柱子形状变化主要因为医疗
建筑门厅室间要减少棱角

详见建施-10　2412GC

无障碍
卫生间
4.93 m²

1521C

报警阀室
10.78 m²

1号楼梯

咨询台

1号电梯

医生值班室
11.02 m²

挂号、缴费室
15.88 m²

值班室、
消防控制室
13.94 m²

药房

中药房

门厅

±0.000

-0.015

-0.300

i=1/12

窗口的设置要考虑对交通的
影响，以及窗口的高度

与主体不连接的部位可以不设置保温。
主体保温必须具有连续性，围合

1 : 100

图7-79　×××医院一层平面图讲解（四）

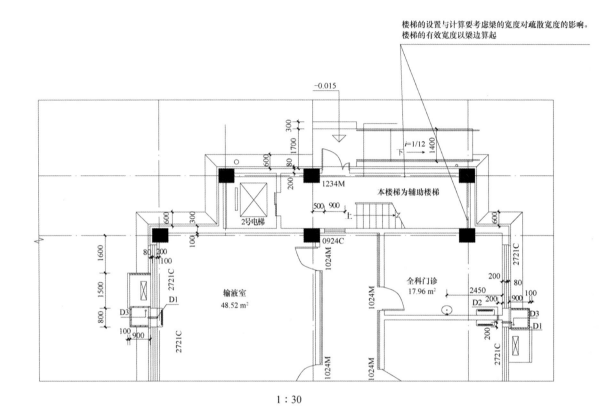

楼梯的设置与计算要考虑梁的宽度对疏散宽度的影响。
楼梯的有效宽度以梁边算起

-0.015

$i=1/12$

2号电梯

本楼梯为辅助楼梯

1234M

0924C

输液室
48.52 m²

全科门诊
17.96 m²

1 : 30

2号卫生间
详见建施-13

女卫生间
14.07 m²

污物间
3.31 m²

1号卫生间
详见建施-13

男卫生间
14.68 m²

无障碍
卫生间
4.93 m²

卫生间地面要比正常地面低，卫生间地面找坡2%，坡向地漏。
门口线设置在建筑标高较低的一侧，无障碍卫生间低于
正常地面15 mm，普通卫生间低于正常地面20 mm

1 : 30

图7-80　×××医院一层平面图讲解（五）

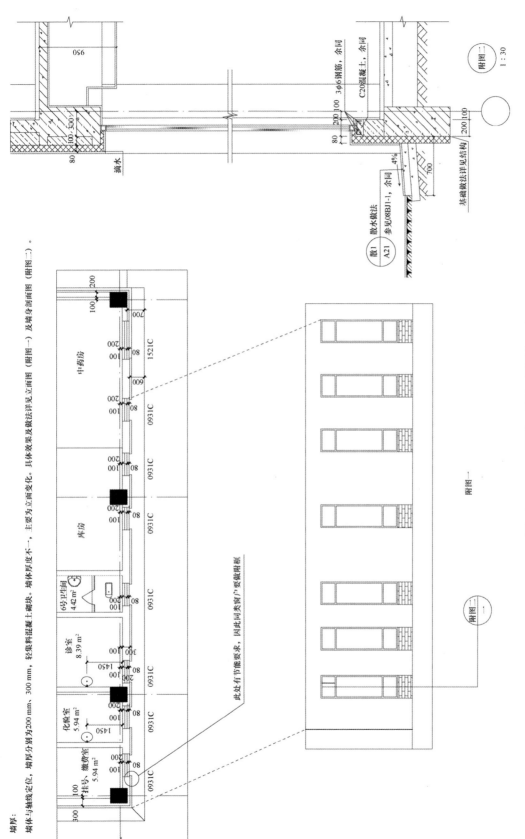

图 7-81　×××医院一层平面图讲解（六）

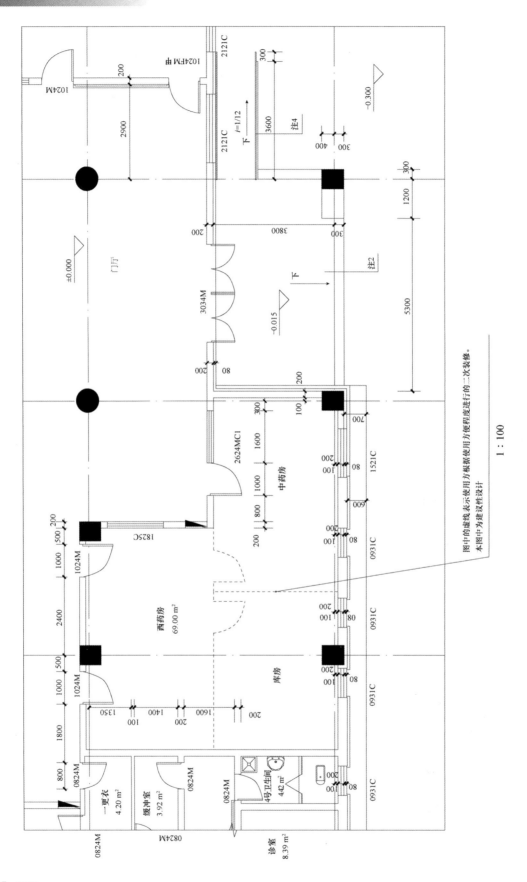

图中的虚线表示使用方根据使用方便程度进行的二次装修。
本图中为建议性设计

1 : 100

图 7-82 ×××医院一层平面图讲解（七）

立面附图

空调室外机搁板：

空调室外机搁板尺寸一般为700 mm×1000 mm，由于本项目空调室外机正面方为实体板，故

本项目空调室外机搁板尺寸为1000 mm×1500 mm。详见立面附图，空调室外机搁板端身附图。

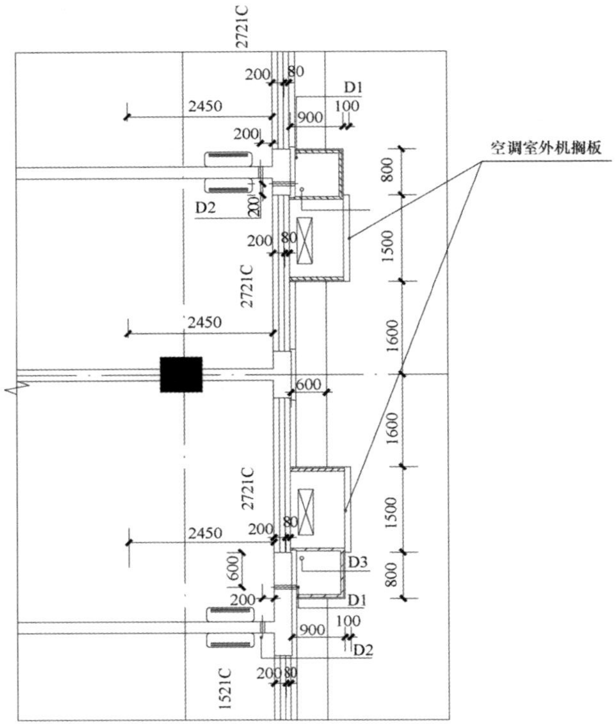

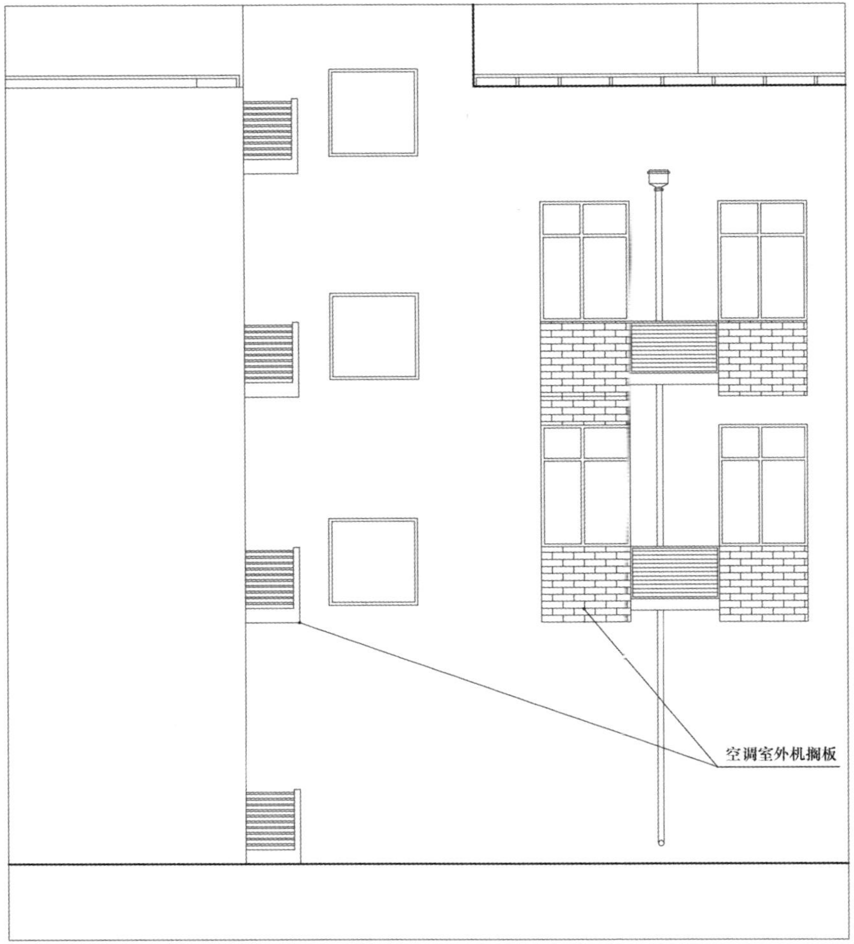

空调室外机搁板

图 7-83　×××医院一层平面图讲解（八）

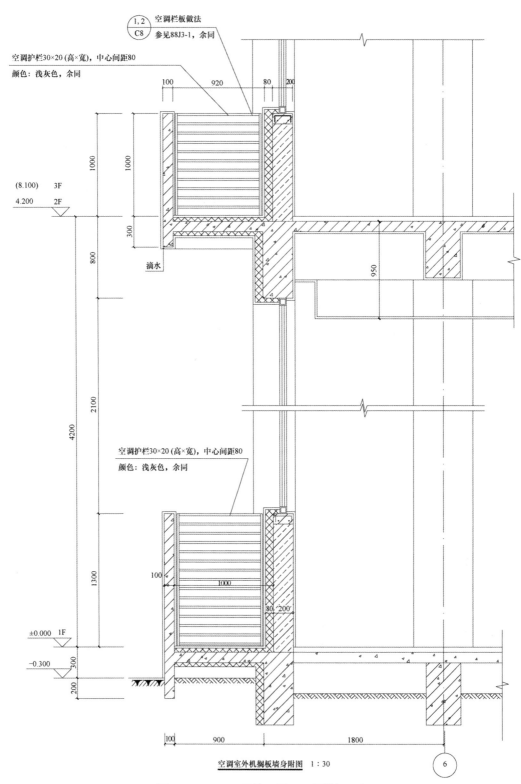

图 7-84　×××医院一层平面图讲解（九）

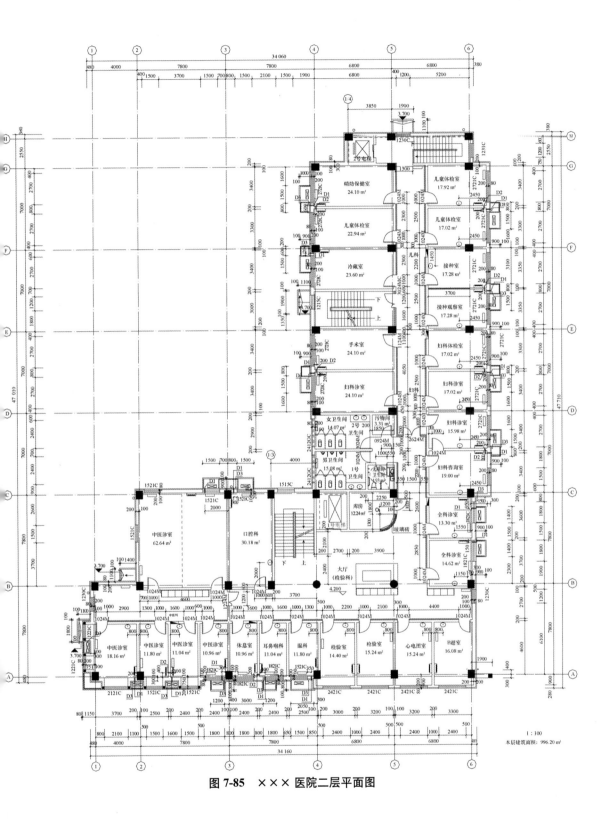

图 7-85 ×××医院二层平面图

导读：
本层为社区卫生服务中心二层平面图，本层建筑面积996.20 m²，层高4.2 m。
主要组成部分如下：
专科门诊（耳鼻喉科、眼科、口腔科）；
中医科（中医诊室）；
检验科（检验室、心电图室、B超室）；
全科诊室（全科诊室）；
儿童妇女保健科（妇科诊室、手术室、接种观察室、冷藏室、接种室、儿童体检室、精防保健室）；
公共空间（大厅、咨询台、卫生间）。
以下为各部位平面、立面、剖面图。

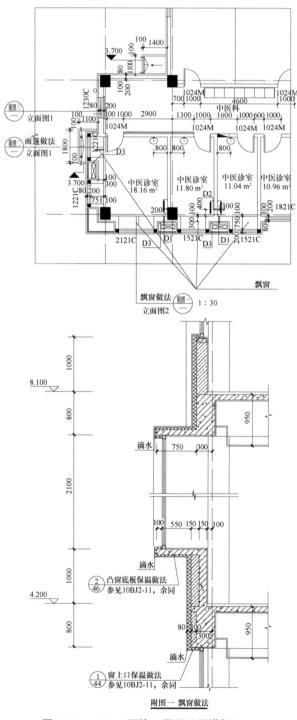

图 7-86　×××医院二层平面图讲解（一）

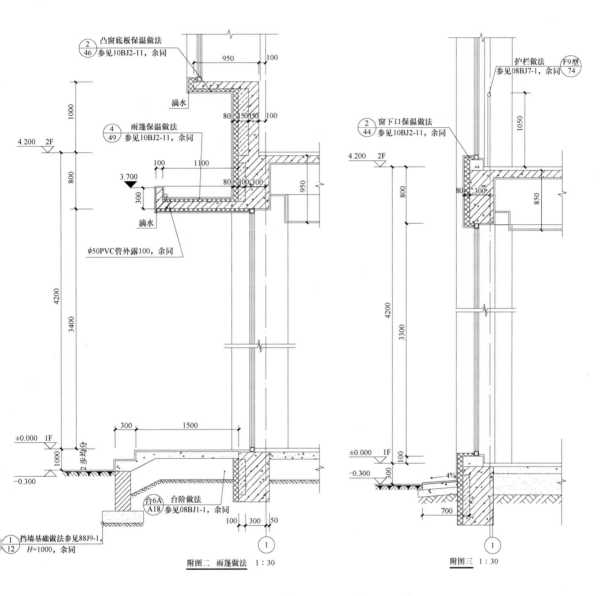

附图二　雨篷做法　1:30

附图三　1:30

图 7-87　×××医院二层平面图讲解（二）

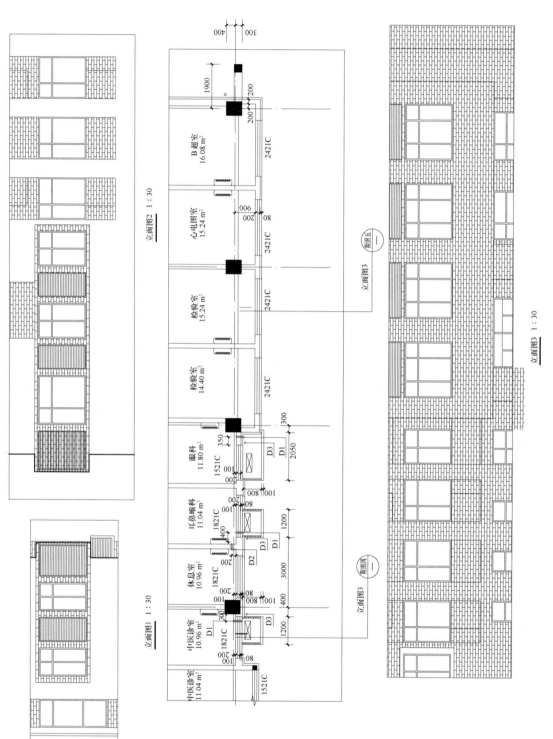

图7-88 ×××医院二层平面图讲解（三）

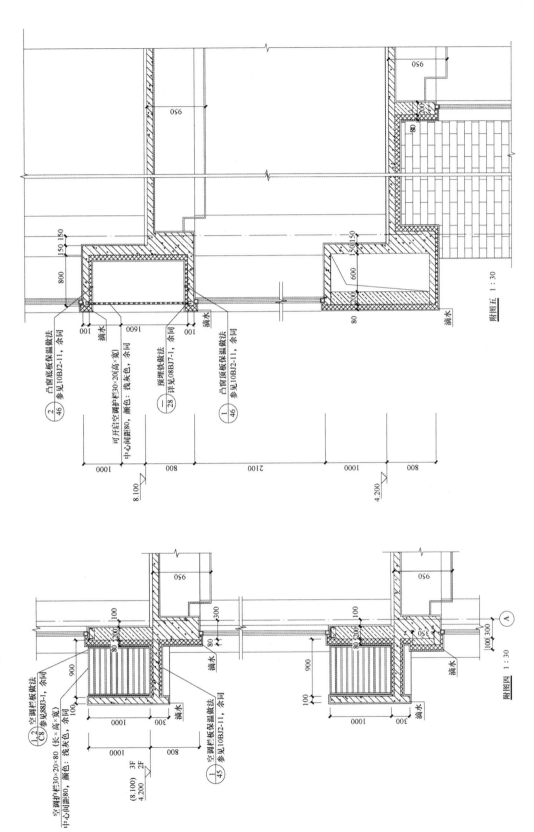

图7-89　×××医院二层平面图讲解（四）

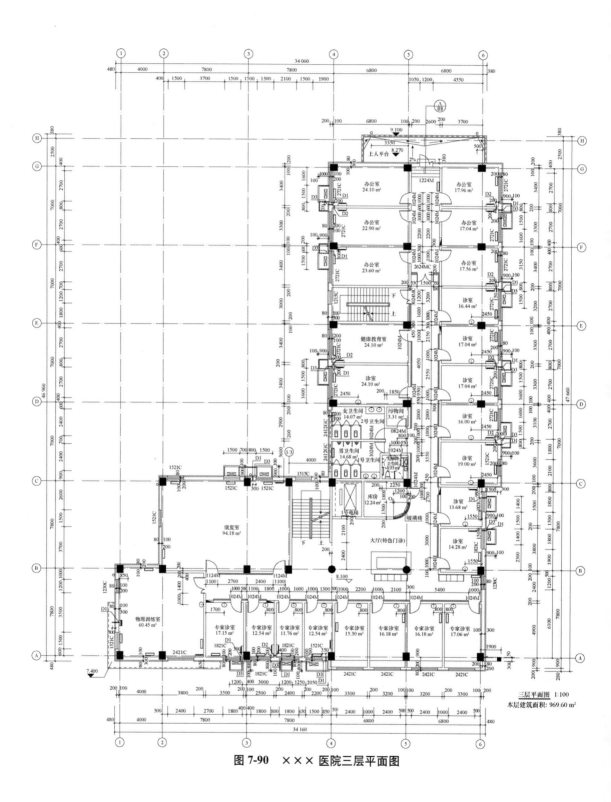

图 7-90 ×××医院三层平面图

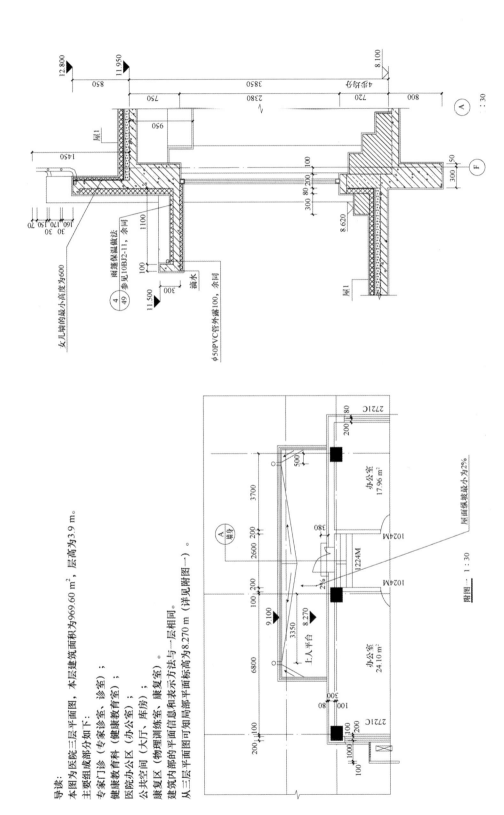

图 7-91 ×××医院三层平面图讲解（一）

附图一 1∶30

导读：
本图为医院三层平面图，本层建筑面积为969.60 m²，层高为3.9 m。
主要组成部分如下：
专家门诊（专家诊室、诊室）；
健康教育科（健康教育室）；
医院办公区（办公室）；
公共空间（大厅、库房）；
康复区（物理训练室、康复室）。
建筑内部的平面信息和表示方法与一层相同。
从三层平面图可知局部平面标高为8.270 m（详见附图一）。

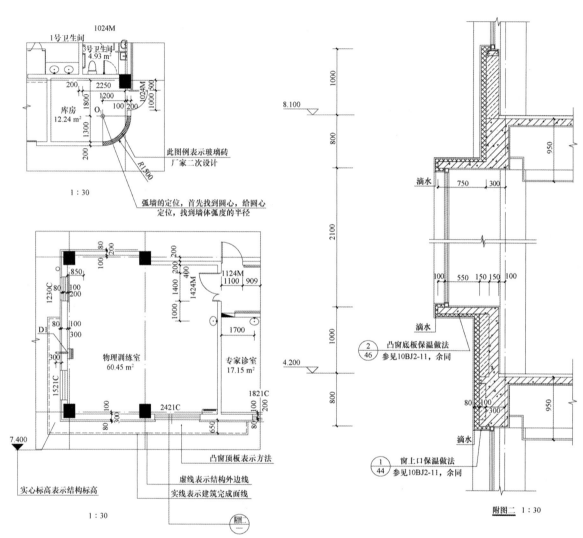

图 7-92 ×××医院三层平面图讲解（二）

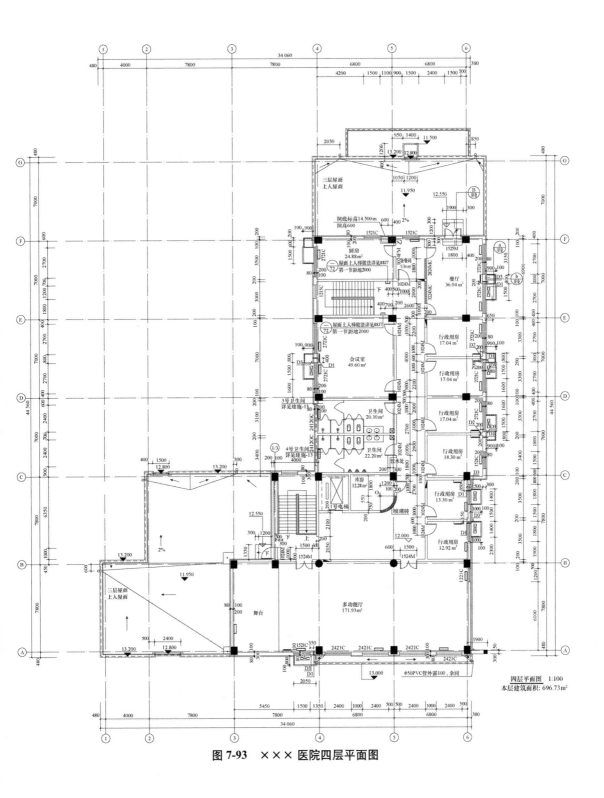

图 7-93　×××医院四层平面图

导读：

本图为医院四层平面图，本层建筑面积为969.73 m²，层高3.9 m。

主要组成部分如下：

多功能厅；

行政办公区（行政用房）；

会议室；

职工餐厅及厨房。

建筑内部的平面信息和表示方法与一层相同。

从四层平面图可知，局部平面标高为11.950 m。

表示栏杆，一般栏杆高度从结构板标高1.400 m算起

屋面结构标高

屋面找2%的坡

1：30

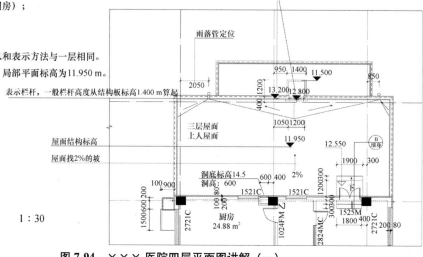

图7-94　×××医院四层平面图讲解（一）

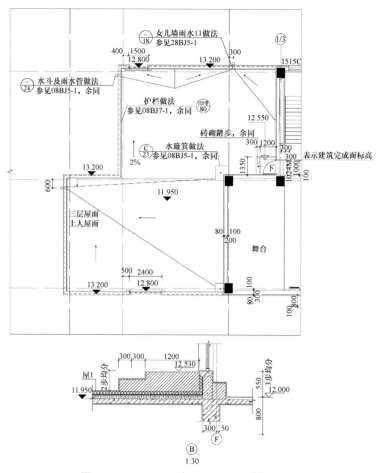

图7-95　×××医院四层平面图讲解（二）

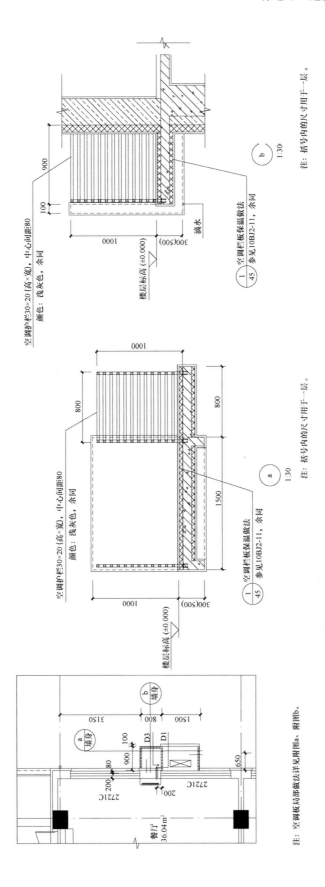

图 7-96 ×××医院四层平面图讲解（三）

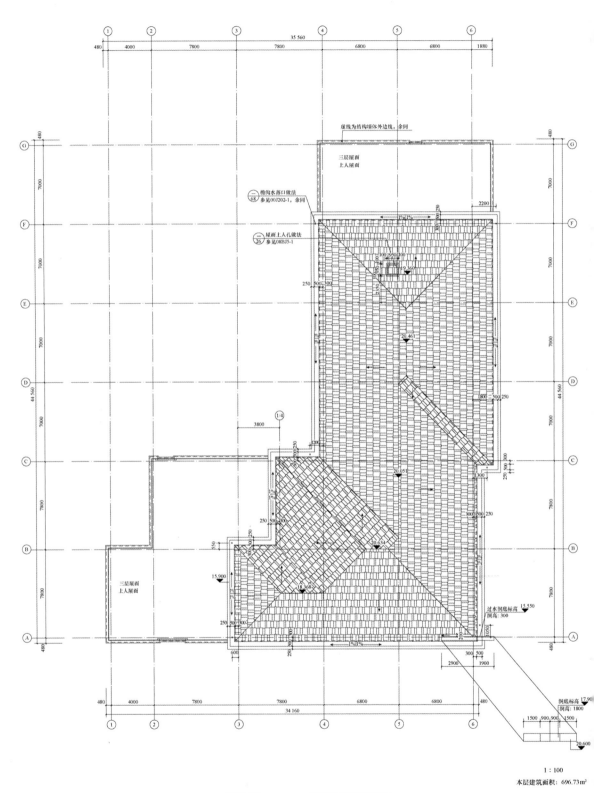

1 : 100

本层建筑面积：696.73 m²

图 7-97 ×××医院屋顶平面图

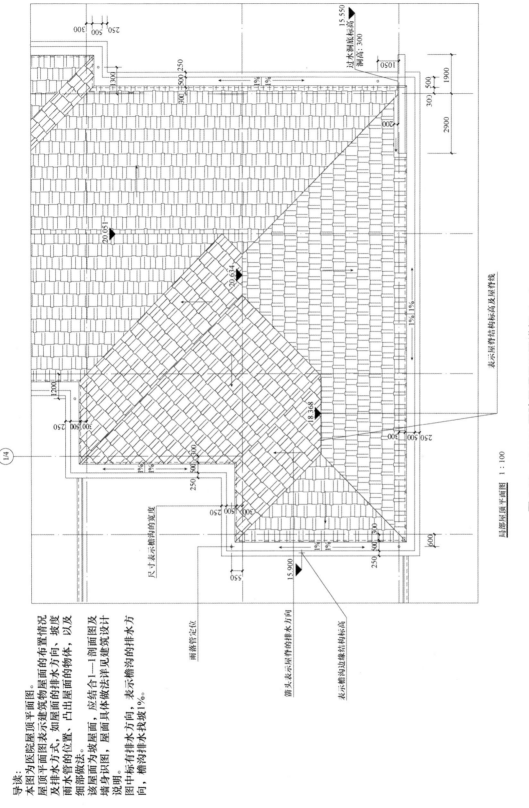

局部屋顶平面图　1：100

图 7-98　×××医院屋顶平面图讲解（一）

导读：
本图为医院屋顶平面图。
屋顶平面图图表示建筑物屋面的布置情况
及排水方式，如屋面的排水方向、坡度
及雨水管的位置、凸出屋面的物体，以及
细部屋面的做法。
该图屋面为坡屋面，应结合1—1剖面图及
墙身识图图，屋面具体做法详见建筑设计
说明。
图中标有排水方向，表示檐沟排水方
向，檐沟排水找坡1%。

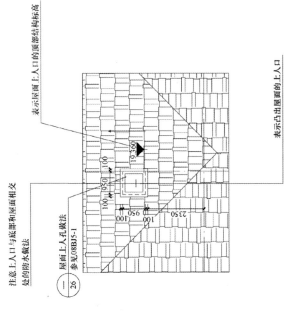

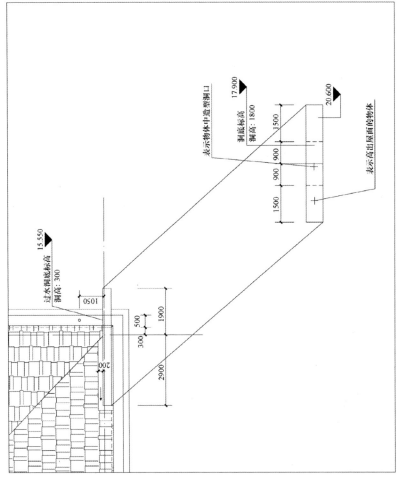

图 7-99 ×××医院屋顶平面图讲解（二）

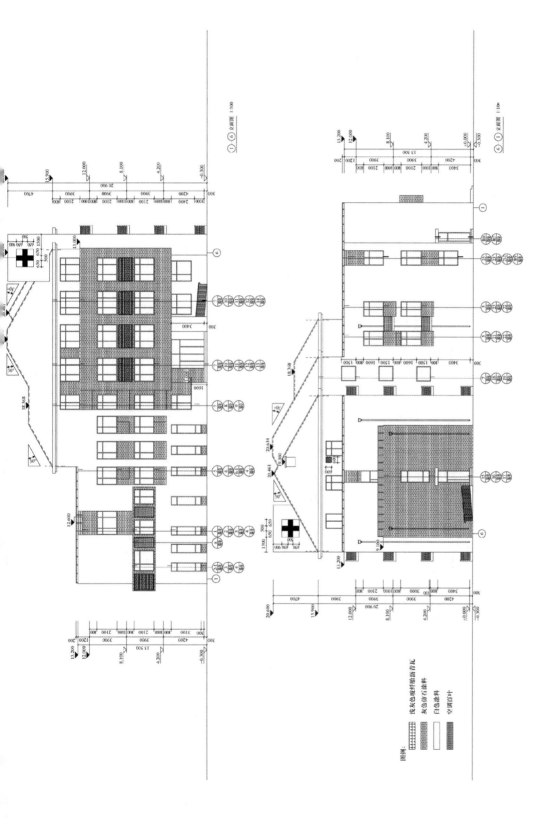

图 7-100　×××医院①～⑥、⑥～①立面图

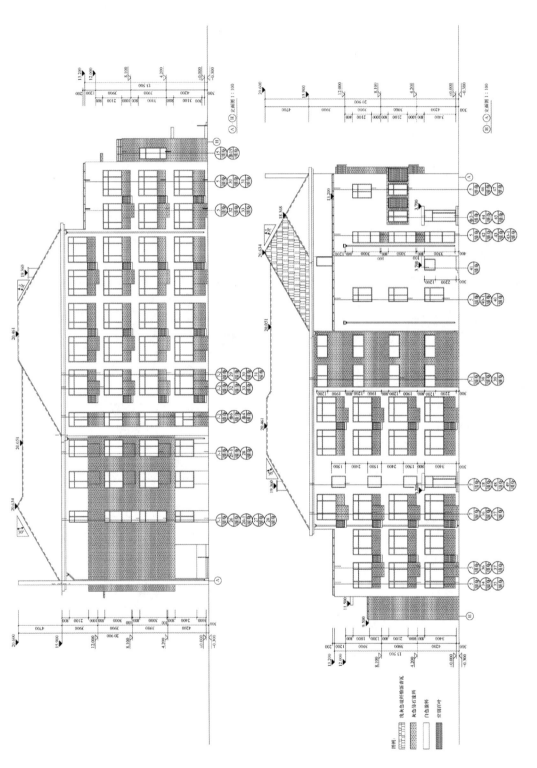

图7-101　×××医院A~H、H~A立面图

导读:

①~⑥为主立面图,⑯~⑰为次要立面图,反映该楼的立面风格及外观造型,查阅建筑说明,了解外墙面的装饰做法。

认真阅读立面图中有关的尺寸及标高,并与剖面图相互对照,本图纸中左右两边为标高。

本图中表示了门窗的位置及形状,以及墙身的剖切位置及编号。

图例:

灰色玻纤胎沥青瓦 — 浅灰色玻纤胎沥青瓦

灰色仿石涂料

白色涂料

空调百叶

图例中表示了建筑立面的颜色及材质,并且适用于所有立面图(外墙的装修做法、颜色也可直接标注在图中)

立面图中的 $\frac{1}{墙身}$ 编号对应墙身图中的墙身编号①。

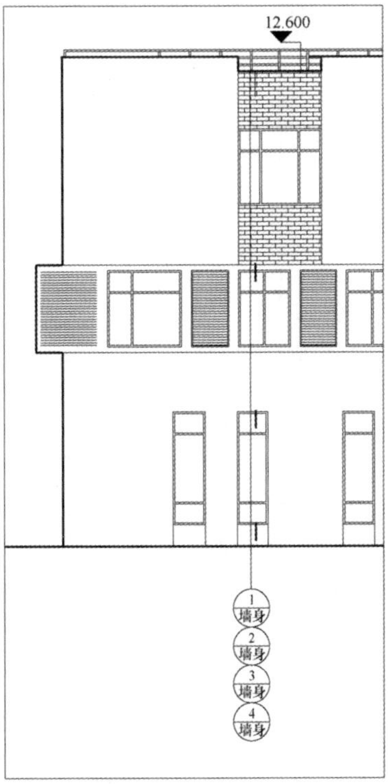

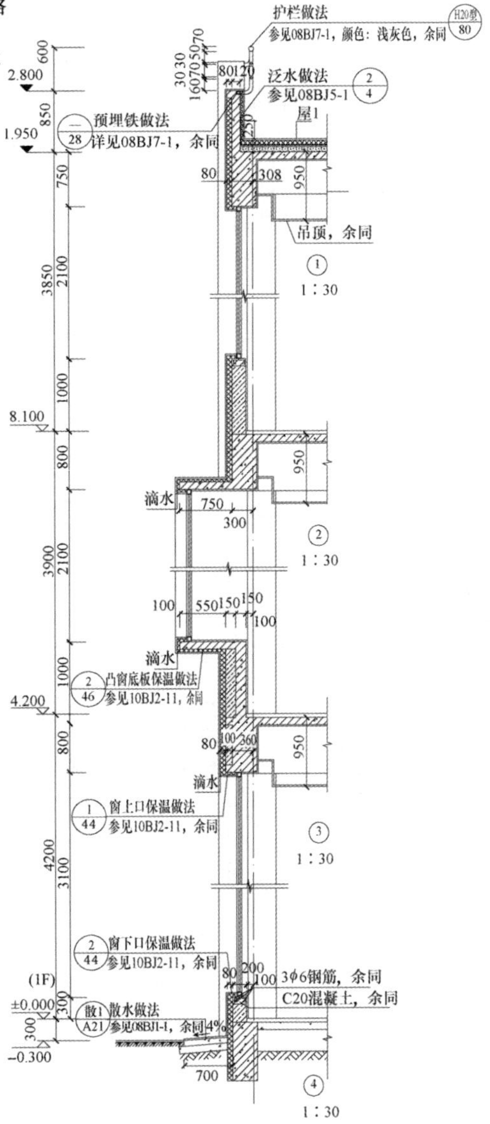

图 7-102 ×××医院立面图讲解(一)

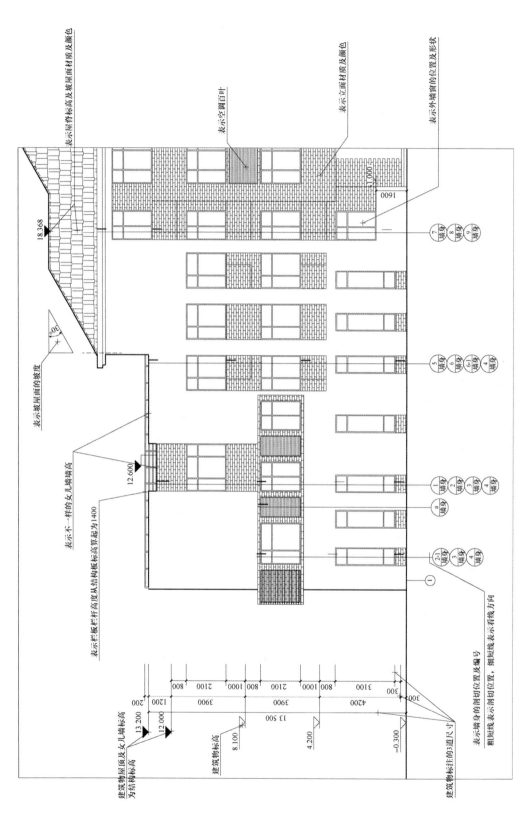

图7-103 ×××医院立面图讲解（二）

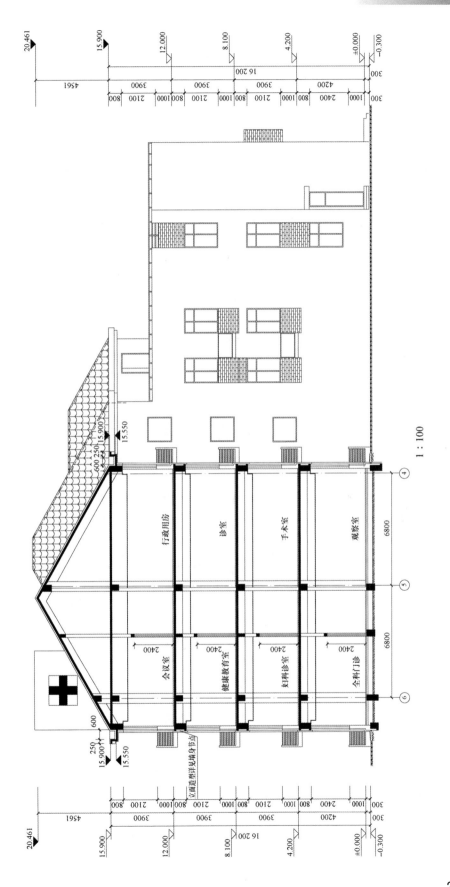

图 7-104 ×××医院 1—1 剖面图

导读:

本图为医院1—1剖面图,剖切位置详见一层平面图。

由图可知,剖面图的竖向尺寸标准为3道:最外侧一道为建筑总高尺寸,从室外地坪起标到檐口或女儿墙顶为止,
标注建筑物的总高;中间一道尺寸为建筑层高尺寸,标注建筑各层层高;最里边一道为细部尺寸,标注墙段及洞口尺寸。

从本图中可知,本建筑物外墙上一部分窗的高度为2100 mm,窗台高度为1000 mm,本楼建筑高度为16.2 m。

剖面内部主要表示剖到的墙体及门高。

从本图可知,建筑的内部门高为2400 mm。

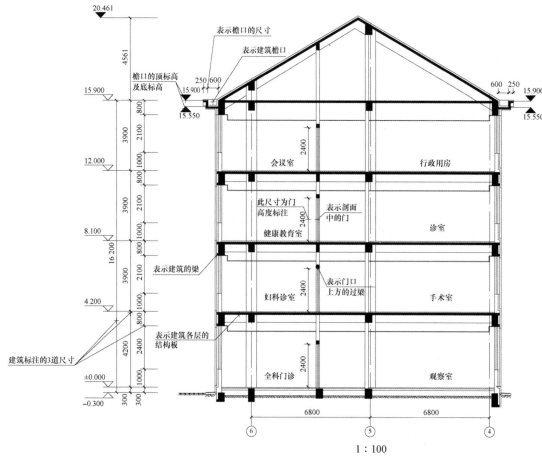

图 7-105　×××医院 1—1 剖面图讲解

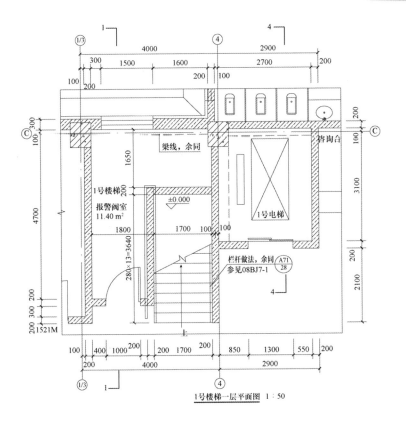

1号楼梯一层平面图 1:50

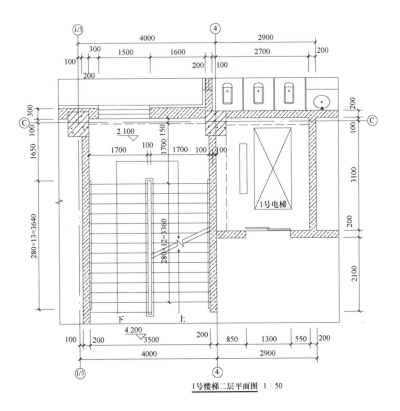

1号楼梯二层平面图 1:50

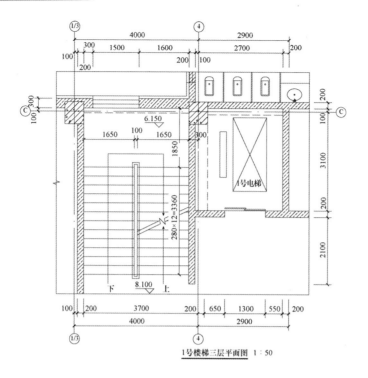

1号楼梯三层平面图 1：50

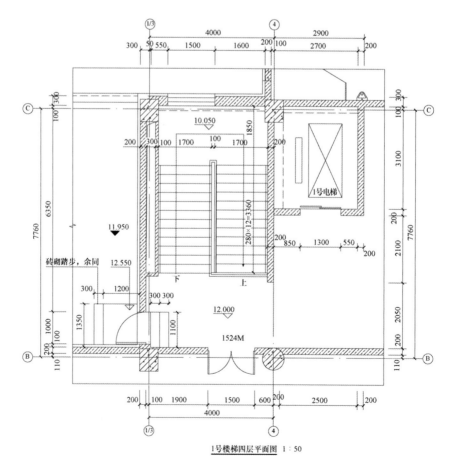

1号楼梯四层平面图 1：50

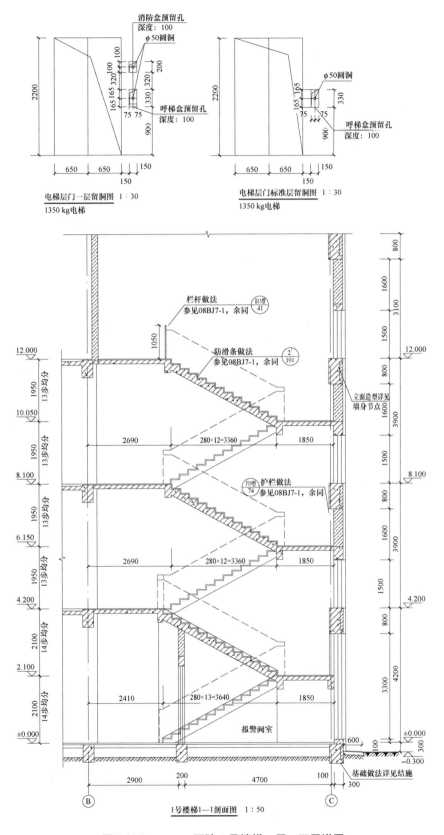

图 7-106　×××医院 1 号楼梯一层～四层详图

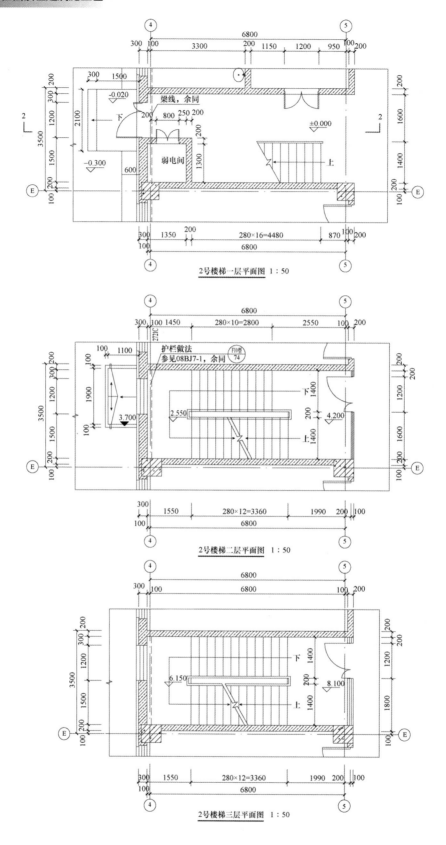

2号楼梯一层平面图 1:50

2号楼梯二层平面图 1:50

2号楼梯三层平面图 1:50

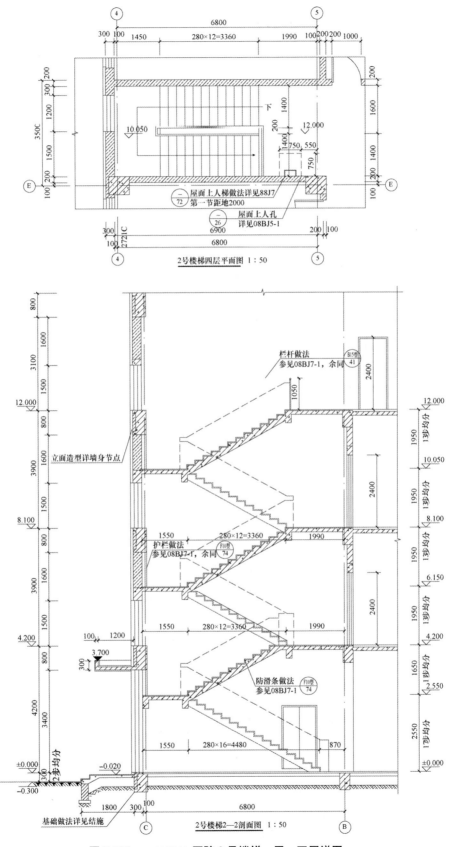

2号楼梯四层平面图 1:50

图 7-107　×××医院 2 号楼梯一层～四层详图

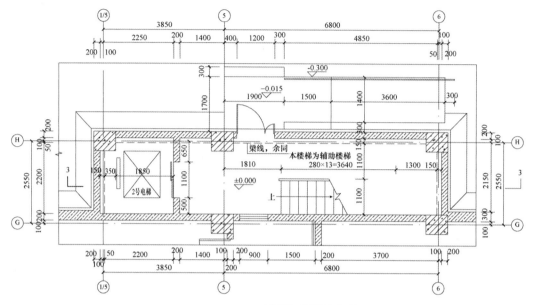

3号楼梯一层平面图 1：50

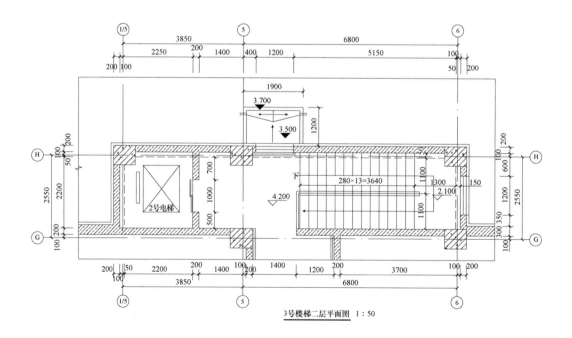

3号楼梯二层平面图 1：50

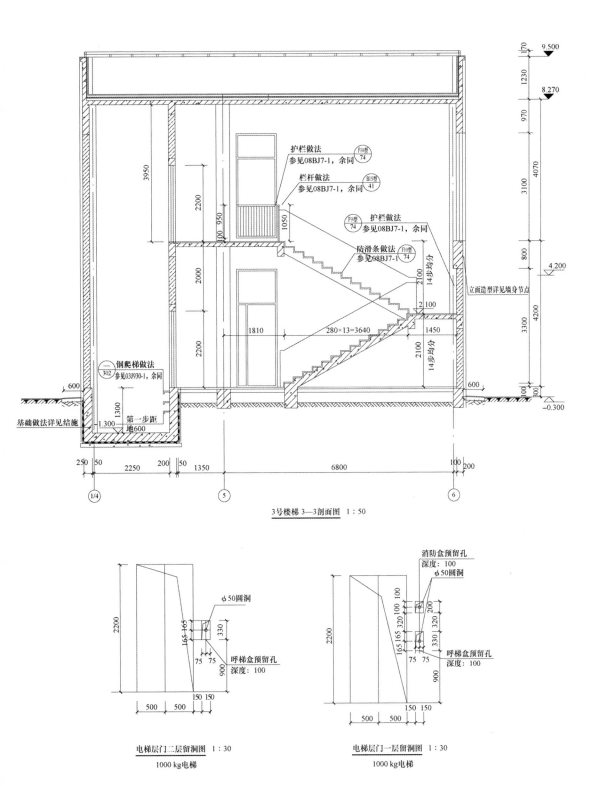

3号楼梯 3—3 剖面图 1:50

电梯层门二层留洞图 1:30
1000 kg电梯

电梯层门一层留洞图 1:30
1000 kg电梯

图 7-108 ×××医院 3 号楼梯详图

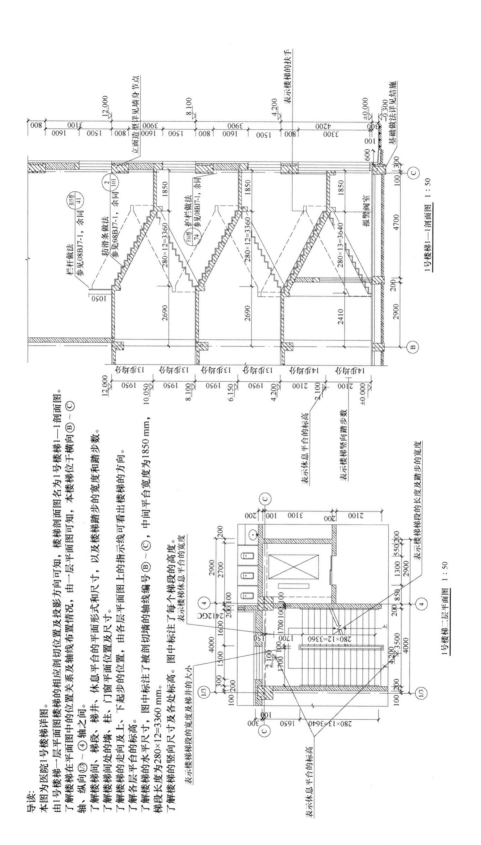

图7-109 ×××医院1号楼梯详图讲解（一）

导读：

本图为医院1号楼梯详图。

由1号楼梯一层平面图中楼梯的相应剖切位置及投影方向可知，楼梯剖面图名为1号楼梯1—1剖面图。

了解1号楼梯在平面图中的位置布置情况，由一层平面图可知，本楼梯位于横向⑧～ⓒ
轴、纵向①～④轴之间。

了解楼梯间、梯井、梯段、休息平台的平面形式和尺寸，以及楼梯踏步的宽度和踏步数。

了解楼梯间处的墙、柱、门窗平面位置及尺寸。

了解楼梯的走向及上、下起步的位置，由各层平面图上的指示线可看出楼梯的方向。

了解各层平台的标高。

了解楼梯的水平尺寸，图中标注了被剖切墙的轴线编号⑧～ⓒ，中间平台宽度为1850 mm，
梯段长度为280×12=3360 mm。

了解楼梯段的竖向尺寸及各处标高。图中标注了每个梯段的高度。

了解楼梯段的宽度及梯井的大小。

导读:
由于现在建筑的设计过程中电梯厂家未确定,设计中选用电梯为参考样本,待项目施工前确定厂家后,由厂家确认提供电梯井道尺寸等数据,并由设计院配合厂家修改确认图纸,之后方可施工。

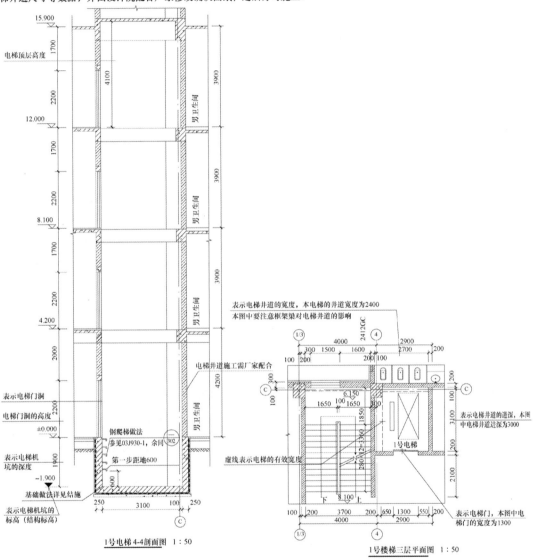

图 7-110 ×××医院 1 号楼梯详图讲解(二)

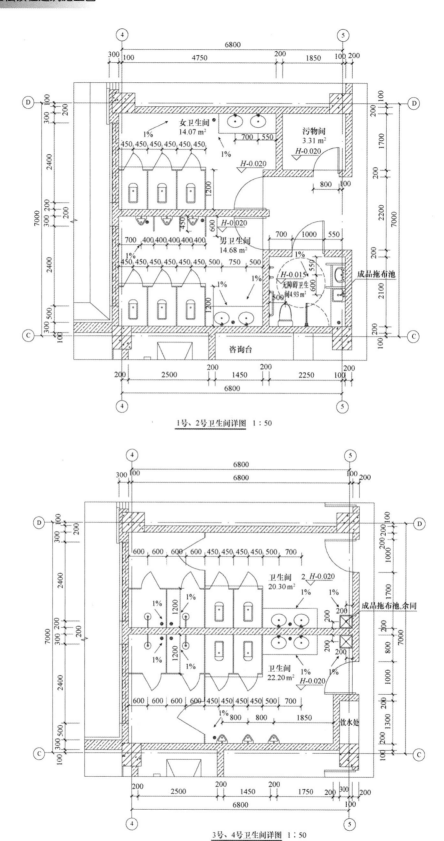

1号、2号卫生间详图　1:50

3号、4号卫生间详图　1:50

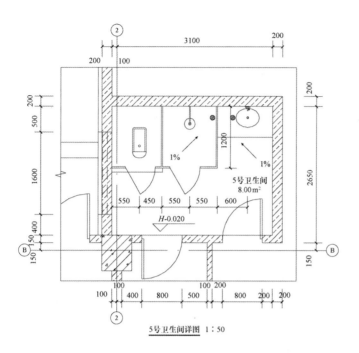

5号卫生间详图 1:50

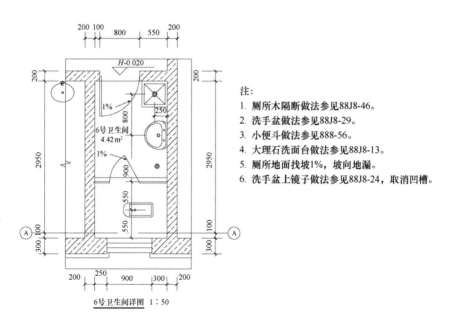

注:
1. 厕所木隔断做法参见88J8-46。
2. 洗手盆做法参见88J8-29。
3. 小便斗做法参见888-56。
4. 大理石洗面台做法参见88J8-13。
5. 厕所地面找坡1%,坡向地漏。
6. 洗手盆上镜子做法参见88J8-24,取消凹槽。

6号卫生间详图 1:50

图 7-111　×××医院卫生间详图

导读:

本图为医院的卫生间详图。了解卫生间在建筑平面图中的位置及有关轴线的布置。

了解卫生间的布置情况。

了解卫生间地面的找坡方向及地漏的设置位置。

本图中淋浴间的隔断尺寸为1200 mm×1200 mm,蹲便的隔断尺寸为900 mm×1200 mm。

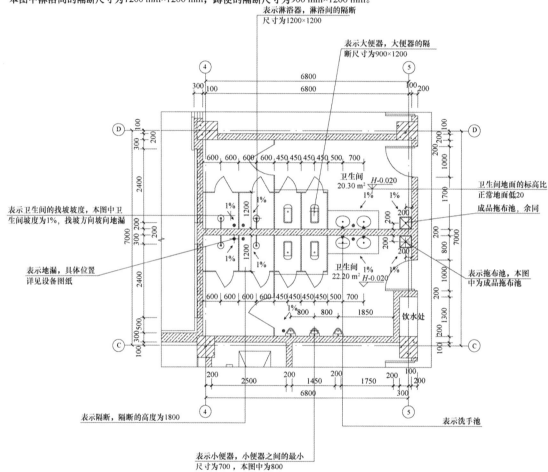

3号、4号卫生间详图 1:50

图 7-112 ×××医院3号、4号卫生间详图讲解

表7-17　门窗表

类型	设计编号	洞口尺寸(宽×高)(mm)	图集代号	编号	门窗类型	一层	二层	三层	四层	总计	备注
门	0820FM甲	800×2000	88J13-4	参见0920GFlb	甲级防火门	1				1	
	1024FM甲	1000×2400	88J13-4	参见1024GF11b	甲级防火门	1				1	
	1024FM乙	1000×2400	88J13-4	参见1024GF11b	乙级防火门	1			1	2	
	1220FM甲	1200×2000	88J13-4	参见1220GF1-1b	甲级防火门	1				1	
	0824M	800×2400	88J13-3	参见0824M1	木质平开门	7		1		8	
	0924M	900×2400	88J13-3	参见0924M1	木质平开门	3	1			4	
	0934M	900×3400	厂家定做	立面分格见详图	铝合金门	1				1	
	1024M	1000×2400	88J13-3	参见1024M1	木质平开门	21	33	27	13	94	
	1124M	1100×2400	88J13-3	参见1024M1	木质平开门		1	2		4	
	1234M	1200×3400	厂家定做	立面分格见详图	铝合金门	3				3	
	1224M	1200×2400	88J13-3	参见1224M1B	木质平开门	1		1		2	
	1524M	1500×2400	88J13-3	参见1524M1	木质平开门				2	2	
	1525M	1500×2500	厂家定做	立面分格见详图	铝合金门	1				1	
	3034M	3000×3400	同上	同上	同上	1				1	
	1424M	1400×2400	88J13-3	参见1524M1	木质平开门			1		1	
	1724MC	1700×2400	厂家定做	立面分格见详图	铝合金门	1				1	
	2624MC	2600×2400	同上	同上	同上		1	1		2	
	2624MC1	2600×2400	同上	同上	同上						
	2824MC	2800×2400	同上	同上	同上						
	3024MC	3000×2400	同上	同上	同上		1	1		2	
	3224MC	3200×2400	同上	同上	同上				1	1	
	4924MC	4900×2400	同上	同上	同上	1				1	
	1021QM	1000×2100	—	—	—	1				1	甲方二次设计
	1221QM	1200×2100	—	—	—	1				1	甲方二次设计
窗	0924C	900×2400	厂家定做	立面分格见详图	铝合金窗	1				1	
	0931C	900×3100	同上	同上	同上	7				7	
	1215C	1200×1500	同上	同上	同上		1	1	1	3	
	1221C	1200×2100	同上	同上	同上	1	2		1	4	
	1230C	1200×3000	同上	同上	同上	1	3	2		6	
	1231C	1200×3100	同上	同上	同上		1			1	
	1515C	15200×1500	同上	同上	同上		1	1	1	3	
	1521C	1500×2100	同上	同上	同上	4	8	7	4	23	
	1821C	1800×2100	同上	同上	同上		2	5	5	12	
	1825C	1800×2500	同上	同上	同上	1				1	
	2121C	2100×2100	同上	同上	同上	2	1			3	
	2225C	2200×2500	同上	同上	同上						
	2421C	2400×2100	同上	同上	同上		4	5	4	15	
	2721C	2700×2100	同上	同上	同上	12	12	12	8	44	
	1212GC	1200×1200	同上	同上	同上	1				1	
	2412GC	2400×800	同上	同上	同上	2	2	2	2	8	
	3727C	3700×2900	同上	同上	同上		1			1	
	1821QC	1800×2100	—	—	—	1				1	甲方二次设计

说明：1. 二层及以上住户凡窗下墙高度小于800 mm的外窗均做护窗栏杆。

2. 开启外窗均带纱扇。

3. 出入口的玻璃门、落地玻璃隔断均采用安全玻璃。

4. 面积大于1.5 m²的玻璃均采用安全玻璃。

5. 卫生间的外窗玻璃全部为磨砂玻璃。

6. 铝合金门窗框为白色，看样订货。

7. 一般房间外窗用铝合金框中空玻璃窗。保温性能：传热系数$K \leq 2.2$ W/(m²·K)。气密性应为6级。

8. 平开门开启方向见详图图例。

9. 有双侧门口线的防火门均做100 mm高门槛。

10. 本说明中未尽事宜均应满足国家玻璃安全规范的要求。

注：门窗由厂家二次设计。

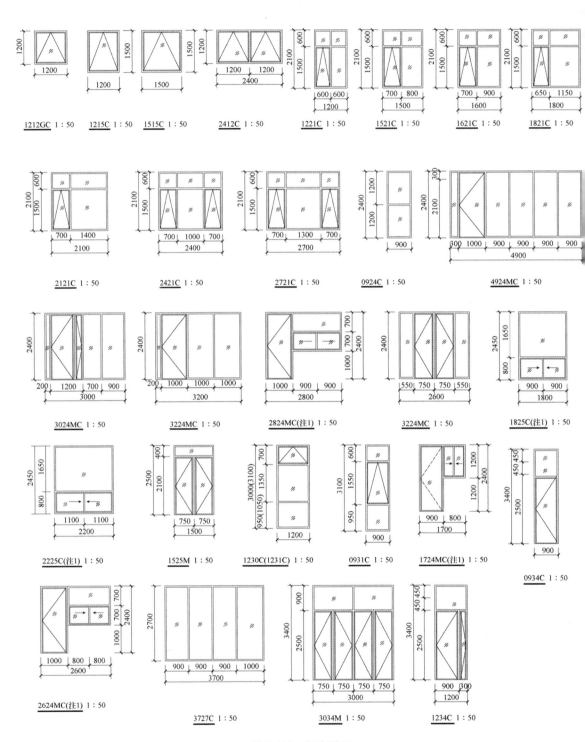

图 7-113 门窗详图

导读:

本图为医院的门窗表及门窗详图。

了解立面图上窗洞口尺寸应与建筑平面、立面、剖面的洞口尺寸一致。

了解立面图表示窗框、窗扇的大小及组成形式,以及窗扇的开启方向。

门窗立面分格尺寸均满足《全国民用建筑工程设计技术措施》的要求。

图中所注门窗尺寸均为洞口尺寸,厂家制作门窗时另留安装尺寸,其节点构造由厂家自行设定。

门和窗是建筑中的两个围护部件,门的主要功能是供交通出入、分隔联系建筑空间,建筑外墙上的门有时也兼起采光、通风作用。

窗的主要功能是采光、通风、观察及递物。在民用建筑中,制造门窗的材料有木材、钢、铝合金、塑料及玻璃。

建筑中使用的门窗尺寸、数量需要文字说明,见门窗表。

对于门窗详图,通常由各地区建筑主管部门批准发行各种不同规格的标准图集,供设计者选用。若采用标准图集,则在施工图中只说明该详图所在标准图集中的编号即可。如果未采用标准图集,则必须画出门窗详图。

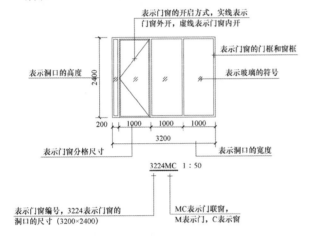

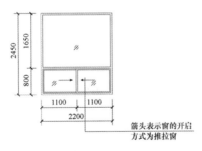

图7-114　门窗表及门窗详图讲解

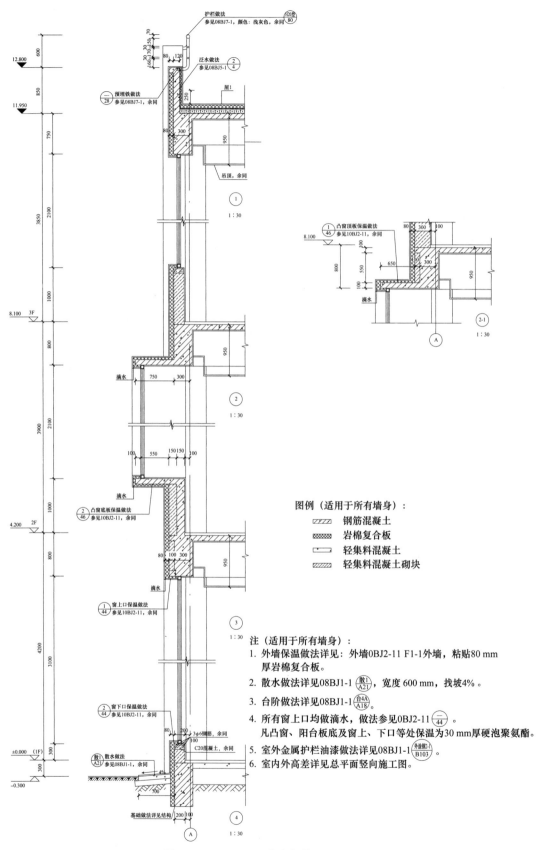

图 7-115　×××医院墙身详图（一）

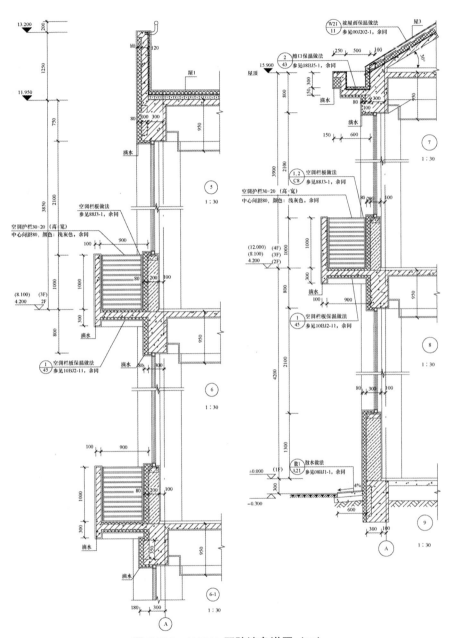

图 7-116　×××医院墙身详图（二）

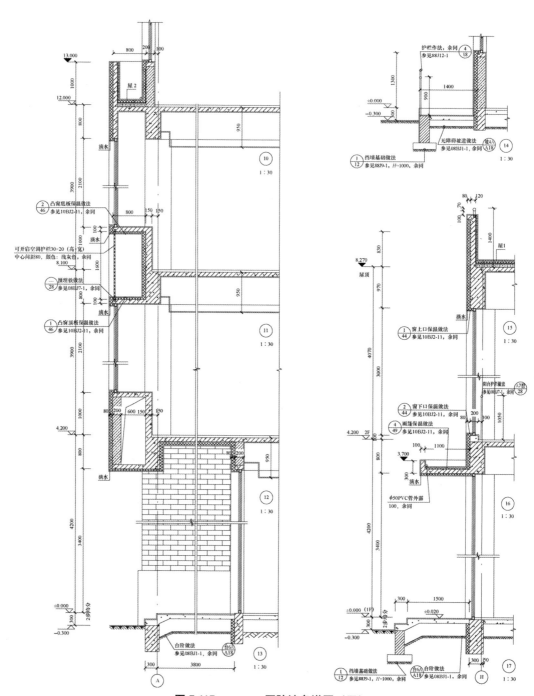

图 7-117　×××医院墙身详图（三）

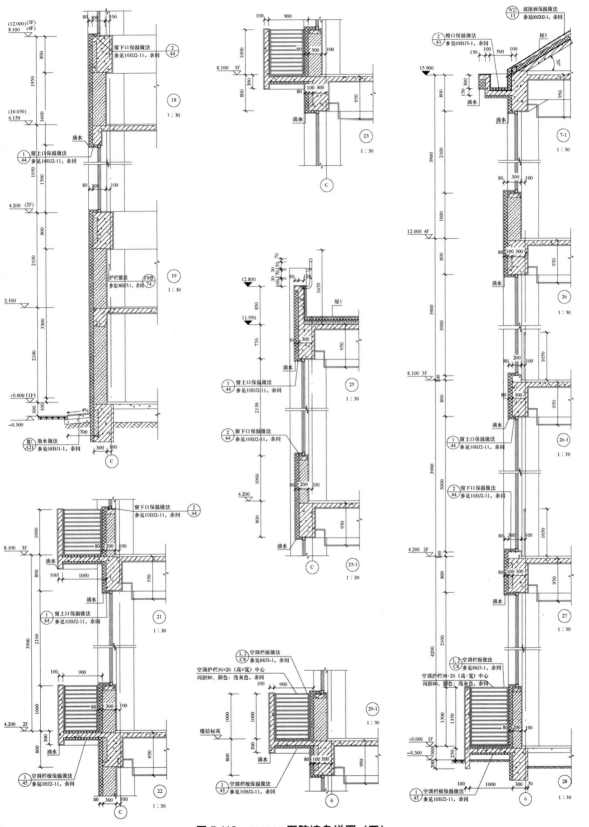

图 7-118　×××医院墙身详图（四）

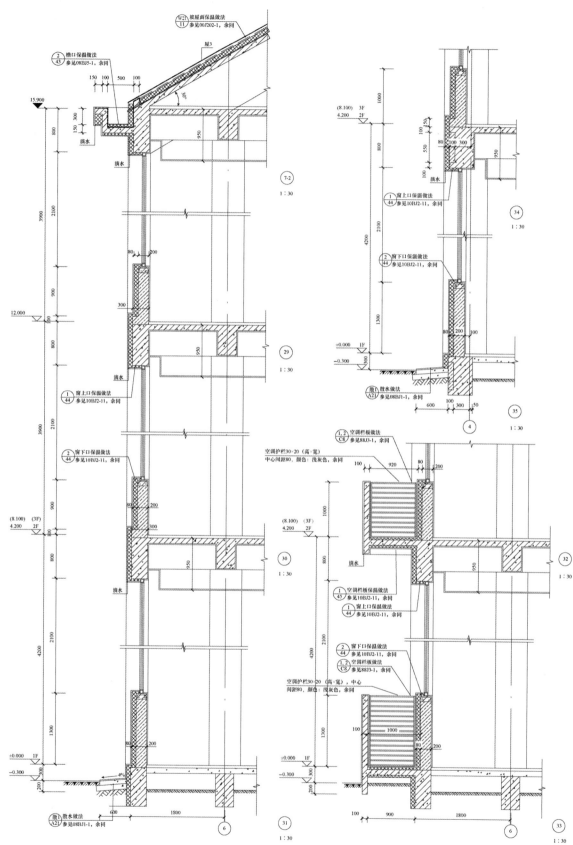

图 7-119 ×××医院墙身详图（五）

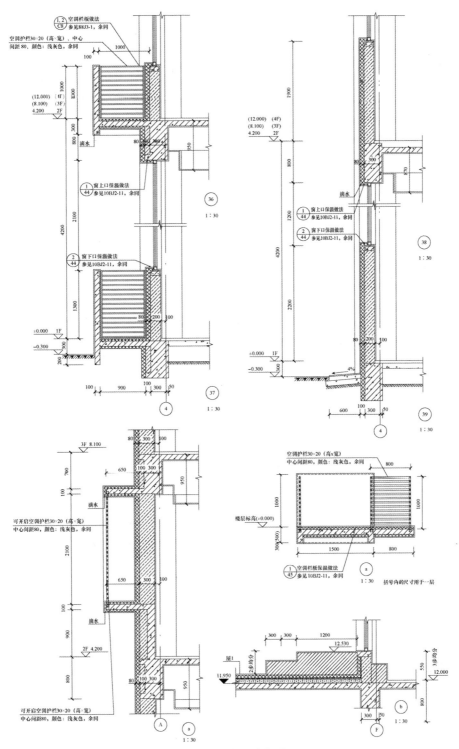

图 7-120　×××医院墙身详图（六）

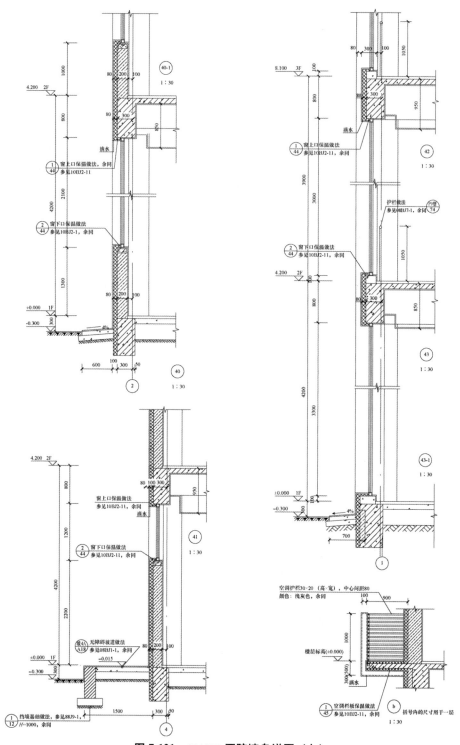

图 7-121 ×××医院墙身详图（七）

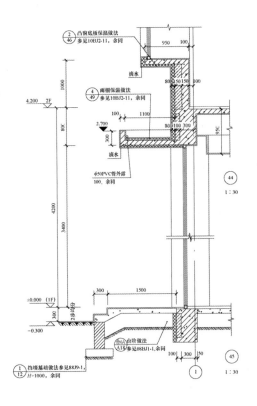

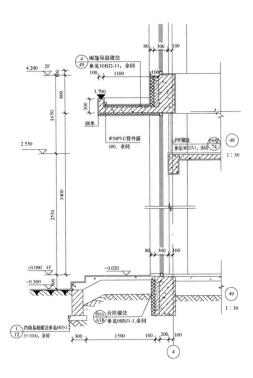

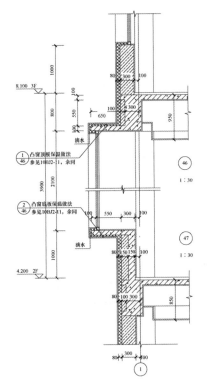

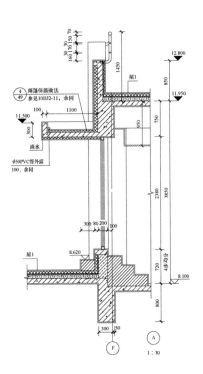

图 7-122　×××医院墙身详图（八）

导读：

本图为医院的墙身详图。

了解建筑各部位的建筑做法。

了解门窗的洞口尺寸及窗口做法。

了解建筑外墙的装饰做法。

了解建筑立面造型。

了解屋顶不同部位的泛水做法，以及女儿墙的保温做法。

图例：（适用于所有墙身）

⬚ 钢筋混凝土   ⬚ 轻集料混凝土

⬚ 岩棉复合板   ⬚ 轻集料混凝土砌块

图中的图例表示不同建筑材料，根据填充图案的不同进行区分。

注（适用于所有墙身）：

1. 外墙保温做法：10BJ2-11外墙F1-1，粘贴80 mm厚岩棉复合板。

2. 散水做法详见08BJ1-1 (散1/A21)，宽度600 mm，找4%的坡。

3. 台阶做法详见08BJ1-1 (合6A/A18)。

4. 所有窗上口均做滴水，做法参见10BJ2-11 (—/44)。

  凡凸窗、阳台板底及窗上、下口等处保温为30 mm厚硬泡聚氨酯。

5. 室外金属护栏油漆做法详见08BJ1-1 (外涂钢2-1/B103)。

6. 室内外高差详见总平面竖向施工图。

图中的"注"列出了本图中一些建筑部位的基本做法。

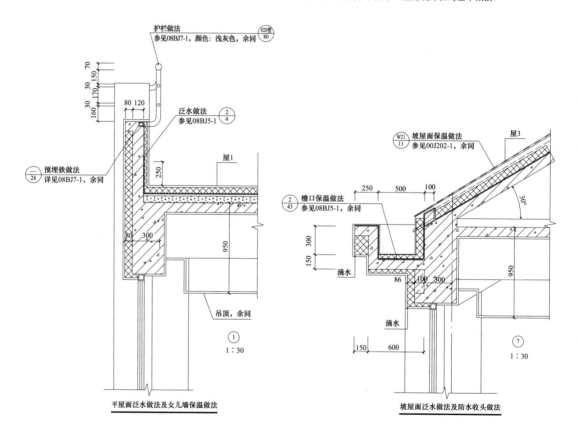

平屋面泛水做法及女儿墙保温做法

坡屋面泛水做法及防水收头做法

图 7-123 ×××医院墙身详图讲解

参考文献

[1] 冯红卫.建筑施工图识读技巧与要诀 [M].北京：化学工业出版社，2011.

[2] 王海平，呼丽丽.建筑施工图识读 [M].武汉：武汉工业大学出版社，2014.

[3] 陈彬.建筑施工图设计正误案例对比 [M].武汉：华中科技大学出版社，2017.

[4] 张建边.建筑施工图快速识读 [M].北京：机械工业出版社，2013.

[5] 张建边.建筑施工图识图口诀与实例 [M].北京：化学工业出版社，2015.

[6] 于冬波，王春晖.一图一解之工程施工图识读基础 [M].天津：天津大学出版社，2013.

[7] 单立欣，穆丽丽.建筑施工图设计：设计要点、编制方法 [M].北京：机械工业出版社，2011.

[8] 万东颖.建筑施工图识读 [M].北京：中国建筑工业出版社，2011.

[9] 付亚东.一套图学会识读建筑施工图 [M].武汉：华中科技大学出版社，2015.

[10] 朱莉宏，王立红.施工图识读与会审 [M].2 版.北京：清华大学出版社，2016.

[11] 褚振文.建筑施工图实例导读 [M].北京：中国建筑工业出版社，2013.

[12] 徐俊.民用建筑施工图识读实训 [M].上海：同济大学出版社，2009.

[13] 王鹏.建筑工程施工图识读快学快用 [M].北京：中国建筑工业出版社，2011.

[14] 筑·匠.土建工长识图十日通 [M].北京：化学工业出版社，2016.